# Die Nukleonen-Theorie©
# Der Urknall findet laufend statt

**Das Buch „Die Nukleonen-Theorie" gibt Antworten auf die Fragen:**
Was ist Energie und wo kommt die Energie her?
Woraus bestehen die Elementarteilchen?
Wo und wie entstehen die Protonen, Neutronen und Elektronen?
Was sind die Vorgänge bei der Nukleosynthese?
Welche Kräfte beherrschen das Atom und dessen Zusammenhalt?
Welche Kräfte bewirken die Fusion der Atome zu den Elementen?
Was ist Massenanziehungskraft oder Schwerkraft?
Was ist Licht oder sonstige elektromagnetische Strahlung?
Wie wird Licht und Energie über weiteste Entfernungen übertragen?

Die Nukleonen-Theorie ist die Weiterentwicklung der Energiefeld-Theorie. Die Nukleonen-Theorie und die Energiefeld-Theorie geben Antworten auf die angeführten Fragen und der Leser muss kein Wissenschaftler sein, alles ist allgemein verständlich. Lesen Sie die Nukleonen-Theorie und bilden Sie sich selbst Ihre Meinung zu den Vorgängen in unserem Lebensraum und im Universum.
Sie werden unsere Welt mit anderen Augen sehen!

Günter von Quast

# Die Nukleonen-Theorie©
## Vom Makrokosmos zum Mikrokosmos

Das Universum als Energiesystem

Die vereinheitlichte Theorie von der Kosmologie bis hin zur Atomphysik

**Bibliografische Information der Deutschen Nationalbibliothek**
Die Deutsche Nationalbibliothek verzeichnet diese Publikation in der Deutschen Nationalbibliografie; detaillierte bibliografische Daten sind im Internet über http://dnb.d-nb.de abrufbar.

© 2013 Günter von Quast
Umschlagbild: fotolia.com
Umschlagdesign, Satz, Herstellung und Verlag:
Books on Demand GmbH, Norderstedt
ISBN 978-3-7322-2751-8

# Inhalt

| | |
|---|---|
| Vorwort | 11 |
| **Kapitel 1: Definitionen** | **15** |
| 1.1 Behauptungen | 15 |
| 1.2 Daraus folgt die Neudefinition | 17 |
| 1.3 Erkannte Auffälligkeiten | 20 |
| **Kapitel 2: Postulate zur Energiefeld-Theorie** | **22** |
| 2.1 Es gibt keine Massenanziehungskraft | 22 |
| 2.2 Es gibt keinen Urknall, der die vorhandene Materie hervorbrachte | 22 |
| 2.3 Elektromagnetische Wellen gibt es nicht, es sind Energie-Druckwellen im Potentialfeld der Raum-Energie | 23 |
| 2.4 Photonen sind Energie-Druckwellen über ein Zeitintervall und haben keine Teilcheneigenschaften | 25 |
| **Kapitel 3: Definition und Folgerung aus der Energiefeld-Theorie** | **30** |
| 3.1 Das Schwingungsverhalten der Atome ist Strahlung mit Energieaustausch | 30 |
| 3.2 Atome speichern Energie und geben sie auch wieder ab | 32 |
| 3.3 Die Masseneigenschaft der Materie | 38 |
| 3.4 Erdbeschleunigung und Horizontal-Beschleunigung sind gleichwertig | 42 |
| 3.5 Energie und Masse stehen in systembedingter Wechselwirkung aus dem Naturgesetz: Energie geht nicht verloren | 44 |
| 3.6 Atome speichern Energie und tauschen ihre Bindungskräfte aus | 47 |
| 3.7 Die Elektronen schwingen mit | 49 |

Kapitel 4: Am Anfang war das Nichts: Vom Makrokosmos
zum Mikrokosmos     52
- 4.1 Von nichts kommt nichts     52
- 4.2 Alles hat einen Anfang und sein Ende     54
- 4.3 Energie geht nicht verloren, denn Aktion ist gleich Reaktion: Die Energiebilanz bleibt konstant!     56
- 4.4 Das Universum ist bipolar aufgebaut     59
- 4.5 Die Energie für sich ist im Prinzip raumlos, zeitlos und in der Menge örtlich konstant, aber an Zeit gebunden     62
- 4.6 Energie ist in ihrem Ursprung die Raum-Energie und hat die Eigenschaften von einem Potentialfeld     69
- 4.7 Die Energie ist an Masse gebunden und umgekehrt: Die Materie bringt ihre Masse, das Volumen und die Zeit mit!     75
  - 4.7.1 Welche Energie steckt in der Materie?     75
  - 4.7.2 Welche Energie steckt in der beschleunigten Masse?     78
  - 4.7.3 Welche Energie steckt in der angehobenen Masse?     79
  - 4.7.4 Welche Energie steckt zwischen zwei getrennten Massen?     80
  - 4.7.5 Wie groß ist die Gravitationskraft zwischen zwei Massen?     81
  - 4.7.6 Was sagen die Faktoren „G" und „g" aus?     86
  - 4.7.7 Welche Energie steckt im Energiefeld?     92
- 4.8 Materie besteht aus kondensierter Raum-Energie     106
- 4.9 Das Feld der Raum-Energie überträgt die Strahlung aller Arten     108
- 4.10 Protonen und Neutronen sind Bausteine der Materie und verdrängen die Raum-Energie mit ihrem Eigenvolumen der Atomkerne     112
- 4.11 Der Urknall findet laufend statt, aus Raum-Energie wird Materie     114
- 4.12 Materie in Form von Atomen nimmt Raum ein     117

| | |
|---|---:|
| 4.13 Die Raum-Energie steht in engster Wechselwirkung mit den Materie-Teilchen und ermöglicht somit die Übertragung von Strahlung | 121 |
| 4.14 Materie in Form von Sonnen und Planeten nimmt unter der Einwirkung der Raum-Energie naturgemäß den kleinstmöglichen Raum ein | 122 |
| 4.15 Die Materie ist mit potentieller Energie verbunden | 125 |
| 4.16 Die Kernfusion ist die Quelle der nutzbaren Energieformen | 131 |
|     4.16.1 Die Starke Wechselwirkung der Materie, die Starke Kernkraft | 131 |
|     4.16.2 Die Schwache Wechselwirkung der Materie, die Schwache Kernkraft | 133 |
|     4.16.3 Die tödliche Fusions-Strahlung ist die Grundlage irdischen Lebens | 134 |
| 4.17 Das Licht entsteht durch Kugel-Schwingung der Atomkerne | 136 |
| 4.18 Die Elemente der Materie bestimmen die Frequenzen der Strahlung | 140 |
| 4.19 Strahlung hat direkte Rückwirkungen auf die Materie | 142 |
| 4.20 Das Feld der Raum-Energie transportiert und leitet das Licht | 143 |
| 4.21 Einsteinsche Fata Morgana | 145 |
| 4.22 Das Feld der Raum-Energie verstärkt und lenkt die Lichtdurchleitung | 150 |
| 4.23 Das Potentialfeld der Raum-Energie schwächt die Frequenz der Strahlungen in Richtung Rotverschiebung | 157 |
| 4.24 Die Lichtgeschwindigkeit bildet eine Übertragungs-Grenze | 161 |
| 4.25 Licht und Radio-Strahlungen sind Energie-Druckwellen im Feld der Raum-Energie | 164 |
| 4.26 Licht wirkt auf die Atome der Materie unterschiedlich ein und induziert auch Energiesprünge, die Grundlage der Quantentheorie | 170 |
| 4.27 Einsteins Quantensprung: Die Kräfte im Atom sind vielfältig | 170 |

4.28 Vorgänge in der Chemie und Biologie stehen im
engen Zusammenhang zu dem Feld der Raum-Energie  181
4.29 Teilchenstrahlung ist ein eigener Bereich der
Energieübertragung  184
4.30 In Atomen gespeicherte Raum-Energie aus der
Entstehungsphase der Atome wird auch wieder freigesetzt  186
4.31 Zusammenhänge von Energie-Feld und elektrischen Feldern  188

Kapitel 5: Allgemeine Ableitungen, Folgerungen und Erklärungen
zu den Vorgängen in dem uns einsehbaren Universum  193
   5.1 Wie entsteht eine Galaxie im Potentialfeld
der Raum-Energie?  194
   5.2 In dem uns bekannten Universum entstanden
schon unzählige Galaxien  201
   5.3 Wie entstehen Sonnen bzw. leuchtende Sterne
in den Schweifen der Galaxien?  205
   5.4 Energiepotentiale im Umfeld unseres Planeten Erde  209
   5.5 Die Gravitation der Erde in Beziehung zur Sonne
und dem Mond  211
   5.6 Die Systeme hängen durch das Energiepotential
zusammen  218
   5.7 Das Energiepotential tauscht sich in einem
Gesamtsystem aus und ist die Grundlage
für die Gravitation  219
   5.8 Die Gravitations-Gesetze gelten nur für ein
definiertes Inertialsystem  223
   5.9 Die Nukleonen-Theorie, der Urknall findet laufend statt  229
      5.9.1 Die Nukleosynthese, aus Quarks und Co
bildet sich das Wasserstoffatom  235
      5.9.2 Das Weiße Loch der Galaxien  270
      5.9.3 Neutrinos bewegen sich im Universum auch
mit Über-Lichtgeschwindigkeit  275

| | |
|---|---:|
| 5.9.4 Strömende Energie und sich bewegende, geladene Elementarteilchen haben eine Feldrückwirkung zum Feld der Raum-Energie | 280 |
| 5.9.5 Die Coulomb-Kraft | 293 |
| 5.10 Woher könnten die Galaxien kommen? | 303 |
| 5.11 Wie haben wir unsere Erde relativ zu dem Universum zu sehen? | 317 |
| **Kapitel 6: Folgerungen** | **320** |
| 6.1 Offene Fragen, die zu klären sind | 323 |
| 6.2 Meine Behauptungen zur Existenz der Raum-Energie | 325 |
| Schlusswort | 336 |
| Wunsch | 342 |
| Literatur- und Bild-Hinweise | 343 |

# Vorwort

Es gibt, solange das denkende Lebewesen Mensch in dieser Welt ist, immer wieder neue Modelle und Theorien zum Universum, die von Menschen für Menschen entwickelt wurden. Theorien und Glaube sind aber nicht Wissen! Der Glaube existiert nur in der gedanklichen Vorstellungswelt des Menschen und daraus abgeleiteten Reden, Schriften, Bildern und Symbolen.

Nur was wirklich beweisbar ist, fällt aus dem Glauben heraus und wird dann auch von der Menschheit als Wissen akzeptiert. Eine Vielzahl der Theorien und Modelle sind aber bis heute noch nicht beweisbar. Es werden dann aber angebliche Beweise konstruiert, die den Menschen glauben machen sollen, so ist es und nicht anders. Von daher stehen die meisten Menschen neuen Theorien und Glaubensrichtungen vorerst sehr skeptisch gegenüber. Erst wenn es Beweise gibt, wird sich die Akzeptanz für neue Erkenntnisse erhöhen.

Der Glaube, die Erde ist der Mittelpunkt der Gestirne, war seit Aristoteles fest verankert. Ebenso die ältere Theorie, die Erde ist eine Scheibe und alles Irdische wird von „Außen" gesteuert, sowie der Begriff „Himmel" gehören zu diesen Glaubensbereichen. Alle Versuche, diesen verschiedensten Theorien und Glaubensbereichen mit Beweisen entgegenzutreten, sind trotz der Erkenntnisse von Kopernikus, Keppler und Galileo-Galilei von den jeweiligen Machthabern und Vertretern verschiedenster Glaubensrichtungen über Jahrhunderte hinweg immer wieder bekämpft worden bis hin zu Todesurteilen und Abschwörungen, trotz logischer und praktisch reproduzierbarer Beweise der Wissenschaftler. Dabei müssten die Glaubensvertreter, die ihren Gott als Schöpfer des Universums ansehen und auf Erden ihrer Meinung nach vertreten, selbst daran interessiert sein, wie dessen Schöpfung zusammenhängt, was sie bietet und wie sie sich auch weiterentwickelt.

Inzwischen liegen gegenüber den vor Jahrhunderten aufgestellten Theorien Beweise vor, die somit das Umdenken ermöglichten.

Heute ist die Ansicht für eine Mehrzahl an Theorien eine andere, die Toleranz gegenüber neuen Erkenntnissen ist besser geworden. Es kann nicht mehr behauptet werden, es gibt nur die eine Erkenntnis und alles andere wird ausgegrenzt. Von daher kann man auch nicht annehmen, dass die bisher hervorgebrachten wissenschaftlichen Theorien zur Astrophysik aus dem 19. und 20. Jahrhundert das Ende der Erkenntnisse sein sollen. Es wird und muss Weiterentwicklungen geben, denn die bisherigen Theorien zu unserem Universum haben in sich, auch von den Wissenschaftlern selbst zugegeben, noch erhebliche Lücken und Unerklärlichkeiten.

Die bisherigen Theorien leiten sich von der Annahme ab, das Universum bestehe aus Materie mit Massenanziehungs-Eigenschaften, die sich im total leeren Raum in ihrer bisherigen Form zusammengefunden hat. Ausgehend von einem sogenannten Urknall soll das Universum die vorhandene Materie mit ihren heutigen Strukturen hervorgebracht haben. Es wird nach einer Weltformel gesucht, die alles erklären und die verschiedensten Theorien in einen Gesamtzusammenhang bringen soll.

Den bisher hervorgebrachten Theorien kann man augenscheinlich nicht folgen, wenn man sich weitergehende Gedanken zur Kosmologie macht, wie das alles zusammenhängen könnte. Von daher wird meine Behauptung, es gibt keine Massenanziehungskraft, sondern nur Energiepotentiale im Feld der Raumenergie, von vielen Mitmenschen abgelehnt werden. Die praktischen Erfahrungen und die geltenden physikalischen Definitionen der Himmelsmechanik sowie den Strahlungs-Theorien stehen als bisherige Physik und veröffentlichte Beweise dem entgegen. Sogar Albert Einstein hat die vor über einhundert Jahren aufgestellten Äther-Theorien verworfen und das mit Messungen der Lichtgeschwindigkeit belegt, die Lichtgeschwindigkeit als absolut erklärt und diese sei somit nicht dem Dopplereffekt unterworfen, was gemäß den Äthertheorien möglich gewesen wäre. Aber wer konnte in den Jahren um 1910 diese Lichtgeschwindigkeit relativ zu einem erdgebundenen System genau genug messen und sagen, was ist Licht. Seit dem wurden die Äther-Theorien aufgegeben, da kein Träger als Medium nachgewiesen werden konnte. Dass die Rot-Verschiebung des Lichts heutzutage mit der Expansion des Universums, also der Wegdehnung erklärt wird, war damals nicht bekannt, erst ab den Jahren nach 1929 durch die Erforschungen des Edwin Hubble.

Weitere Theorien, wie die Quantenmechanik und die String-Theorien bis hin zur M-Theorie streifen nur Teile der Erklärungsmodelle zur Entstehung des Universums und basieren auf undurchschaubaren mathematischen Rechenmodellen und Teilversuchen, die eine Wirklichkeit erklären sollen. Auch die heutigen Veröffentlichungen in den Fachbeiträgen verschiedenster Medien gehen immer noch von dem seit Jahrzehnten bestehenden Modell vom Urknall aus und viele groß angelegte Forschungsaufträge verfolgen diese Richtung, für die Urknall-Theorie Beweise zu finden. Die bisherigen Standardmodelle versagen an gravierenden Punkten. Es werden die verschiedensten Hypothesen entwickelt, um die physikalischen Phänomene zu erklären, insbesondere mit dem Versteck hinter umfangreichen mathematischen Ableitungen, die aber die Tatsachen an sich nicht erklären können.

Eine Theorie, die unsere Welt erklären kann, muss ganzheitlich sein, denn das Universum ist ein zusammenhängendes physikalisches System. Vom Ursprung bis zur Wirklichkeit unserer Welt gibt es keine Lücken. Somit ist eine Theorie erforderlich, die einen logischen Zusammenhang vom Makrokosmos bis zum Mikrokosmos bereitstellt.

Die verschiedensten Theorien mit ihren Widersprüchen und Deutungen haben mich seit Jahren veranlasst, ein Erklärungsmodell zu schaffen, das die vielen Erkenntnisse zusammenfasst und ein in sich schlüssiges und logisches System verfolgt. Hiermit stelle ich eine Theorie auf, die sich auf ein einfaches, verständliches Erklärungs-Modell bezieht, die Quastsche

Energiefeld-Theorie© und Nukleonen-Theorie©. Das Bohrsche Atommodell, die Einsteinschen Theorien und auch das Wellenmodell nach Erwin Schrödinger werden mit einbezogen. Aus diesem Ansatz können weitergehende Modelle entwickelt werden, die auch bisherige mathematische Ansätze in neuem Licht erscheinen lassen würden.

Bei der hier aufgezeigten Energiefeld- und Nukleonen-Theorie kommt es nicht darauf an, das Energiefeld an sich zu beweisen, sondern welche bekannten Tatsachen in der Astrophysik und Atomphysik mit Hilfe der Energiefeld-Theorie und Nukleonen-Theorie logisch erklärbar werden. Es geht darum, sich mit dem bisherigen Wissen und Erklärungsmodellen nicht zufrieden zu geben, sondern auch nach neueren oder besseren Modellen zu suchen. Insbesondere ist es an der Zeit, die neuen Erkenntnisse aus der Raumfahrt und der Astronomie und Erforschung der Elementarteilchen zu nutzen und mit den seit über einhundert Jahren nachgebeteten Theorien der Astrophysik und Atomphysik in Einklang zu bringen.

# Kapitel 1:
# Definitionen

Die Theorie vom Energiefeld und den Ableitungen daraus, zur Entstehung der Nukleonen und Atome

Ich, Günter von Quast, behaupte:
Die Quastsche Energiefeld-Theorie und die Nukleonen-Theorie erklären das Universum aus logischer Ableitung.

In dieser Abhandlung werden Postulate und mögliche Nachweise zum Thema, wie können wir uns das bisher einsehbare Universum erklären, und wie entsteht die sichtbare Materie, aus der die Welt besteht. In verschiedenen Abschnitten und Perspektiven, in Bezug zu den bisher aufgestellten Theorien zur Kosmologie und Atomphysik, werden die neuen Theorien logisch und zusammenhängend abgeleitet.

## 1.1 Behauptungen

1. Es gibt nur das Energiepotential einer Masse in Bezug zu anderen Massen und dem Raum. Eine Massen-Anziehungskraft oder Schwerkraft zwischen den Massen, die aus den Atomen der irdisch bekannten Elemente bestehen, ist bis heute nicht nachgewiesen worden. Auch Albert Einstein hat es nicht vermocht, diese Frage physikalisch und mathematisch endgültig aufzuklären.

2. Jede Art von Materie, die aus Atomen der uns bekannten Elemente besteht, trägt eine Masseneigenschaft in sich. Die Masseneigenschaft ist ein Energiespeicher, die jeglicher Veränderung in der Position im Raum eine Kraft entgegensetzt, die Energieeinträge oder Energieabflüsse erfordert.

3. Jede Masse trägt ihr eigenes Energiepotential in Bezug zu ihrem Entstehungsort als eine Art Genealogie zum Ursprung, der Entstehung der Materie, in sich. Dieses Energiepotential ist vom jeweiligen Standort der Masse in Bezug auf andere Massen individuell, bis in die Struktur der einzelnen Atome hinein. Das jeweilige Energiepotential in Bezug zum Universum ist der Masse selbst mitgegeben.

4. Das individuelle kinetische Energiepotential einer Masse wurde durch äußere Energien der jeweiligen Masse durch Energie-Impulse mitgegeben. Jede Veränderung dieser Impuls-Energie hat eine Kommunikation mit Energieaustausch zu anderen Massen mit deren jeweiliger Pulsenergie zur Folge. Der Energieaustausch durch Zusammenstoß oder Adhäsion, insbesondere der meist ionisierten Teilchen, mit den jeweiligen Ergebnissen durch Energie-Kumulierung, Energieaufnahme oder Energieabgabe, ist das Ergebnis für das neue Energiepotential dieser Masseeinheiten und gilt bis hin zu den großen Objekten, den Sternen, Sonnen, Planeten und Monde.

5. Die Materie selbst besteht letztendlich für sich aus Energie mit der Eigenschaft der Massenträgheit. Es geht keine Energie verloren, sie wird unter den Massen nur aufgeteilt in andere kinetische Energiearten wie Rotations-, Impuls-, Schwingungs-, Reibungs-, Kristallisations-, Wärme und chemische Bindungsenergien und zusätzlich den atomaren Ionisations-, Strahlungs-, und Fusions-Energien. Aus der Physik ist bekannt, dass sich jede Masse und damit auch die Materie, gemessen in kg, nach dem CGS-System in die entsprechende Maßeinheit von Energie ( erg ) umrechnen lässt: Materie von einem Kilogramm hat den Ruhmasse-Energiewert von $9 * 10^{23}$ erg. Ein erg entspricht etwa der Ruhemassenenergie von 1000 Atomen. Von daher ist Materie Energie und umgekehrt.

6. Bei den Vorgängen der Atomspaltung und Atomfusion wird die beteiligte Materie zum Teil wieder in Raum-Energie zurückgewandelt

und verliert somit Volumen- und Masseanteile. Diese Vorgänge haben energetische Strahlungen zur Folge, die vom Feld der Raum-Energie mit Lichtgeschwindigkeit weitergeleitet und gespeichert werden.

7. Die Materie entsteht in den Zentren der Galaxien, den Weißen Löchern. In der Kerr-Metrik der Weißen Löcher bilden sich die Quarks als Grenzstrudel durch Unterdruck-Kondensation und nehmen Raum-Volumen ein. Die Quarks sind verschieden gepolte Torkado-Strudel, bestehend aus strömender Raum-Energie. Über die Feld-Rückwirkung aus der Feldverdrängung werden die Quarks massebehaftet. Je drei Quarks fusionieren zu den Nukleonen, den Protonen und Neutronen. Die Energiefelder der Quarks verschränken sich gegenpolig und bilden die Starke Kernkraft innerhalb der Nukleonen aus. Die Nukleonen durchtunneln den Ereignishorizont der elliptischen Kerr-Metrik und werden energetisch beschleunigt. Ebenso entstehen die Elektronen aus Teil-Quarks durch Potential-Trennung unter Abgabe von Neutrinos.

8. Die Nukleosynthese zu den Atomen und die Fusion der Atome zu höherwertigen Elementen finden in den zwei Balken der Galaxie statt, bis hin zum Lithium. Auch bei diesen Vorgängen verschränken sich die Energiefelder der Nukleonen gegenpolig und bilden die Schwache Kernkraft aus. Höherwertige Elemente entstehen in den Sternen, die sich durch Akkretion aus dem Plasma der Balken der Galaxie zusammenfinden. Die Sterne formen dann die zwei Schweife der Galaxie aus.

## 1.2 Daraus folgt die Neudefinition

Eine Massen-Anziehungskraft gibt es nicht, es gibt nur Energiepotentiale der Massen im Potentialfeld der Raum-Energie.

Der physikalische Begriff „Gravitation" ist neu zu definieren!
Um keine anderen Bezeichnungen einzuführen ist der Begriff Massenanziehungskraft oder Schwerkraft zu ersetzen durch den auch bisher üblichen Begriff: Gravitation

**Gravitation ist ein Maß für das Energiepotential der Masse zu anderen mit ihr in Bezug zum Entstehungsort energetisch verbundenen Massen. Die Massen streben im Energiefeld das kleinste Volumen an, das ist die Kugelform. Abweichungen von der Kugelform sind durch Energieeintrag auf die Masse, z.B. Zentrifugal- oder Beschleunigungskräfte verursacht, oder sind durch inneren Gegendruck, Reibung und Adhäsion bedingt.**

Die Gravitation ist somit ein Wert, der den energetischen Bezug zu allen anderen Massen bewertet, die denselben Entstehungs-Ursprung haben und somit auch relativ zum Weltraum, dem Universum. Die Gravitations-Beschleunigung „g" und die Gravitations-Konstante „G" sind vom Ort, und somit von dem Inertialsystem im Universum abhängig. Sie können an anderen Orten im Universum andere Werte haben, abhängig vom jeweiligen Potential-Druck der Raum-Energie und der Konzentration der Materieansammlung, die Raumenergie verdrängt.

Die Gravitations-Konstante „G" und die Gravitations-Beschleunigung „g" sind Werte für das Bestreben im Raum unter dem Potential-Druck der Raum-Energie in Bezug zu anderen Massen den kleinsten Raum einzunehmen. Die Gravitations-Beschleunigung ist ein Maß für die Feld-Verzerrung des Potentialfeldes der Raum-Energie.

Dieses Naturgesetz widerspricht der üblichen Regel zur Definition der Schwerkraft durch Isaac Newton aus dem Jahr 1686. Die Formeln zur Definition und zum Beweis der Massenanziehungskraft sind wegen der Neudefinition aber nicht falsch. Diese Beziehungsformeln müssen nur mit der Berücksichtigung des tatsächlichen Energiepotentials umgestellt, erweitert oder korrigiert werden. Es gibt nur minimale Abweichungen, sie sind aber systemrelevant. Über diese Neudefinition „Energiepotential" statt Massenanziehungskraft lassen sich die bekannten Unerklärlichkeiten bei Anwendung der Newtonschen Formeln den Realitäten anpassen, da diese sich auch nur auf unser bekanntes Inertialsystem, dem Umfeld des Sonnensystems und im weiteren Sinne auch auf unsere Galaxie, der Milchstraße, beziehen können.

Galileo-Galilei, Newton, Einstein und viele weitere Forscher haben uns ein physikalisches Weltverständnis hinterlassen, das im Großen und Ganzen funktioniert. Leider aber war es diesen Wissenschaftlern nicht gegeben, die Ursache der sogenannten Massenanziehungskraft und Massenträgheit zu erklären und mathematisch zu beweisen. Das hätte ihr Werk krönen können. Sie waren in der zu ihrer Lebenszeit allgemein herrschenden Gedanken- und Glaubenswelt mit der Massenanziehungskraft eingebettet. Eine Lösung des Problems ist der Wissenschaft bis heute nicht gelungen. Es werden Korrekturwerte wie „Dunkle Materie" oder „Dunkle Energie" in unbekannter Größe mit angeführt, um die Korrektur der Newtonschen und Einsteinschen Gesetze in Bezug auf Galaxien und das Universum zu ermöglichen. Die Schwerkraft und das Masseverhalten der Materie wird nach Einstein mathematisch mit Bahnbewegungen dargestellt, in denen sich die Fliehkräfte aus Änderung der Bewegung auf gekrümmten Bahnen als Gravitation, bezogen auf die Raum-Zeit, darstellen könnte.

Dabei ist das Umdenken vom Begriff Massen-Anziehungskraft oder Schwerkraft auf den Begriff „Energiepotential der Massen in Bezug zueinander mit dem Bestreben zum kleinsten Raumbedarf" nur ein kleiner Schritt und bezeichnet nach wie vor das Naturgesetz der Gravitation. Ursache und Wirkung sind logisch einzuordnen.

## 1.3 Erkannte Auffälligkeiten

Der Abstand Erde – Mond ist mit +/-10m nicht genau genug mit den Newtonschen Formeln erklärbar. $F(r) = -G * (m_1 * m_2 / r^2) * e_r$.
Die Lokalzeit ist nicht erklärbar mit den Abweichungen und laufend notwendigen Korrekturen für das GPS-System. Einsteinsche Relativitätstheorie.
Galaxienbilder sind nicht erklärbar mit Verzerrungen und Doppelbilder von ferneren Galaxien.
Der Urknall ist mathematisch nach den vorherrschenden Modellen nicht erklärbar, die Werte in den physikalischen Formeln werden unendlich groß.
Die zur Korrektur mathematisch eingeführte „Dunkle Energie" ist noch nicht gefunden und wertmäßig definierbar.
In der Atomforschung sind Verluste von Energie und Überschüsse an erwarteter Energie festzustellen, die noch nicht erklärbar sind (Tevatron).
Es fehlt eine Weltformel, die manches im Universum erklären könnte. Man sucht nach Gravitonen, die eine Verbindung zwischen Materie, Dunkle Energie und Raum darstellen.
Hinweis Quelle 12:
Des Weiteren: Man sucht im CERN nach dem Higgs-Teilchen und Higgs-Boson, das die Atomkerne zusammenhält und deren Masseneigenschaft begründen soll.

Die Berechnung der Galaxien-Formen stößt bei Anwendung der Newtonschen und Einsteinschen Gesetze für die Massenanziehungskraft zu sich explosionsartig ausbreitenden oder sich zu einem Haufen zusammenziehenden Gebilden. Man sucht von daher nach der „Dunklen Materie" und der „Dunklen Energie", die das alles zusammenhält oder in Bewegung versetzt.

Die Quantentheorie lässt viele noch nicht beantwortete Fragen offen. Auch Veröffentlichungen zum Jahr der Astronomie 2009 brachten nach dem Stand der Erkenntnisse noch keine schlüssigen Beweise für die Theorie vom Urknall bis hin zu den sichtbaren Erkenntnissen aus dem heutigen Universum.

Diese offenen Fragen und Unerklärlichkeiten sind für mich Anlass, meine seit Jahren durchdachten Vorstellungen von einem energetischen System hiermit aufzuschreiben. Es kann der bisherige Wissensstand über das Universum nicht das Ende der Erkenntnisse sein!

# Kapitel 2:
# Postulate zur Energiefeld-Theorie

Jede Theorie benötigt Postulate, um sich zu erklären und wenn möglich auch in der Praxis zu beweisen. Voraussetzung sind Grundsätze, die Rahmen-Bedingungen für den Glauben an die Theorie sowie das Verständnis und zum Teil auch Beweise für das Wissen bereitstellen.

Unser von der Wissenschaft bisher veröffentlichtes Bild vom Universum ist neu zu definieren. Von daher behaupte ich:

## 2.1   Es gibt keine Massenanziehungskraft

Es gibt anstatt der sogenannten Massenanziehungskraft das Energiepotential einer Masse in Bezug zu anderen Massen, die einander einen gemeinsamen Ursprung, nämlich den Entstehungsort der Materie haben. Das ist dann die neu zu definierende Gravitation.

## 2.2   Es gibt keinen Urknall, der die vorhandene Materie hervorbrachte

Es gibt eine Entwicklung, in der zunächst ein Prozess laufend die Raum-Energie hervorbringt und einen weiteren Prozess, in dem laufend Raum-Energie in Materie umgewandelt wird. Diese Entwicklung ist auch umkehrbar.

Dieser Prozess der Materiebildung erfolgt überwiegend in den Zentren der Galaxien. Von diesem Entstehungsort aus hat jedes einzelne Atom der Materie über seine physikalische Massen-Eigenschaft das dazugehörige kinetische Energiepotential in Form von Translations-, Schwingungs- und Rotations-Energie und die innere, atomare Kern-Energie mitbekommen.

Das System kann sich aufbauen aber auch untergehen, denn Materie kann auch wieder in Raum-Energie zurückgewandelt werden.

Der Urknall, also das Hervorbringen der Materie, findet somit laufend in den Galaxien mit ihren unterschiedlichsten Strukturen statt. Als Ursprung des Universums ist von daher als Singularität primär die Entstehung eines Energiepotentials anzunehmen und mit dem sogenannten Urknall in Verbindung zu bringen. Das steht im Gegensatz zur offiziell anerkannten Theorie vom Higgs-Feld, welche sich aus der Theorie vom singulären Urknall heraus erklärt. In dieser Theorie werden aber immerhin ein Feldcharakter sowie ein fortschreitender Wandlungsprozess und auch ein Masseverhalten der Materie abgeleitet. Hinweis Quelle 3.

## 2.3 Elektromagnetische Wellen gibt es nicht, es sind Energie-Druckwellen im Potentialfeld der Raum-Energie

Licht, Wärme, und elektrische Senderstrahlungen von der Langwelle über Mikro-Welle bis hin zur Gamma-Strahlung, sind keine elektromagnetischen Wellen mit den damit verbundenen elektromagnetischen Feldern oder eventuell Teilchen-Strömen von Photonen über große Entfernungen. Diese Strahlungsarten sind Energie-Druckwellen im Potentialfeld der Raum-Energie. Die Druckwellen stammen von, in vielfältigsten Kugelformen, schwingenden und rotierenden Atomkernen. Diese Schwingungen verzerren das Energie-Feld und werden in dem von uns einsehbaren Universum mit Lichtgeschwindigkeit im Feld der Raum-Energie im jeweiligen Abstrahlungswinkel, kugelförmig oder gerichtet, fast verlustfrei und mit nur geringer Dämpfung in Amplitude und Frequenz weitergeleitet. Die Weiterleitung erfolgt einerseits in Form von longitudinalen Druckwellen, die eine örtliche Positionsänderung, also eine Feldverzerrung des Energiefeldes hervorrufen, und andererseits durch transversale gravitative Potentialänderung des Feld-Druckes im Feld der Raum-Energie, also eine Änderung des örtlichen Energieniveaus über die Energiedichte.

Die Weiterleitung abgestrahlter Energie erfolgt durch Energie-Druckwellen mit entsprechender Frequenz kugelförmig im Feld der Raum-Energie. Die Fortpflanzung erfolgt aufgrund der Kugelschwingung in einer Mischung von longitudinalen und transversalen Druckschwingungen. Es ist eine Anstoßenergie, die in einem Potentialfeld eine momentane Feldverzerrung hervorruft und von Ort zu Ort mit Lichtgeschwindigkeit weitergeleitet wird. Die geringe Dämpfung ergibt sich aus den fehlenden inneren Beschleunigungs- und Reibungsverlusten infolge der Masselosigkeit des Feldes der Raum-Energie.

Da in der Materie immer unzählbar viele Atome bei der Strahlung mit ihren statistischen Schwingungsmustern mitwirken, ist ein Richtungsverhalten oder Polarisation aus dem Schwingungsmuster der Atomkerne allgemein nicht vorhanden. Die Schwingungsmuster der Atomkerne und der mitwirkenden Elektronenschalen sind aber von Element zu Element sehr charakteristisch und somit die Grundlage für die Spektralanalyse.

Das Feld der Raum-Energie ist ein Potentialfeld, das Energie in Form von Licht und sonstiger Strahlung von einem Ort zum anderen verlustfrei leiten kann. Das Feld der Raum-Energie ist aber kein elektromagnetisches Feld und auch kein Medium oder Äther, sondern ein Potentialfeld!

Das Verhalten der Energie-Druckwellen ist physikalisch nur bedingt vergleichbar zu den Schall-Druckwellen in den Medien von Luft und Wasser. Sie können longitudinale und transversale Wellen weiterleiten. Diese Medien bestehen aber aus Materie, sind komprimierbar und haben somit erhebliche innere Reibungs- und Beschleunigungsverluste aufgrund ihrer Masseneigenschaft der Atome und Moleküle. Somit gibt es eine hohe Dämpfung auf die Druckwellen, im Gegensatz zu den Bedingungen im Potentialfeld der Raum-Energie. Die Durchleitungsgeschwindigkeit von Lichtwellen im Medium von Luft, Wasser und Glas sind bekanntlich um einiges langsamer als die übliche Lichtgeschwindigkeit im luftleeren Weltraum des Universums. Die Anstoßenergien müssen in festen Medien zusätzlich von den Atomen der Kristalle und Moleküle von Molekül zu Molekül weitergegeben werden. Der Schwingungsvorgang ist ein Anstoßvorgang und benötigt Laufzeiten und hat kinetische Energieverluste in den Atomen zur Folge, insbesondere in Form von Wärmestrahlung.

## 2.4 Photonen sind Energie-Druckwellen über ein Zeitintervall und haben keine Teilcheneigenschaften

Photonen sind Energie-Druckwellen, die von Atom zu Atom übertragen werden können. Die Atomkerne schwingen in einer Art Kugelschwingung und das hat direkte Rückwirkungen zum Feld der Raum-Energie. Der Begriff Kugel-Schwingung der Atomkerne ist als Gegenpol zu den Photonen-Eigenschaften des Lichtes der bisherigen Wissenschaften zu sehen. Wie die bisher definierten Photonen entstehen sollen, insbesondere bei atomspezifischem Verhalten der unterschiedlichsten Elemente, vom Plasma und der Starken und Schwachen Kernreaktion, wird mit den bisherigen Theorien nicht gesagt.

Die Photonen werden in der Quantentheorie immerhin als Energiesprünge mit Welleneigenschaften postuliert. Als Wellen werden in dem Zusammenhang aber nur die elektromagnetischen Wellen definiert, die sich in den Raum ausbreiten. Elektronen treten in der Quantentheorie als Verursacher auf, sowohl als Teilchen mit unterschiedlichem Spin sowie auch als Strahlung mit Welleneigenschaften. Wenn diese Photonen oder Quanten oder sogar Teilchen mit oder ohne Masseneigenschaften behaftet sein sollen, dann müssten sich diese bewegen und auch Wege zurücklegen. Das ist aber offensichtlich nicht der Fall, denn die Ausbreitungsgeschwindigkeit ist üblicherweise die physikalisch grenzwertige Lichtgeschwindigkeit, bei der ein Masseverhalten oder eine Masseneigenschaft nach den bisherigen Theorien ausgeschlossen sind.

Die Gesetze der Quantentheorie bestimmen das Verhalten. Das sprunghafte Verhalten des Lichtes, auch als Photon bezeichnet, das die Quantentheorie begründet, ist ja im Atom bei Aufnahme von Photonen der plötzliche Energiesprung von Elektronen auf höhere Schalenniveaus im Atom oder Veränderungen im Spin-Verhalten begründet. Umgekehrt erfolgt Photonenabgabe bei Herunterfallen der Elektronen auf Schalen mit geringerem Energieniveau oder spontane Änderungen im jeweiligen Spin. Wo sind aber diese Elektronen und Photonen beim Plasma, das je nach Art keine Elektronen hat und trotzdem auch Strahlung abgibt?

Durch die Vorgänge innerhalb der Atome mit ihren Elektronenschalen werden aber nach der Quastschen Energiefeld-Theorie Schwingungen hervorgerufen, die wiederum die Atomkerne oder Teile davon in den vielfältigsten Formen zum Schwingen und Rotieren bringen und erst dadurch, mit dem Frequenzband entsprechenden Druckwellen, an das Potentialfeld der Raum-Energie weitergeleitet werden. Im Potentialfeld bewegt sich eine Energie, was Verzerrungen des Energie-Feldes zur Folge hat und umgekehrt. Das Feld der Raum-Energie wird durch Energieeintrag örtlich gestaucht und gestreckt, was sich mit Lichtgeschwindigkeit fortsetzt. Gemäß Albert Einstein krümmt auch die Energie den Raum. Das Feld der Raum-Energie ist in der Lage, diese Energie weiterzuleiten und zu speichern. Erst wenn die Energie im Raum auf Materie trifft, gibt es Reaktionen mit den Atomen dieser Materie, was aber nur den minimalsten Teil der von den Sternen und Galaxien dauernd abgestrahlten Gesamtenergie betrifft. Somit geht die Strahlung aller Arten wieder zurück zur Raum-Energie.

**Das Licht ist nach der hier postulierten Quastschen Energiefeld-Theorie eine Druckschwingung im Feld der Raum-Energie und wird somit als Mischung aus longitudinaler und transversaler Stoßwelle weitergegeben.**

Ein zeitlich begrenzter Lichtimpuls, der eine Reaktion im bestrahlten Atom hervorbringt, sollte somit als Photon bezeichnet werden, denn es ist ein Licht- oder Strahlungsimpuls mit einem gewissen Betrag der Energieübertragung, der eine Reaktion im Atomkern und somit auch in dem Elektronen-System hervorruft.

Eine Normung für ein Photon steht noch aus, es ist nur das Placksche Wirkungs-Quantum aus der Wärmestrahlung des schwarzen Körpers definiert als $\varepsilon = h * \nu$ (auch Comptoneffekt genannt) oder gemäß der speziellen Relativitätstheorie als Impuls mit $p = E / c$. Damit ist Strahlung ein masseloser Energieimpuls, der aber normalerweise kugelförmig in den Raum abgegeben wird, weil die Atomkerne kugelförmig schwingen. Teilchen in der Art von Photonen, die auch der sogenannten Massenanziehungskraft gehorchen, treten dafür nicht in Erscheinung.

Die aus dem Raum ankommenden Stoßwellen bringen die Atomkerne und damit auch ihre Elektronenhüllen in gleichfrequente, oder je nach Art des Atoms in spezifische Schwingungen, die diese eingebrachte Energie dann speichern, aber auch wieder abgeben können. Der Atomkern besteht selbst aus einem Feld an Raum-Energie und steht somit in unmittelbarem Kontakt zum Feld der Raum-Energie (siehe Kapitel 5.9.1). Das Licht-Photon ist nach dieser Definition ein Energieimpuls, der sich aus einer bestimmten Anzahl von Lichtdruck-Wellen über eine gewisse Zeit zusammensetzt. Dieser Energieeintrag ist in der Lage, bei entsprechender Schwingungs-Resonanz, Energie in das Atom einzuspeichern und auch bei entsprechender Energiemenge spontane Reaktionen mit Sprüngen und Drehzahlen der Elektronen in ihren Schwingungsschalen zu induzieren. Albert Einstein und Compton haben ein Photon als das Teilchen definiert, dessen Energie in der Lage ist, freie Elektronen aus der Materie zu schlagen, sogenannte Sekundär-Elektronen. Das war und ist die Grundlage für die Quantenmechanik.

Das Licht, oder allgemein die Strahlung aller möglicher Frequenzen, wirkt beim Empfänger auch bei sehr kleinen Energieeinträgen auf die Atomkerne und Elektronenhüllen ein. Für eine Reaktion bedarf es keiner großen Energiemengen oder Photonen-Teilchen die auch Sekundärelektronen zur Folge haben. Es genügen schon winzig kleine Energiemengen oder schon sehr schwache Strahlungsintensitäten, um Reaktionen wie Resonanz, Reflexion, Absorption oder Brechung der Strahlung hervorrufen zu können.

Umgekehrt werden Photonen in Form von Licht vom Atom ausgesendet, wenn sich Elektronen in ihren Schalen auf geringere Energieniveaus begeben und von daher über den mitschwingenden Atomkern Energie-Druckwellen an das Feld der Raum-Energie zurücksenden. An diesen Vorgängen sind immer unzählige Atome der Materie beteiligt, aber statistisch nicht alle auf einmal. In einem Gramm Materie, z. B. Kohlenstoff, sind immerhin über $6 * 10^{23}$ Atome enthalten. Diese Dimensionen sind für uns nicht vorstellbar, unter welchen Bedingungen sich das alles abspielt.

Selbst wenn Moleküle, wie z. B. die für uns durchsichtigen Medien Luft- oder die amorphen Glas-Moleküle von Linsen oder Fensterscheiben daran beteiligt sind, werden nur die Stoßwellen weitergegeben und die Moleküle bleiben dabei an Ort und Stelle, denn die Information wird von Atom zu Atom weitergegeben. Ein Teil der Stoßwellen geht an den Atomen unbeeinflusst vorbei und durchdringt das Medium ungehindert oder wird von Atomen bei Dichteänderungen der Medien an deren Grenzflächen in der Richtung gebrochen und somit umgelenkt oder absorbiert. Die Umlenkung von Strahlung bei der Brechung an Dichtegrenzen erfolgt somit über die Atome und ist durch deren Eigenschaften vorgegeben. Das gilt auch für die Effekte bei den Doppelspalt-Versuchen zur Quantentheorie zum Beweis der Welleneigenschaften von Photonen- und Elektronenstrahlen. Die Energiedruckwellen oder freie Elektronen interagieren mit den Atomen der Doppelspalt-Blende. Die Atome an den Kannten des Spaltes nehmen die Schwingungen auf und senden sie in verschiedene Richtungen gemäß ihrer Eigenschaften kugelförmig weiter. Somit bilden sich auf dem dahinter liegenden Spiegel Interferenz-Muster mit dichten und weniger dichten Reflexionsbereichen aus. Die Elektronen bestehen selbst aus Energie-Feldern und diese Energiefelder reagieren bei geringem Abstand mit den Energiefeldern der Atome, aus denen die Doppelspalt-Blende besteht und werden statistisch abgelenkt. Freie Elektronen haben keinen Wellencharakter und sind keine Strahlung oder Energie-Druckwellen im Feld der Raum-Energie, sondern massebehaftete Teilchen aus strömender Raum-Energie (siehe Kapitel 5.9.1).

Die Licht-Wellen regen die Atome der jeweiligen Medien und Materie mit Energiedruck-Wellen zum Schwingen an, und diese Atome geben dann die Licht-Wellen wieder weiter, indem sie die eingestrahlte Energie statistisch zwischenspeichern und dann wieder statistisch in nicht bestimmte Richtungen weitersenden. Das Weitersenden erfolgt somit nicht in der gleichen Richtung, von der das Licht kam, sondern wie eine Kugelschwingung in statistisch verschiedene Richtungen und natürlich auch überwiegend in die Richtung Einfallswinkel gleich Ausfallswinkel, wo sich der größte Energieeintrag über die „Photonen" ergibt. Somit entsteht das diffuse Licht in den Medien Luft oder Wasser. Beleuchtete Gegenstände senden das Licht nicht nur überwiegend weiter mit Einfallswinkel gleich Ausfallswinkel, sondern in alle möglichen Richtungen, um somit insgesamt auch aus verschiedensten Richtungen sichtbar zu werden. Die Farben entstehen aus den Bedingungen der Materie von Reflexion und Absorption aus dem Frequenzband der Strahlung. Gäbe es die Streustrahlung der Luft nicht, wären die Lichtverhältnisse wie auf dem Mond, keine diffuse Reflexionen, nur hell oder absolut dunkel.

Die Wellentheorie nach Maxwell, wobei das Licht aber immer noch als elektromagnetische Welle oder der „Massenanziehungskraft" unterliegenden Teilchen, den Photonen angesehen wird, ist auch die Grundlage für die Quantenelektrodynamik des Richard P. Feynman; Hinweis Quelle 4. Würde die Quastsche Energiefeld-Theorie in die Quantentheorien mit eingebunden, würde sich vieles daraus besser ableiten und erklären lassen.

# Kapitel 3:
# Definition und Folgerung aus der Energiefeld-Theorie

Da es bei einer neuen Theorie insbesondere auf Nachweise und sonstige Beweise und Erklärungen ankommt, ist es natürlich nicht so einfach, ohne praktische Laborversuche und mathematische Berechnung auszukommen. Aber das kann ja erst nach der Aufstellung einer Theorie in der entsprechenden Richtung nachgeholt werden. Was als praxisbezogene Beweise zu erforschen ist, muss auch vorerst durch die zu klärenden Behauptungen aufgestellt werden, damit neue Erkenntnisse gefunden werden oder das neu zu definieren, was eigentlich schon längst bekannt ist. Von daher ist zuerst eine Theorie, ein Plan erforderlich und neutral zu bewerten.

Die hier aufgezeigte Energiefeld-Theorie steht im Gegensatz zu den bisherigen Theorien zum Universum und ist somit ein neuer Ansatz zur Erklärung der Zusammenhänge. Es ist eine Theorie, nicht mehr aber auch nicht weniger, und ist von daher neutral anzusehen, bis sich Besseres dem gegenüberstellt.

## 3.1 Das Schwingungsverhalten der Atome ist Strahlung mit Energieaustausch

Energetische Strahlung, und somit auch das Licht, ist ein Energieaustausch über Schwingungen aus den Atomkernen der Materie über das Feld der Raum-Energie. Die Kugelschwingung hat die Eigenschaft der Atomkerne, ohne ihr Eigenvolumen zu verändern, fast reibungs- und trägheitslos vielgestaltige innere Schwingungsformen anzunehmen. Die Protonen und Neutronen im Atomkern bilden eine kaum komprimierbare Kugelform, ohne sich wegen der gleichnamigen, statisch positiven Ladung der Protonen gegenseitig zu berühren und schweben frei im Feld der Raum-Energie.

Die Atomkerne verdrängen das Feld der Raum-Energie, verzerren die Felddichte und erzeugen somit einen Potentialdruck. Die Kugelform der Atomkerne ergibt sich aus dem extrem hohen Innendruck der Raum-Energie, die den Atomkern zwingt, den kleinsten energetischen Raum einzunehmen.

Wenn zwei gegenüberliegende Seiten der Atomkerne (Kugel) durch Energie-Druckwellen eingedrückt werden, weichen im rechten Winkel dazu zwei gegenüberliegende Seiten in den Raum aus, ohne das Gesamtvolumen zu verändern (Gummiballeffekt) und schwingen dann wieder zurück, um den Zustand der Kugelform wieder zu erreichen, um dann wieder entgegengesetzt zu schwingen. Diese Schwingungen kommunizieren direkt mit dem Feld der Raum-Energie. Die eingebrachte Energie wird gespeichert.

**Druckschwingungen im Feld der Raum-Energie haben direkte Rückwirkungen auf die Atomkerne und infolge dessen auch auf die Elektronen-Hülle. Umgekehrt haben Schwingungen der Elektronen in ihren Bahnebenen oder Schwingungs-Schalen über Kräfte ihrer statischen negativen Ladung direkten Einfluss auf die Schwingungen des Atomkernes.**

Die statisch positive Ladung der Protonen hat in diesen kleinen Dimensionen eine erhebliche Abstoßkraft zur Folge, sodass sich die Protonen im Normalfall nicht berühren. Die Abstoßkräfte wirken gegenseitig von jedem Proton gegenüber den übrigen Protonen so, als würden zwischen allen gegenseitig Sprungfedern eingebaut sein, deren Federkraft umso stärker wird, je geringer der Zwischenabstand durch äußere Einflüsse wird. Es sind vielfältige Schwingungsmuster möglich, auch mit spezifisch atomarem Resonanzverhalten oder bei Kristallorientierung auch Richtungsverhalten und Polarisation. Das Frequenzband, das von den Atomen aufgenommen und auch wieder abgestrahlt werden kann, ist gewaltig, letztendlich von der Gammastrahlung bis hin zur Langwelle. Die Neutronen sind in diesem Schwingungssystem des Atomkernes über die paramagnetische Bindung mit den Protonen verbunden, und haben mit ihrer Masseneigenschaft erheblichen Anteil am Schwingungsverhalten der Atomkerne und der Speicherung der Schwingungsenergien. Die Atome sind Zwischenspeicher für Energie.

## 3.2 Atome speichern Energie und geben sie auch wieder ab

Zu dem Schwingungsverhalten kommen noch Effekte des energetischen Verhaltens des Atoms durch Kreisel-Rotation der einzelnen Protonen, Neutronen und Elektronen in sich selbst und zusätzlich des gesamten Atomkernes in sich selbst. Dieses Verhalten wird auch als Spin in der Quantentheorie angeführt. Die Rotationen können gewaltige Umdrehungszahlen annehmen und speichern somit erhebliche Energiemengen. Sie stellen kleine Kreiselsysteme dar, die Änderungskräften der Lage entsprechende Gegenkräfte entgegensetzen. Die Atome haben somit ein Beharrungsvermögen, denn hinzu kommen noch die Kreiselkräfte aus dem Atomkern und den Elektronenhüllen und setzen externen Kräften entsprechende Gegenkräfte entgegen, die den Energieeintrag und die Speicherung ermöglichen. Das erklärt das energetische Speichervermögen der Materie.

Zusätzlich zu den kreiselnden Protonen und Neutronen rotiert auch der Atomkern insgesamt und kann von daher Energie aufnehmen oder abgeben. Das gilt insbesondere auch für Plasma-Ionen, die zum Teil nur aus Atom-Einzelteilchen bestehen. Effekte wie aus dem Gyrotwister-System können auftreten und durch Krafteinwirkungen über Energie-Druckwellen Rotations-Änderungen erfahren und speichern oder auch wieder in Form von Druckwellen in das Feld der Raum-Energie abgeben. Der Atomkern als Kreisel ist zwar kardanisch über seine Feldrückwirkung aufgehängt, steht aber in Wechselwirkung mit der Elektronenhülle und wird von daher durch statische Kräfte gewissermaßen festgehalten, was Bedingungen wie beim Gyrotwister oder Spin-Ball hervorrufen kann (siehe Quelle 13 und Kapitel 4.27). Es kann somit Energie in Form von Kugelschwingung aus einer Mischung von longitudinalen und transversalen Energiewellen gespeichert werden, was Rotationsänderungen und somit auch Fliehkräfte im Atomkern zur Folge hat. Gemäß der Energiefeld-Theorie können somit auch Neutronen-Sterne viele Arten von Strahlung aufnehmen oder abgeben, obgleich diese in der Überzahl nicht aus intakten Atomen bestehen, sondern aus Atom-Teilen, den Ionen. Weil Neutronensterne Ionen beinhalten, bringen die schnell rotierenden Neutronen-Sterne auch die stärksten Magnetfelder hervor, sogenannte Magnetare. Deshalb wirken diese Himmelskörper auch für vorbeifliegende interstellare Teilchen als Mausefalle und saugen diese über ihr Magnetfeld und Gravitations-Feld auf. Man sagt, das Schwarze Loch zieht alles an. Das Gleiche gilt auch für beschleunigte und ionisierte Plasma-Gase, die an der Sonnenoberfläche erhebliche Magnetstürme hervorrufen können.

Es sind also gemäß den bisherigen Theorien nicht die Elektronen erforderlich, um die sogenannten Photonen als Lichtteilchen zu erzeugen. Die Strahlung wird nicht nur von Elektronen-Hüllen in Form von Photonen erzeugt oder absorbiert, es sind alle Atom-Teilchen in der Lage, Strahlung abzugeben, Strahlung aufzunehmen und wieder zu reflektieren und damit auch Energie zu speichern.

Die Rotations-Energien der Kernteilchen von Atomen und innerhalb der Atome und den Elektronen sind nach den bisherigen Theorien der Quarks und Leptonen sowieso in den up- und down-Unterteilchen als Spin mit eingebunden. Hieraus werden auch die Ladungs-Polaritäten für Protonen und Elektronen erklärbar (siehe Kapitel 5.9: Die Nukleonen-Theorie). Die String-Theorien leiten sich ebenfalls aus Schwingungs-Energien ab, berücksichtigen aber nicht die hier angeführte Quastsche Energiefeld-Theorie und erklären auch nicht die Entstehung und Zusammensetzung der Materie (Hinweis Quelle 6 Seite 74).

Die Fliehkräfte im rotierenden Atomkern haben auch eine von der Rotationsgeschwindigkeit abhängige Volumenveränderung zur Folge, was sich auch auf die Elektronenhüllen überträgt. Steigt die Rotationsgeschwindigkeit und die Schwingungsamplitude des Atomkernes der Materie durch einwirkende Wärmestrahlung, dann vergrößert sich das Atom entsprechend. Die Materie dehnt sich aus, was allgemein als Wärmedehnung bekannt ist. Die Wärmeenergie wird eingespeichert. Bei Energieentzug durch Wärmeabstrahlung gehen diese Effekte wieder zurück, die internen Schwingungsmuster klingen ab und die Materie schrumpft im Volumen durch die Abkühlung. Der Effekt ist also im Gegensatz zur allgemeinen Physik zu sehen, in der Wärme als „innerer Reibung" der Materie definiert ist. Was da reiben soll, wird aber nicht gesagt.

Es gibt aber Reibung unter dem Einfluss der Van-der-Waals-Kräfte und den molekularen, chemischen und kristallinen Bindungskräften. Wenn Materie gestaucht oder Gase verdichtet werden, ist Energie erforderlich und die Materie erwärmt sich und speichert die eingebrachte Energie in den Elektronen-Bahnen und Atomkernen. Beim starken Zusammenpressen und bei Verformungen von Molekülen und Kristallen und sonstigen Materieverbänden werden die Elektronenschalen deformiert oder Elektronen sogar freigesetzt und beeinflussen somit auch das Schwingungs- und Rotations-Verhalten der Atomkerne. Diese Effekte werden unter anderem zum Abbremsen von Fahrzeugen genutzt, um die eingebrachte kinetische Energie abzubauen und in Wärme umzuformen. Diese Kräfte setzen jeder Bewegung in Materie und Kontakten zwischen Materieflächen eine Reibung durch Deformation oder Materialabrieb entgegen. Zur Überwindung der Deformation oder Zerrung und Veränderung der Bindungskräfte unter den Atomverbindungen ist Energie erforderlich, hier die Bremsenergie, die in Reibungswärme umgesetzt wird. Ölfilme in Lagern sorgen eigentlich nur dafür, dass die Abstände der Atome so vergrößert werden, dass die atomaren Van-der-Waals-Kräfte nicht besonders stark wirken können. Die Deformationen aus Rotation und Eigengewicht der Welle und Lager bleiben aber und haben Wärmewirkung zur Folge. Somit ist das Schwingungsverhalten der Elektronen zur Übertragung und Austausch der Wärmeenergie in die Atomkerne hinein und auch wieder heraus ursächlich.

Das Feld der Raum-Energie hat direkten Kontakt zu den Schwingungen in den Atomen und leitet die Energie weiter von Atom zu Atom.

Es gibt Elemente, die reagieren auf Wärmeeinwirkung stark und haben ein Speichervermögen und andere Elemente reagieren kaum auf Wärmestrahlung. Das hängt mit der Reaktion der Atome mit ihrem Schwingungsverhalten zusammen, wozu auch die innere Eigenrotation und das Resonanz-Verhalten der Teilchen gehören. Auch hier findet die Übertragung und Verteilung der Wärmestrahlung in der Materie, also der Infrarotstrahlung, durch Druckwellen im Feld der Raum-Energie statt, ebenso die Abgabe beim Ausschwingen aufgrund vom Temperaturgefälle.

Die Aufnahme und Abgabe der in den Atomkernen gespeicherten Energie ist immer ein zeitbehafteter Prozess, da sich der Energiefluss aus Druckschwingung je Zeiteinheit ergibt und die Atomkerne nicht alle gleichzeitig, sondern statistisch verteilt reagieren. Dieser Energieaustausch wird in den bisherigen Theorien mit der Wirkung von Photonen erklärt, die aus Reaktionen der Elektronen resultieren sollen, was aber die hier genannten Effekte nicht erklärt. Die Elektronen haben nur das Speichervermögen aus dem Wechsel ihrer Schwingungs-Schalen und Eigenrotation, was aber nur zu einem kleinen Anteil zum Speichervermögen von den gewaltigen Energiemengen in den Atomen beiträgt. In der traditionellen Physik wird das Wärmeverhalten der Materie mit innerer Reibung durch Molekular-Bewegungen, der Braunschen Molekularbewegung, erklärt. Dieser Effekt würde aber die Moleküle in ihrer Haltbarkeit bei den gespeicherten Energiemengen schnell auseinanderreißen. Es müssen also größere Speicherkapazitäten und Übertragungsmöglichkeiten für Energie vorhanden sein, um diese Energiemengen aufzunehmen, zu speichern und auch wieder abzugeben, ohne die molekularen Bindungskräfte übermäßig zu beanspruchen.

**Zum energetischen Speichervermögen der Materie tragen die massereichen Atomkerne mit ihrem Rotations- und Schwingungsverhalten wesentlich mit bei. Der Wechsel der Elektronen auf andere Schalenniveaus**

oder Verzerrung der Elektronenschalen ist die Folge von Energieeintrag in die Atomkerne, aber die Elektronen selbst haben nur einen geringen Anteil am energetischen Speichervermögen der Atome.

Diese Kreiselkräfte sind ursächlich auch mit dem Trägheitsverhalten der Materie in Zusammenhang zu bringen, denn die Präzessions-Kraft des Kreisels ist ja bekannt. Jeder Lageänderung wird eine Gegenkraft entgegengesetzt. Im Atom befindet sich aber eine Vielzahl von Kreiselchen, die kräftemäßig in einem System zusammenhängen. Diese Atome und Plasma-Teilchen bilden in der Materie wieder für sich einen Verbund und bilden von daher nach dem „Außen" einen Trägheitseffekt aus. Diese Trägheitseffekte aus den Kräften der Kreiselgesetze könnten zusätzlich zum Schwingungsmuster das energetische Verhalten von Energieaufnahme und Energieabgabe der Materie begründen. Auch das Schwingungsmuster in Zusammenhang mit den Elektronen-Schalen kann durch Energieeintrag induziert werden und stellt damit gespeicherte Energie dar.

Der Energieeintrag über Schwingungen im Feld der Raum-Energie in die Atomkerne hinein und auch wieder heraus, ist am Beispiel des Gyrotwister-Systems erklärbar: Äußere mechanische horizontale Hin- und Her-Schwingungen, die auf den Gyrotwister einwirken, setzen den inneren Kreisel, den schweren und massereichen Ball, in Rotationen und es wird Rotations-Energie eingespeichert. Die Abgabe der eingespeicherten Energie (abgesehen von den inneren mechanischen Reibungsverlusten beim Gyrotwister) erfolgt ebenfalls über äußere Hin- und Her-Schwingungen aus den Gesetzen des Kreisels, der kardanisch aufgehängt ist.

In den Atomen gibt es aber, im Gegensatz zum Gyrotwister, keine inneren mechanischen Reibungsverluste. Die kardanische Aufhängung ist aber über die atominternen elektrostatischen und elektromagnetischen Kräfte zwischen Atomkern und der Elektronenhülle gegeben. Es wird somit alles, was an Strahlungsenergie in das Atom eingespeichert wurde, wieder als Strahlung, je nach Resonanzverhalten, abgestrahlt. Zusätzlich hängen die

Atome im Atomgitter der Materie alle miteinander kräftemäßig zusammen, und somit werden diese mechanischen Schwingungen auch über die Bindungskräfte unter den Atomen kommuniziert und einander angeglichen. Somit wird auch die äußerlich auf die Materie einwirkende Strahlung zum Inneren der Materie weitergegeben. Große Volumina können sich aufheizen. Die Schwingungen klingen erst ab bei Abgabe von Energie zurück an das Feld der Raum-Energie. Somit kann Materie z.B. durch Strahlung kurzzeitig aufgewärmt werden und die aufgenommene Energie über einen späteren, wesentlich längeren Zeitraum wieder abgegeben werden. Die Aufnahme und die Abgabe von Strahlung werden durch das energetische Potential-Gefälle mit Richtung und Betrag bestimmt.

Die innere Ruheenergie findet die Materie erst in der Nähe des absoluten Nullpunktes bei minus 273 Grad Celsius. Die Materie nimmt, je nach Element, dann auch andere Aggregatzustände an und kann auch supraleitend werden. Alle Abweichungen davon sind schon Energieaufnahme im Schwingungsmuster der Atome und das physikalische und chemische Verhalten der Atome ändert sich, je nach Temperatur. Die Atome können Temperaturen von einigen Millionen Grad Celsius wie im Inneren der Sonne annehmen, ohne sich dabei aufzulösen. Sie geben höchstens ihre Elektronen ab und werden somit zum elektrisch positiven Potential ionisiert. Atome werden erst durch Neutroneneintrag spaltbar, wenn sie in sich schon instabil sind, wie einige Isotope des Urans. Somit sind die Atome sehr stabil aufgrund des sie umgebenden Potential-Druckes der Raum-Energie. Das wäre neben dem Schwingungsmodell aus der Quanten- und String-Theorie ein mechanisches Modell für die energetischen Eigenschaften der Materie. Das Schwingungsmodell des Atoms besteht aus den Nukleonen und Elektronen und diese wiederum aus verschiedensten postulierten Quarks und sonstigen Strings, die im Kapitel 5.9.1 weiter erklärt werden.

## 3.3  Die Masseneigenschaft der Materie

Die Masseneigenschaft der Materie kommt ursächlich aus der Tatsache, dass die Teilchen, aus denen die Atome bestehen, kondensierte Raum-Energie sind. Diese Teilchen verdrängen an ihrer Stelle die Raum-Energie mit ihrem Eigenvolumen. Die Atomkerne bilden von daher einen Innendruck entgegen dem Potentialdruck aus dem Feld der Raum-Energie aus. Somit wird das Feld der Raum-Energie in der Felddichte örtlich verzerrt. Jede Änderung in der Position bezogen auf den Raum bedeutet einen Energieeintrag, denn die Verzerrung des Energiefeldes der Raum-Energie findet bei Änderung der Position an einer anderen Stelle im Raum statt. Das ist die Gravitation im Kleinen, denn es besteht ein Energiepotential zwischen der zu Materie kondensierten Raum-Energie mit ihrer sehr hohen Konzentrationsdichte und dem umgebenden, wesentlich geringer konzentrierten Potentialfeld der Raum-Energie. Dabei wirkt das Atom in seiner Gesamtheit, denn es nimmt ein Volumen ein, das im Feld der Raum-Energie wie ein aufgeblasener Luftballon in der Luft sein Volumen beansprucht.

**Materie und damit jedes Atom besteht selbst aus Energie. Die Materie hat eine energetisch höhere Konzentration als das allgemein vorhandene Feld der Raum-Energie. Energetisch aufgeladene Massen verdrängen somit die Raum-Energie und verzerren örtlich das Feld der Raum-Energie.**

Jede Positionsänderung in Bezug auf das energetische Potential im Raum hat Strömung im Potentialfeld der Raum-Energie zur Folge und benötigt zur Überwindung Energie mit Kraft mal Weg über ein Zeitintervall. Ein einmal in die Masse induzierter Energieimpuls bleibt erhalten, solange keine äußeren Kräfte den Energieimpuls durch Beschleunigung oder Reibung oder Kollision mit anderen Massen verändern. Ebenso ist kein Energieeintrag erforderlich, wenn sich die Masse auf einer Äquipotential-Linie im Feld der Raum-Energie bewegt. Die induzierte Impulsenergie bleibt erhalten, solange keine weitere Energiezufuhr oder Energieentnahme erfolgt. Daraus bilden sich das Beharrungsvermögen und damit die Masseneigenschaft der Materie aus.

Die Masseneigenschaft der Materie ist sein Beharrungsvermögen im Potentialfeld der Raum-Energie. Jede Änderung aus dieser Position mit ausgeglichenem Potential erfordert Energieeintrag mit Kraft mal Weg in einem Zeitintervall. Die Masseneigenschaft ist ein Energiespeicher oder umgekehrt, gespeicherte Energie liegt in Form von Masse vor.

Die Verzerrung des Raumes kann auch beispielhaft, in die Ebene projiziert, mit den Bedingungen eines im Meer schwimmenden Schiffes verglichen werden. Das Gewicht des vom Schiff verdrängten Wassers ist gleichgewichtig zu dem Gewicht des Schiffes und pendelt sich wie eine Waage ein. Dadurch wird der Wasserpegel im näheren Umkreis des Schiffes entsprechend dem verdrängten Wasservolumen steigen. Diese Wasserverdrängung verteilt sich aber nicht sogleich über die gesamten Weltmeere, sondern nur örtlich und stellt somit eine Verzerrung des Wasserdruckes im näheren Umkreis dar, je nach Entfernung mit parabolisch abnehmendem Einfluss. Wird das Schiff bewegt, erzeugt es eine Potentialanhebung der Wasseroberfläche mit einer Bugwelle, weil sich die Verzerrung des energetischen Potentiales infolge der Innenreibung im Medium Wasser nicht sofort auf größere Bereiche ausgleichen kann. Das ist eine Art „Überschallgeschwindigkeit" im Medium Wasser.

Der Effekt ist vergleichbar zu der Tscherenkow-Strahlung in ihrer physikalischen Erklärung. Weil die Lichtgeschwindigkeit unter Wasser in den Abklingbecken kleiner ist als in der Luft, entsteht das bläuliche Leuchten an den Brennstäben. Die Strahlung der Elementarteilchen in Form von Elektronen wird mit fast Lichtgeschwindigkeit von den Brennstäben abgegeben, aber die Ausbreitung der Strahlung in dem Medium Wasser kann der Geschwindigkeit nicht folgen und es bildet sich eine Art Bremsstrahlung aus. Bei einem auf dem Wasser schnell fahrenden Schiff ist diese Bremsstrahlung die sich keilförmig ausbreitende Bugwelle. Die Fahrgeschwindigkeit ist höher, als sich das Energiepotential der Feldverzerrung, hier der Wasserdruck, ausgleichen kann. Die energetische Abstrahlung erfolgt in Form von Wasserwellen. Ist das Schiff einmal beschleunigt, behält es seine Geschwindigkeit mit der eingespeicherten Energie. Gäbe es keine Reibung, Wellen und Sogstrudel, würde sich das Schiff konstant weiterbewegen und der Äquipotential-Ebene des Meeresspiegels folgen, also einer Kreisbahn im Raum.

Ebenso ist allen bekannt, dass zu Eis gefrorenes Wasser ein gänzlich anderes Verhalten hat, als das Ausgangsmaterial Wasser. Eis verdrängt das Wasser und verzerrt somit potentialmäßig die Wasseroberfläche. Wird eine Eisscholle, z. B. ein Eisberg-Feld im Wasser bewegt, steckt die Bewegungsenergie in der gesamten Eisscholle. Sie können durch Strömungen im Wasser ohne sichtbaren Energieeintrag transportiert werden und auch Rotations-Energie aufnehmen. Werden Stücke abgetrennt, teilt sich die inkorporierte Gesamtenergie auf die abgetrennten Teilstücke auf. Die Einzelstücke übernehmen anteilig ihrer Masse die Impuls-Energie, auch anteilig bis hin in jedes Molekül. Schmelzen die Eisschollen, gehen die spezifischen Eigenschaften wieder verloren. Vergleichbar hat somit die zu Materie kondensierte Raum-Energie auch ein gänzlich anderes Verhalten als der Ausgangszustand der Raum-Energie.

Die Darstellung der Gravitation ist auch zu vergleichen mit einem großen homogenen Gummituch (Trampolin) in einem Gravitations-Feld, auf das eine schwere Kugel gelegt wird. Das Gummituch wird vom Gewicht der Kugel verzerrt und bildet einen parabolischen Trichter aus. Das ist ein Energieeintrag in das Gummituch und zeigt eine zum Gewicht hin zunehmende Verzerrungs-Dichte. Verschwindet die Kugel, wird sich das Gummituch sofort ausgleichen und damit die eingebrachte Verzerrungs-Energie an das Feld der Raumenergie zurückgeben. Wird die Kugel horizontal bewegt, findet die Verzerrung an einer anderen Stelle statt. Die horizontalen Trichterebenen in der Senke bilden die Äquipotential-Linien aus. Eingestoßene kleine Kugeln (vergleiche Roulette-Kugel) würden sich je nach Energieeintrag auf eine dieser Linien energetisch einpendeln und sich bei geringen Reibungsverlusten auf diesen Bahnen lange halten können. Die beteiligten Massen haben somit keinen Bezug zueinander, sondern nur über die Verzerrung des Gummituches über ihre jeweiligen Massen mit der jeweils eingespeicherten kinetischen Energie.

Im Gegensatz zu einem fahrenden Schiff im Wasser haben sich bewegende Massen im Potentialfeld der Raum-Energie keine Bugwelle, da hier die Reibung im Energiefeld fehlt, aber die Verzerrung des Potentialfeldes findet dann an einer anderen Stelle im Raum und relativ zum Raum statt. Dafür finden aber Wegeinflüsse auf die Masse statt, wenn sie mit der eigenen Verzerrung des Potentialfeldes in die Einflussbereiche der Potentialfelder anderer Massen kommt, dann kommt es zu Energieaustausch über das Potentialfeld der Raum-Energie. Beschleunigungen und Abbremsungen sind Energieeintrag oder Energieentzug.

**Der Einflussbereich der Verzerrung des Potentialfeldes, und somit die Gravitation, ist nicht unendlich.**

Im Wasser oder im Gummituch hört der parabolisch abnehmende Einflussbereich der Verzerrung dort auf, wo die Verzerrungskräfte kleiner sind als die molekularen Bindungskräfte und im Gefüge der Materie keine Lageveränderungen mehr hervorrufen. Ähnlich ist das auch im Potentialfeld der Raum-Energie zu sehen. Die Fernwirkung der Gravitation hört dort auf, wo die abnehmenden Verzerrungskräfte der Materie das Potentialfeld nicht mehr beeinflussen können, und von daher den Innendruck des Potentialfeldes der Raum-Energie nicht mehr verändert wird.

Es ist somit ein Unterschied in der hier aufgezeigten energetischen Sichtweise zu den Newtonschen Gravitationsgesetzen zu sehen. In den Newtonschen mathematischen Gesetzen sind die sich beeinflussenden Massen in ihrer Position relativ zum Raum statisch und die Fernwirkkräfte der Gravitation unendlich. Der Energieimpuls, der in diesen Massen induziert ist, und der energetische Bezugspunkt und dessen Genealogie der Massen zueinander, wird mathematisch nicht berücksichtigt! Der Einflussbereich zu anderen Massen ist instantan. Hinweis Quelle 8.

**Das Potentialfeld ist für sich und in sich nicht messbar:**

Nach der Heisenbergschen Unschärferelation ist es nicht möglich, den Ort und die Eigengeschwindigkeit eines Teilchens gleichzeitig zu bestimmen, sondern nur eines von beiden. Ebenso können niemals die Stärke eines Feldes und gleichzeitig der Wert seiner zeitlichen Änderung genau bekannt sein. Deshalb kann es auch keinen absolut leeren Raum geben. Stets ist eine Unbestimmtheit darüber vorhanden, welche Feldstärke an welchem Ort zu welcher Zeit gegeben ist. Hinweis Quelle 8: Seite 71.

Das Feld der Raum-Energie ist somit nicht direkt nachweisbar, weil immer ein Faktor zur Bestimmung fehlt. Allein aus diesem Grund, dass sich alles in Bewegung befindet, ist gemäß der Unschärferelation eine Messung nicht möglich. Das Energiepotential kann nur indirekt durch Vergleiche errechnet werden. Unser Sonnensystem bewegt sich nach den heutigen Erkenntnissen mit über 1,3 Millionen km je Stunde relativ zum Raum in Richtung des Sternbildes Wassermann durch das Feld und mit dem Feld der Raum-Energie. Das ist in etwa zu vergleichen mit einem Wissenschaftler, der die Aufgabe hat mit dem Blick aus dem Fenster eines Flugzeuges zu bestimmen, warum das Flugzeug fliegt, in dem er selbst sitzt. Die Luftmoleküle und deren Strömungsverhalten sind für ihn unsichtbar und unbestimmbar.

## 3.4 Erdbeschleunigung und Horizontal-Beschleunigung sind gleichwertig

Eine Masse mit einem bestimmten Gewicht unterliegt der Gravitation des Planeten Erde und übt somit eine Kraft in Richtung zur Erdoberfläche aus, weil der Gegenstand sich auf das geringste Energiepotential mit der Erdbeschleunigung „g" hin bewegen will. Nach der Energiefeld-Theorie ist die Gewichtskraft aber eine Kraft, die eine Masse am freien Fall hindert, ihre Position mit dem geringsten energetischen Potential im Feld der Raum-Energie zu erreichen. Bei dem freien Fall wird Energie freigesetzt, weil das danach erreichte Energiepotential geringer wird. Der freie Fall ist nur ein Stück Potentialausgleich im Feld der Raum-Energie zwischen der Position über der Erdoberfläche hin zu der energetisch potentiallosen Position, dem energetischen Schwerpunkt der Erde. Der energetische Schwerpunkt weicht etwas vom geometrischen Schwerpunkt, dem Erdmittelpunkt, ab und wird auch durch andere näher gelagerte Himmelskörper wie Mond und Sonne beeinflusst.

Das Gleiche ergibt sich aus dem Vorgang, wenn die gleiche Masse in horizontaler Richtung parallel zur Erdoberfläche mit der gleichen konstant anstehenden Gewichtskraft horizontal über einen Weg in einem Zeitintervall beschleunigt wird. Das hat schon Albert Einstein bewiesen. Dabei ergibt sich eine Beschleunigung, solange die Kraft ansteht. Hier ist es aber umgekehrt, es wird kein Energiepotential abgebaut, sondern ein neues Energiepotential in die Materie hinein induziert, das im Feld der Raum-Energie gegen das Beharrungsvermögen andrückt. Hier wird somit Energie aufgenommen, aber die Masse wehrt sich gegen die Lageänderung im Potentialfeld der Raum-Energie mit ihrem Beharrungsvermögen. Die Gleichheit der Beziehungen von Erdbeschleunigung und Horizontalbeschleunigung ist seit Albert Einstein anerkannt, aber ohne die hier aufgezeigte Interpretation über das Potentialfeld der Raum-Energie, die jetzt eine Erklärung dafür gibt.

**Ohne das Beharrungsvermögen der Masse könnte keine Energie in die Materie induziert werden. Daraus ergibt sich das Masseverhalten der Materie. Das Masseverhalten korreliert mit der spezifischen Dichte der Atomkerne.**

Beim Abbremsen wird die induzierte Energie wieder freigesetzt. Somit ist nach der Quastschen Energiefeld-Theorie das Masseverhalten ein Vorgang von Feldverzerrung durch Positionsänderung im Feld der Raum-Energie. Die Position im Feld der Raum-Energie wird relativ zum Raum verändert, was nur über einen Energieeintrag oder einen Energieentzug möglich ist. Dieser Vorgang ist ein Prozess, der mit der Zeit verbunden ist und somit ein energetischer Vorgang. Das wäre dann das energetische Modell für das Masseverhalten der Materie (weitere Ableitung siehe auch Kapitel 5.9.4).

Das widerspricht dem Machschen Prinzip, das ein Trägheitsverhalten aus dem Bezug hin zu anderen Massen im Raum gemäß den Newtonschen Gravitationsgesetzen aus der Massenanziehungskraft ableitet und auch von Albert Einstein zur Grundlage seiner Ableitungen postuliert wurde. Der Widerspruch wird aber aufgehoben, wenn der Bezug zu anderen Massen im Raum gemäß der Quastschen Energiefeld-Theorie berücksichtigt wird. Es ist der Bezug zur Positionsveränderung im Feld der Raum-Energie gegenüber dem vorhergehenden energetischen Zustand. Die Positionsveränderung bezieht sich somit auf den absoluten Raum, ausgefüllt mit dem Potentialfeld der Raum-Energie. Das Prinzip gilt auch für gekrümmte Bahnen, wenn auf die Masse ein Krafteintrag über eine Zeit eine Richtungsänderung des Wegs oder der Bahnparameter zur Folge hat. Das ist aber zu unterscheiden, wenn das Energiepotential in Bezug zu einer größeren Masse, die das Potentialfeld der Raum-Energie durch ihr Eigenvolumen verzerrt, und sich dadurch Äquipotential-Linien im Feld der Raum-Energie ausbilden. Dort ist die Richtungsänderung ohne zusätzlichen Energieeintrag systembedingt gegeben und energetisch ausgeglichen.

## 3.5 Energie und Masse stehen in systembedingter Wechselwirkung aus dem Naturgesetz: Energie geht nicht verloren

Ich wiederhole: Es ist kein Energieeintrag erforderlich, wenn sich die Masse auf einer Äquipotential-Linie im Feld der Raum-Energie bewegt. Die induzierte Impulsenergie bleibt erhalten, solange keine weitere Energiezufuhr oder Energieentnahme erfolgt. Daraus folgt das Beharrungsvermögen der Masse, und damit auch eine Eigenschaft von Massen, die in Bezug zueinander stehen. Das gilt bis in die Feinstrukturen der Galaxien hinein. Das Zentrum der Galaxie bewirkt keine Gravitation gegenüber den ausgestoßenen Materieteilchen aus. Es ist die Energiequelle für den Energieeintrag in die Massen der gesamten Galaxie. Das Zentrum der Galaxie ist keine Massenansammlung, sondern fast massefrei und generiert erst die Massen.

**Das „Schwarze Loch" der Galaxie ist ein Energiewandler, der Raum-Energie in Materie umformt.**

Für Umlaufbahnen um größere Materieansammlungen wie die Planeten um die Sonne, die Monde um die Planeten, die Satelliten um die Erde, gilt das gleiche Prinzip. Alle diese Körper haben einen Translations-Impuls, also Energie induziert bekommen, die eine Bahn auf einer Äquipotential-Linie im Feld der Raum-Energie um größere Massen herum ermöglicht. Die Äquipotential-Linie zu verlassen erfordert einen Energieeintrag durch Zufuhr oder Entzug an Energie, um in eine andere Potential-Ebene zu gelangen. Weil das konstante Potentialniveau der Hauptmasse im Potentialfeld der Raum-Energie in der näheren Einfluss-Höhe oder Abstand eine Kugelform hat, bleiben die mit Energie aufgeladenen Massen auf ihren Bahnen, insbesondere den stabilen elliptischen Bahnen. Die Flugbahn ohne besonderen Energieeintrag ergibt sich somit als definierte Kreisbahn. Aber nun kommt für die Kreisbahn der Effekt der kontinuierlichen Richtungsänderung hinzu. Diese Richtungsänderung ist kein Energieeintrag, sondern das konstante Energie-Niveau in Bezug auf den gemeinsamen energetischen Schwerpunkt. Aus dieser kontinuierlichen Richtungsänderung resultiert aber eine Flieh-Kraft nach dem Außen, die der Kraft aus dem erreichten potentiellen Energieniveau nach dem Innen gleichgewichtig entgegenwirkt. Die Masse bleibt auf der Bahn mit dem gleichen Energieniveau, weil nur Kraft und Zeit einwirken, aber der Weg hin zum energetischen Schwerpunkt im Bahnmittel, somit auch für elliptische Bahnen, konstant bleibt. In der Beziehung $E = m * g * h$ bleibt auf einer Äquipotential-Linie mit „g =

konstant" die eingebrachte Energie erhalten, wenn sich die Höhe der Flugbahn „h" so anpasst, dass die Energie erhalten bleibt. Das gilt somit auch für elliptische und pendelnde Bahnen. Die eingebrachte Energie ist durch das Erreichen der Flughöhe und der erforderlichen Bahngeschwindigkeit in die Masse induziert worden. Das gilt für die Beziehung aller Massen und somit den Materieansammlungen.

Bei elliptischen Bahnen, die unterschiedliche Abstände „h" zum gemeinsamen energetischen Schwerpunkt haben, ändert sich aber die Eigen-Geschwindigkeit der Masse in der Flugbahn der jeweiligen Position entsprechend in der Art, dass die Energiebilanz konstant bleibt. Das ist auch die Grundlage der Keplerschen Gesetze. Das Prinzip gilt auch bis hinein in die Strukturen der Atome für ihre Elektronenbahnen, aber hier aus den Kräften der Elektrodynamik.

Dieser mittlere Weg, oder auch der mittlere Abstand, ändert sich nicht und somit auch nicht das Energieniveau. Deshalb ist diese Beziehung eine reine Energie-Bilanz aus dem Beharrungsvermögen der Masseneigenschaft der Materie im Potentialfeld der Raum-Energie. Aus der Beziehung $E = m * g * h$ ergibt sich kein erforderlicher Energieeintrag, wenn „h" in der Kreisbahn konstant bleibt, ebenso bleibt „g" konstant, da die Äquipotential-Linie nicht verlassen wird. Die Äquipotential-Ebenen ergeben sich somit aus dem Energieerhaltungssatz. Nur bei Energieeintrag oder Energieentzug auf die Masse ändern sich die Bahnparameter. Die Einsteinsche Gravitations-Formel und die Kepler-Gesetze sind hierfür der mathematische Bezug. Es muss das zeitbezogene energetische Modell betrachtet werden und nicht das statische Massenanziehungsmodell, um die Vorgänge im Universum zu erklären.

Diese Eigenschaft der Masse wäre die gesuchte Gravitation, der Massenanziehungskraft, mit den angeblichen Gravitonen oder den gesuchten Higgs-Teilchen oder dem Higgs-Sirup oder Higgs-Ozean, womit das Masseverhalten der Atome und sonstiger Körper mit Masseverhalten nach den bisherigen Theorien begründet werden soll. Nach diesen Teilchen wird heutzutage mit sehr großem Aufwand geforscht (Hinweis Quelle 3).

Ein gewisser Vergleich ist auch im statischen Magnetfeld festzustellen. Eine Kompassnadel richtet sich parallel zur Feldrichtung aus, um die kleinste Feldverzerrung darzustellen. Um die Kompassnadel aus dieser Ausrichtung zu bringen, ist ein Krafteintrag erforderlich. Das Beharrungsvermögen, den kleinsten Widerstand im Magnetfeld einzunehmen, wird durch diesen Krafteintrag gestört, wogegen eine Gegenkraft aufgebaut wird.

Ionisierte Teilchen, die von der Sonnenoberfläche ausgestoßen werden, laufen auf den Kraftlinien magnetischer Wirbel und bilden die Sonnen-Protuberanzen aus. Hier folgen die Teilchen den magnetischen Äquipotential-Linien. Beschleunigte ionisierte Teilchen bilden wiederum für sich magnetische und elektrostatische Kraftfelder aus. Die mitwirkenden Kräfte sind gewaltig.

Diese Rückwirkung aus der Feldverzerrung kann man auf Erden bis hin zum Elektrischen Generator weiter verfolgen, welche Energiemengen durch Feldverzerrung im Magnetfeld bei der Versorgung der Menschheit mit Elektroenergie induziert und transformiert werden können.

## 3.6 Atome speichern Energie und tauschen ihre Bindungskräfte aus

Nach der üblichen Annahme wird Wärmeenergie durch Schwingungen im Verbundsystem der Kristalle, amorphen oder chemischen Verbindungen, durch Reibung der Moleküle gespeichert. Nach der Quastschen Energiefeld Theorie wird die Wärmeenergie aber überwiegend in den Atomen oder den Atomen der Moleküle, je nach Zusammensetzung, eingespeichert und auch wieder abgegeben. Der Eintrag erfolgt über Energie-Druckwellen im Feld der Raum-Energie auf die Atomkerne, die mit ihren Schwingungsmustern als Speicher dienen. Die Speicherung hängt vom Energiegefälle ab. Bei nachlassendem Eintrag wird die Wärmeenergie wieder an das umgebende Feld der Raum-Energie zurückgegeben und innerhalb der Materie an die umliegenden Atome über Strahlungsaustausch, denn das Temperaturgefälle bestimmt die Transportrichtung der Wärmeenergie.

Die Schwingungen in den Atomen können aber bei Wärmeeintrag so groß werden, dass sich die atomaren Bindungskräfte auflösen und sich somit die Aggregatzustände und chemischen Verbindungen ändern, Eis wird zu Wasser, Wasser wird zu Dampf, Kohlenstoff oxydiert. In den Sternen entsteht durch den Energieeintrag auf die Atome sogar Plasma, also ein Gemisch aus stabilen Atomen, ionisierten Atomen und freien Teilen von Atomen. Bei Wärmeabgabe durch Abkühlung kehrt sich der Prozess um, Dampf wird zu Wasser und Wasser wird zu Eis. Anderen Bedingungen unterliegen die meisten chemischen Verbindungen, die bleiben bei zu großem Wärmeeintrag vorerst unterbrochen oder umgeformt. Dem gegenüber kommen andere chemische Reaktionen erst durch Wärmeeintrag, sowie mit oder ohne Druckeinfluss, zustande. In den Sternen entstehen bei Explosion und Auflösung, und somit Abkühlung aus den Plasma-Gemischen, stabile höherwertige Atome der Elementen-Reihe. Dabei wird Raum-Energie freigesetzt und bewirkt die gewaltigen Supernovae-Explosionen.

Bei allen diesen Vorgängen, in denen sich die Aggregatzustände ändern, chemische Verbindungen eingegangen oder aufgelöst werden, Abkühlungen im Plasma Elemente hervorbringen, werden erhebliche Mengen an Energien ausgetauscht. Bei chemischen Vorgängen sind es insbesondere Vorgänge zwischen den Elektronenschalen der Atome. Diese atomaren Bindungs-Energien sind die chemischen Speicher von Energie.

## 3.7 Die Elektronen schwingen mit

Die Abstoßkräfte gleichnamig geladener Teilchen, wie den statisch negativ geladenen Elektronen sorgen auch dafür, dass sich die Elektronen in den Schwingungsschalen um den Atomkern herum so verteilen, dass sich ein Gleichgewicht der Abstoßkräfte unter den Elektronen einstellt, als würden sie über Sprungfedern miteinander kommunizieren. Dieser elektrostatische Abstoß-Effekt ist auch bei freien Elektronen in elektrischen Leitern oder Kathodenstrahlen in Fernsehbildröhren vorhanden und als Skin-Effekt bekannt. Deshalb bestehen Überlandleitungen aus mehreren parallelen Leitungen, die einen größeren Raum umschließen als ein Einzelleiter, um den elektrischen Widerstand aus dem Skin-Effekt der Leitung somit zu verringern. In Bildröhren der ersten Generation der Fernsehgeräte besorgen entsprechende Magnetfelder für die Fokussierung des Elektronenstrahles und Ableitgitter für die Verringerung der Sekundärelektronen.

In Atomen sorgen besonders elliptische Elektronen-Bahnen dafür, dass sich von den Atomen nach deren „Außen" hin Bindungskräfte aufbauen können, die Voraussetzungen für die chemischen Verbindungen sind. Hier spielt sofort die Besetzung der Elektronenschalen eine fundamentale Rolle, gesättigt oder ungesättigt, denn dadurch werden das Schwingungsverhalten und chemische Reaktionsverhalten mitbestimmt. Die Lage der Elektronen-Bahnen, und damit auch der Moleküle, bestimmt auch das Kristallgitter kondensierter Materie. Dafür sind auch Energieeinträge erforderlich, um bei chemischen Reaktionen den Elektronen auf ihren Schalen die erforderliche Zusatzenergie zu geben, um Verbindungen einzugehen. Umgekehrt wird Energie freigesetzt, wenn Verbindungen aufgelöst oder umgewandelt werden. Die Schwingungen der Elektronen in ihren Schalen stehen im engen Zusammenhang mit den Schwingungen der Atomkerne. Somit geht auch hier der Energieaustausch über das Schwingungsverhalten der Atomkerne an das Feld der Raum-Energie in Form von Druckwellen vonstatten, je nach Frequenz als Wärmestrahlung oder auch als Lichtstrahlung.

Die Kreis-Geschwindigkeit der Elektronen ist wegen der sehr geringen Eigenmasse der Elektronen so hoch, dass die sich daraus ergebende Fliehkraft die Anziehungskraft gegenüber den positiv geladenen Protonen kompensiert. In die Elektronenhülle eindringende Fremd-Elektronen werden damit gegenüber dem Atomkern abgeschirmt, da diese Elektronenhüllen die kinetisch weniger energetischen Fremd-Elektronen mit der gleichnamigen negativen Ladung abwehren. Das gilt auch, wenn die Elektronen je nach Theorie für sich selbst ein Schwingungsmodell nach der Wellentheorie sind.

Das ganze System im Atom wird wiederum vom Feld-Druck aus dem Feld der Raum-Energie durch das Gesetz, das kleinste energetische Volumen anzunehmen, zusammengehalten. Jedes Element hat sein eigenes Schwingungsmuster, was durch die Spektralanalyse bewiesen ist. Die Atome schwingen in ihrer Gesamtheit in einer Materie multifrequent von Radio-Frequenzen, über alle Licht-Frequenzen bis hin zu Röntgen-Frequenzen. Elemente haben in dem Frequenzspektrum für einige Frequenzen ein besonderes Resonanz-Verhalten und reagieren somit stärker bei Abgabe und Aufnahme von Energiedruckwellen als die anderen Elemente. Das generiert auch die Fraunhofer-Linien im Lichtspektrum, wenn Absorption oder Neutralisation der Energiedruckwellen bei der entsprechenden Frequenz mit dem Schwingungsverhalten der Atome des Elementes vorliegt.

Anderenfalls, wenn Elektronen der Atomschale mit den Protonen des Atomkernes zusammen kommen würden, käme eine Neutralisation zustande und die eingebrachte Ladungstrennung würde in Raum-Energie zurückverwandelt. Das wäre neben der Kernfusion auch eine Energiequelle. Das ist aber wegen der negativen Energiebilanz solch eines Vorganges unter den uns umgebenden Bedingungen nicht möglich, sondern erst, wenn ein besonders hoher Druck im Feld der Raum-Energie die Zurückwandlung der Ladungstrennung im Atom erzwingt. Das ist der Fall, wenn sich die Raum-Energie durch Kompensation mit dem Antienergie-Universum gegenseitig abbaut und sich der Druck der Raum-Energie exorbitant erhöht. Das ist dann der Big-Ripp, der aber ebenso lange dauern kann, wie der Aufbau der Energiefelder, denn es ist ein Prozess unter den Bedingungen der Zeit.

Die sogenannten „Elektromagnetischen Felder" sind auch Vorgänge im Feld der Raum-Energie. Das Schwingungsmuster der Atome steht mit den umgebenden Elektronenbahnen sehr stark in Wechselbeziehung und in elektrischen Leitern auch mit den freien Elektronen. Das ermöglicht auch die „sogenannten elektromagnetischen" Wellen der Senderstrahlung. Diese Strahlungen sind aber nach der Quastschen Energiefeld-Theorie letztendlich auch Energie-Druckwellen im Feld der Raum-Energie. Die Maxwellschen Gleichungen für die elektromagnetischen Wellen sind dahingehend zu interpretieren und anzupassen.

**Die kugelförmigen Schwingungsmuster der Atomkerne werden beim Senden an das umgebende Potentialfeld der Raum-Energie übertragen, oder beim Empfang werden die Schwingungen aus dem Potentialfeld der Raum-Energie an die Atomkerne abgegeben und diese in spezifische und insbesondere, je nach Materie, in Resonanz-Schwingungen versetzt. Die Vorgänge in den Atomkernen regen wiederum die umgebenden Elektronen in ihren Bahnschwingungen an und beeinflussen auch die freien Elektronen in leitenden Materialien und umgekehrt.**

# Kapitel 4:
# Am Anfang war das Nichts: Vom Makrokosmos zum Mikrokosmos

Um der bisher aufgestellten Energiefeld-Theorie und den zugehörigen Behauptungen ein Fundament zu geben, ist es erforderlich, ein schlüssiges System zu definieren, aus dem sich die neue Theorie vom Energie-Feld und den Nukleonen und die Sichtweise aus den energetischen Bezügen über logische Postulate ableitet.

**Postulate zur Ableitung und Begründung der Quastschen Energiefeld-Theorie und Nukleonen-Theorie:**

Es sind Voraussetzungen und Grundsätze zur neuen Energiefeld-Theorie, der Raum-Energie, und der daraus abgeleiteten Gravitation mit der physikalischen Definition und Ursache als Energie-Potential zu definieren.

Eine logische Reihenfolge der Erklärungen ist nicht einzuhalten, um bei den gleichen Begriffen zu bleiben. Von daher sind einige Begriffe und Begründungen unter den theoretischen Argumenten zum Teil vorweggenommen, deren Erklärungen aber erst unter späteren Postulaten nochmals in weiteren Zusammenhängen, je nach Thema auch mehrfach, begründet werden können. Wiederholungen sind somit gewollt, um den jeweiligen Zusammenhang zum Postulat und dem Kapitel klar werden zu lassen. Das logische Verständnis ergibt sich erst aus dem Gesamtbild.

## 4.1 Von nichts kommt nichts

Der Energiefeld-Theorie stehen Behauptungen vor, die nur eine Annahme bzw. Erklärung aus logischem Denken sein können, nicht mehr, aber auch nicht weniger. Es ist die neue Sicht der Dinge in logischen Ableitungen.

Eine Zahl dividiert durch das Nichts, also dividiert durch Null, ergibt die Unendlichkeit. Somit ist das Nichts auch ein Wert für die Unendlichkeit. Aber die Zeit bleibt nicht stehen, sie kommt aus der Unendlichkeit und führt in die Unendlichkeit, das ist die Raum-Zeit.

Zuerst war das Nichts. Der Zustand des Nichts, keine Energie, kein Raum, keine Masse und nur die Raum-Zeit, sind in sich nicht stabil. Aus diesem unstabilen Zustand entwickeln sich aber zwei Potentialfelder, das uns umgebende Energie-Universum und eine Anti-Welt, das Antienergie-Universum. In Summe bilden sie das Nichts, denn das Universum ist in all seinen physikalischen Grundlagen bipolar aufgebaut. Der Auslöser für diesen Vorgang der Potentialtrennung wird in der Quantenfeld-Theorie auch als die Quantenfluktuation bezeichnet. In der Quastschen Energiefeld-Theorie ist dieser Vorgang als Potentialfluktuation der Nullpunktenergie postuliert und steht gemäß dem Gesetz der Super-Symmetrie im Gleichgewicht.

Die Ursache geht der Wirkung voraus, denn die Zeit schreitet voran. Potentiale sind Zustände und auch die Zeit ist für einen Zeitpunkt ein Zustand. Wird das Potential in seinem Wert verändert, ist das nur über einen Zeitraum möglich. Potentialänderung mal Zeiteinheit setzt Energie frei oder benötigt Eintrag von Energie. Das Potential kann für sich eine Leistungsbereitschaft oder gespeicherte Energie sein. Jeder Änderung dieses energetischen Zustandes ist an Zeit gebunden und begründet einen energetischen Vorgang.

**Das Grundgesetz der Symmetrie erzwingt die Bipolarität.**

Die Trennung in zwei Potentiale aus dem Nichts ist als Ursprung der Universen (Urknall) anzunehmen. Der Ursprung ist ein laufender Prozess durch Potentialtrennung in ein Feld des uns umgebenden Energiefeldes der Raum-Energie und in das Feld der Anti-Energie. Es bildeten sich zu Anfang erst Energiefelder aus, die noch keine Materie beinhalteten. Erst ab einer bestimmten Ausdehnung und damit geringerem Innendruck im

Feld der Raum-Energien, konnte sich Materie ausbilden. Die Bildung der Ursprungs-Energie, die sogenannte Singularität, kann auch noch heute ein anhaltender Vorgang sein, denn das uns einsehbare Universum dehnt sich noch laufend aus. Aber wo ein Anfang ist, gibt es auch ein Ende, es sei denn, es handelt sich um Kreiszyklen die immer wieder aufs Neue starten können. Von außen gesehen, wenn es ein Außen gäbe, bildet die Summe des Gesamtsystems aus Energie-Universum und Antienergie-Universum fortlaufend das Nichts, da sich Energie und Antienergie in ihrer Summe hin zum Nichts potentialmäßig aufheben. Übrig bleibt nur die Zeit, denn die Zeit ist ein positiv gerichteter Vektor, im Gegensatz zu den anderen Faktoren, die in ihren Vektoren zumindest zwei Richtungen, hier den Hinweg und den Rückweg, annehmen können. Die Zeit überspringt den Zustand des Nichts, denn die Zeit in sich ist die Grundlage für Prozesse. Ohne die Zeit gibt es keinen Vorgang und somit keine Energie, aber die Raum-Zeit bleibt nicht stehen. Energie ist Leistung mal Zeiteinheit. Würde die Zeit stehen bleiben, also der Faktor Zeit zu Null gesetzt, gäbe es keine Energie. Man sollte von daher gesehen die Zeit, auch mathematisch formuliert, nicht verbiegen.

## 4.2  Alles hat einen Anfang und sein Ende

Die Bipolarität ist von außen gesehen in ihrer Summe neutralisiert. Plus und Minus und Potentialunterschiede heben sich auf, wenn sie zusammen kommen (Kurzschluss) und bilden wieder das Nichts. Von daher gibt es für das System einen Anfang und ein Ende, das aber immer weiter pulsieren kann. Das Nichts, und damit die Energie- und Raumlosigkeit und in Folge davon die vorübergehende Masselosigkeit, ist nicht stabil, weil die Raum-Zeit nicht stehen bleibt. Das ist die Grundlage für einen Prozess. Denn ohne den positiv gerichteten Vektor und Faktor Zeit gäbe es Prozesse, Vorgänge oder Entwicklungen nicht, denn:

**Die Energie hat in sich einen Zeitfaktor und ist somit an Zeit gebunden.**

Das Universum beginnt sich nach dem „Big-Ripp" wieder von Neuem zu bilden. Es ist somit davon auszugehen, dass sich aus dem Nichts durch Potentialtrennung der Nullpunktenergie laufend in gleicher Größenordnung Energie und Antienergie bilden kann, aber auch im Gegensatz dazu durch Neutralisation aus der Annihilisation auch wieder abbauen kann. Es ist somit ein unendlicher Kreiszyklus mit Aufbau und Abbau definierbar. Es gibt somit keine Singularität ohne Vorgeschichte, es gibt dafür eine kontinuierliche Fortentwicklung der jeweiligen Zustände. Die Physik der Natur basiert auf Prozessen mit kontinuierlicher Fortentwicklung und Reaktionen, denn der Zustand der Energie in der Form von Materie beinhaltet die Zeit und über den Weg somit den Raum. Es gibt also keine Sprünge, sondern kontinuierliche Prozesse und somit auch keine Zufälle, oder nach Albert Einstein keine Würfelergebnisse, wie etwa einen singulären Urknall.

Albert Einstein sagte schon: $E = +m * c^2$ und $E = -m * c^2$. Diese Formel ist eine quadratische Gleichung und beinhaltet auch, dass die Energie „E" negativ sein kann, denn minus mal minus ist Plus. Die Masse und die Zeit kann nicht negativ sein, somit ist es aber der Weg aus der Lichtgeschwindigkeit, der negativ und somit entgegen gerichtet sein kann. Wenn die Energie „E" das Feld der Raum-Energie ist, dann gibt es ein Universum mit der positiven Raum-Energie und ein im Weg entgegen gerichtetes Universum mit dem negativ gerichteten Feld der Antienergie, in dem sich dann die Antimaterie bilden kann.

**Unter Einhaltung der Symmetrie entstehen aus dem Nichts zwei Universen, das Universum mit dem Energie-Feld der Raum-Energie und das Universum mit dem Energie-Feld der Anti-Energie. Die Potentialtrennung unter dem Einfluss der Zeit, die einen Prozess einleiten kann, ist die Grundlage für diese zwei Universen aus dem Nichts bis wieder hin zum Nichts. In Summe über Alles ergibt sich zu jedem Zeitpunkt das Nichts – aus der vergangenen Unendlichkeit bis hin zur zukünftigen Unendlichkeit, denn nur die Zeit schreitet voran.**

Das steht zwar im Gegensatz zu den offiziellen Theorien vom singulären Urknall, die sich jedoch nicht logisch erklären und ableiten lassen, aber zumindest im Anfang auch von einem masselosen Energiefeld ausgehen. Die Urknall-Theorie wurde aus der Zurückrechnung der vorhandenen und bekannten Materie aus dem für uns einsehbaren Universum auf einen Punkt hin abgeleitet. Aus der Rückrechnung mit der über Cepheiden gemessenen Hubble Konstante von 74 km / s je Megaparsec als zunehmende Ausdehnungsrate ergibt sich der Urknall zu einem Zeitpunkt vor 13,7 Milliarden Jahren. Aus der inflationären Expansion mit Über-Lichtgeschwindigkeit dieses singulären Punktes soll sich dann, je nach Theorie, die Materie und auch Antimaterie gebildet haben. Diese hätten sich aber annihilieren, also neutralisieren müssen. Da für uns nur die sichtlich existente baryonische Materie bekannt ist, wird dann aber mit so manchen Modellen von Teilchen und verschwundenen X- und Y-Antiteilchen dieser Vorgang aufgehoben. Es sollen Neutrinos entstanden sein und sonstige dunkle Materie und dunkle Energie, ebenso die Hintergrundstrahlung, nach denen heute mit erheblichem Aufwand geforscht wird. Die sogenannte CP-Verletzung ist nach der Energiefeld-Theorie und der Nukleonen-Theorie geklärt, denn es gibt sie nicht, wenn das Feld der Anti-Energie in die Supersymmetrie (SuSy) mit einbezogen wird.

Den bisherigen Modellen vom Urknall kann ich nicht zustimmen und stelle meine hier aufgezeichnete Theorie vom Energiefeld dem entgegen!

## 4.3  Energie geht nicht verloren, denn Aktion ist gleich Reaktion: Die Energiebilanz bleibt konstant!

Das für uns einsehbare Universum ist in der Materie und ihren Reaktionen zweipolig aufgebaut. Die physikalischen Gesetze der Symmetrie erzwingen die Zweipoligkeit bis in das Atommodell hinein.

Nur die uns bekannte Raum-Energie ist in sich für uns als Energie-Potential einpolig, aber ihr entgegen steht aus Gründen der Symmetrie und Potentialtrennung der andere Pol, das Universum der Antienergie.

Die im Feld der Raum-Energie generierte Materie ist in sich wiederum zweipolig, Atomkerne sind laut Definition elektrostatisch positiv und die Elektronen sind elektrostatisch negativ geladen. Das Gesamtpotential des Atoms ist von außen her gesehen neutral, z. B. bei nicht ionisierten Edelgasen. An Materie gebundene Potentiale sind energetische Trennungen, die sich auch wieder aufheben können, wenn ein Energieeintrag einfließt oder abfließt. Kernspaltung, Ionisation oder Kernfusion erfolgen bei sehr hohem Druck und die Auflösung der Materie bei sehr niedrigem Druck aus dem Feld der Raum-Energie.

Zum Universum mit dem Feld der Raum-Energie wird ein Gegenpol erforderlich, hier die Antienergie-Welt, die das Gesamt-System wieder neutralisiert und den Grundsatz der Super-Symmetrie erfüllt. Die in dem Universum der Antienergie aufgebaute Materie ist in sich, der Logik zufolge, umgekehrt polarisiert. Atomkerne sind elektrostatisch negativ und Elektronen sind elektrostatisch positiv geladen. Würden Materie- und Antimaterie-Atome aufeinandertreffen, würden sie sich neutralisieren und zu dem Nichts werden, woher sie gekommen sind.

Aber bevor es zu dem gegenseitigen Abbau der zwei Universen kommt, wird sich nur die Raum-Energie unseres Universums mit der Antienergie des anderen Universums neutralisieren. Deren jeweilige Materie ist bis dahin durch den immens steigenden Druck aus dem Feld der Raum-Energie aufgrund des Prozesses des Abbaus und der räumlichen Schrumpfung schon längst wieder zu Raum-Energie zurückgewandelt worden. Es ist aber auch ableitbar, dass die Materie sich auflösen könnte, wenn der Druck der Raum-Energie aufgrund von Überdehnung des Universums erheblich sinkt. Die Potentialtrennung der Universen in die Welt der Energie und in die

Welt der Antienergie würde wieder neutralisiert bis hin zum Neuanfang aufgrund der immer weiterlaufenden Zeit.

Diese Antimaterie ist zwar in unsere Welt durch physikalische Experimente schon simuliert worden (Hinweis Quelle 8). Sie würde sich aber in Verbindung mit der Materie aus unserer Welt sofort neutralisieren. Da aber diese, in unserer Welt dargestellte Antimaterie nicht durch Ladungstrennung im Energiefeld des Antienergie-Universums entstanden ist, sondern aus Umwandlung von hiesiger Materie aus dem Energiefeld unseres Universums, ergibt sich nach der Quastschen Energiefeld-Theorie bei Neutralisation eine Verdoppelung der Freisetzung von Raum-Energie, wenn sich die Atome zum „Nichts" annihilieren. Die Darstellung von Antimaterie erfolgt in unserer Welt durch Eintrag von Energie in hiesige Materie, um die Spins der Quarks umzupolen. Diese Energie würde dann auch wieder freigesetzt.

Jede Veränderung in dem jeweiligen System, dem Universum der Raum-Energie und dem Universum der Anti-Energie läuft zwar nicht gleich oder gleichzeitig ab, die Veränderungen laufen aber gleichgewichtig ab. Wenn Energie zu Materie wird oder Materie in sich umgewandelt wird und miteinander reagiert, geht in Summe keine Energie verloren. Die Energie wird nur übertragen in andere Energie-Formen. Das gilt in der für uns (wahrscheinlich) nicht einsehbaren Antienergie-Welt, wie auch in dem von uns zum Teil erforschten Universum, der Raum-Energie-Welt.

In den zur Sonne vergleichbaren Sternen wird laufend die bei der Entstehung mitgegebene Energie bekanntlich durch Kernfusion zu einem großen Teil wieder an den Raum zurückgegeben. Die Raum-Energie geht somit nicht verloren, sondern geht dahin zurück, woher sie hergekommen ist. Der Raum speichert die Energie aus der Kernfusion wieder ein und somit muss es einen Speicher geben, eben das Potentialfeld der Raum-Energie.

Bei Sternenexplosionen bleibt als Rest die Asche der Sterne zurück, bestehend aus den uns bekannten Elementen oder ein Rest auch als Neutronenstern oder Weißer Zwerg. Dieser Anteil an Materie wird erst bei sehr hohen oder sehr geringen Energiefeld-Dichten zurückgewandelt werden können, wenn der Abbau oder die Instabilität des Raum-Energiefeldes voranschreitet.

Der Materie mitgegebene kinetische Energie in Form von Impuls-, Schwingungs- und Rotations-Energie geht ebenfalls nicht verloren, sondern überträgt sich bei Kollisionen und Adhäsion auf andere Materiemassen oder geht durch atomare Kontakte, man kann auch Reibung sagen, in Strahlungsenergie, wie Licht- und Wärmeenergie, über.

**In miteinander kollidierenden Systemen gleicht sich die eingebrachte kinetische Energie als Energiepotential der Masseneigenschaft innerhalb der Materie auf alle beteiligten Objekte aus. Die Objekte haben dann somit ein neues gemeinsames, sich aus den Summen bildendes Energiepotential. Das ist die Kumulierung der Materie zur gemeinsamen Masseneigenschaft.**

### 4.4  Das Universum ist bipolar aufgebaut

Es gibt die Ladungstrennung in der Definition von Plus und Minus sowie Potentialtrennung in Energie und Anti-Energie. Zu einem Pol gibt es einen Gegenpol, zu einem Potential gibt es ein Gegenpotential. Durch diese Bipolarität ist das Nichts aufgehoben und es ist etwas da, solange eine Seite der Pole betrachtet wird und nicht die Summe.

Ein Vergleich ist zu einem Stabmagneten bedingt möglich. Der Stabmagnet hat eine neutrale Zone, aber das Feld geht dort insgesamt hindurch. Es ergeben sich zwei Pole in entgegengesetzter Richtung, die jeweils für sich ein raumfüllendes homogenes Feld ausbilden. Gleiches ist auch im elektrostatischen Feld vorhanden. Hier stehen sich die Pole im Raum gegenüber und spannen die Ladungsdifferenz über das elektrostatische Feld auf. Diese statischen Felder sind homogen und in ihrer Intensität geschichtet, je nach Abstand und somit der Länge des Weges zwischen den Polen. Die statisch- magnetischen und elektrischen Felder sind ein Sonderfall im Potentialfeld der Raum-Energie, aber im Prinzip vom physikalischen Verhalten sehr ähnlich. Diese Felder werden durch Eigenschaften der Elektronen in der Materie hervorgerufen und sind an Materie gebunden. Die Felder füllen einen Raum aus, verdrängen aber für sich kein Raum-Volumen, wie etwa Materie im Feld der Raum-Energie. Diese Felder erfordern aber im Gegensatz zum Potentialfeld der Raum-Energie einen Energieeintrag, um sich aufzuspannen. Das Potentialfeld der Raum-Energie ist aber nicht an Materie gebunden, da nach der Quastschen Energiefeld Theorie die Materie selbst aus der Raum-Energie entsteht und somit selbst eine Form von Energie darstellt. Hierauf wird auch noch in weiteren Postulaten eingegangen.

Die Trennung in die Bipolarität ist eine Entwicklung und somit ein zeitbehafteter Prozess, ebenso das Gegenteil, der Ausgleich der Bipolarität. Die Summe aus beiden Universen, dem uns bekannten Universum und dem Antienergie-Universum bilden zusammen das Nichts.

Diese zwei Universen können jeweils für sich in geschichteten Schalen strukturiert sein. Das wäre z.B. jeweils eine Zwiebelschalen-Struktur mit eigenständigen ineinander geschachtelten Blasen oder vergleichbar zu einem Stabmagneten, zwei Halbkugeln aus Energiefeldern mit gegensätzlichen Eigenschaften. Die den mehrdimensionalen Raum ausfüllenden Felder dieser Gebilde haben in sich verschiedene Schichtungen und somit Feldstärkebereiche mit inneren und äußeren Energiebereichen mit jeweils verschiedenen Energiedichte- und Ausdehnungsbereichen. Am Anfang und in der Aufbauphase handelt es sich dabei noch nicht um materiegebundene Systeme, sondern um reine Energiesysteme mit Feldeigenschaften, die für sich im Prinzip noch keinen eigenen Raumbedarf haben, und von daher zuerst nur eine Eigenschaft in Verbindung mit der Zeit darstellen. Die Energiefelder können aber einen Raum ausfüllen, vergleichbar zu einem Magnetfeld oder einem elektrostatischen Feld zwischen zwei Hochspannungspolen, die für sich eigentlich ja auch keinen Raumbedarf in Form von Volumen haben, aber einen Raum ausfüllen.

Aus der Raumvorstellung, ob Zwiebelform oder Stabmagnetform, ist die Krümmung des Raumes vorstellbar und systemgegeben. Ausdehnung durch Wachstum aus Potentialtrennung und Schrumpfung durch Neutralisation sind dem System gegeben.

**Die Pulsation des Systems aus dem Nichts ermöglicht das Unendliche und somit auch Multiuniversen. In Summe bildet das System auf Ewig das „Nichts".**

Die Polaritäten sind der Logik entsprechend im Antienergie-Universum entgegengesetzt gepolt, als in dem uns zugehörigen und zum Teil bekannten Universum. Für die Antimaterie sind Atomkerne negativ gepolt und die Elektronen sind positiv geladen. Das bezeichnen wir als echte Anti-Materie. Es gibt somit zu unserem bekannten Universum ein gegenpoliges Universum. Das zu sehen oder zu überprüfen ist praktisch nicht möglich, da die physikalischen Beweise über das Nichts laufen müssten. Es ist somit nur aus der Logik heraus postulierbar.

**Energie-Universum und Antienergie-Universum heben sich in ihrem Energieinhalt auf und ebenso, Materie und Antimaterie heben sich in ihrem Energieinhalt auf. Übrig bleibt das Nichts. Für das Nichts gibt es von daher gesehen kein Außen. Es gibt somit nur ein Innen, wenn sich aus dem Nichts zwei Energiesysteme über den Prozess der fortschreitenden Zeit bilden.**

Im Universum der Raum-Energie ist die Ursprungs-Materie das Element Wasserstoff. Durch noch nicht geklärte Prozesse wird Energie in Materie umgewandelt. Wasserstoff entsteht aus einer Potentialtrennung in den positiv orientierten Atomkern mit Masseneigenschaften und als Gegenpol, dem negativ geladenen Elektron. Das ist der Ursprung der Bipolarität im Universum der Raum-Energie, unserem Universum. Ein Kurzschluss im Atom Wasserstoff würde als Ergebnis Raum-Energie zur Folge haben. Umgekehrt ist zu sehen, die Bipolarität im Wasserstoffatom ist durch Potential-Trennung entstanden und liegt somit in Form von Materie vor. Neutronen in den höherwertigen Elementen als Wasserstoff entstehen aus Protonen durch Abgabe von Positronen und Raum-Energie, auch als Neutrinos bezeichnet, und werden damit elektrostatisch neutral. Ein Proton hat seinen energetischen Spin abgegeben und wurde damit zum Neutron, das aber die ursprüngliche Masseneigenschaft behalten hat. Nach dieser Quastschen Energiefeld-Theorie und Nukleonen-Theorie ist Materie umgewandelte Raum-Energie (siehe Kapitel 5.9.1).

## 4.5 Die Energie für sich ist im Prinzip raumlos, zeitlos und in der Menge örtlich konstant, aber an Zeit gebunden

Energie ist für sich ein Potential gegenüber einem Gegenpotential, der Anti-Energie. Energie erfüllt aber das uns bekannte Universum mit der Raum-Energie aus. Die Raum-Energie ist in ihrer Wirkung als Potential ein Gegenpol zur Anti-Energie. Beide Energiearten füllen jeweils ein eigenes Universum aus. An ihrer Trennfläche findet zur heutigen Zeit noch laufend ein Vorgang von Potential-Trennung statt, der beide Universen mit neuer Energie gleichgewichtig versorgt, denn das uns bekannte Universum mit der Raum-Energie dehnt sich nach unseren Erkenntnissen seit über 13,7 Milliarden Jahren noch kontinuierlich aus und ist von daher ein Vorgang, ein fortschreitender zeitbehafteter Prozess. In bestimmten Druck-Schichten kann sich Materie bilden. Es ist aber auch der Untergang der Materie vorstellbar, wenn der Innendruck infolge der Expansion des Universums so gering wird, so dass die Atomkerne auseinanderfliegen und somit die Materie wieder in Raum-Energie übergeht.

Zum Verständnis sei hier eingeflochten, das materiegebundene elektrostatische Feld oder das permanentmagnetische Feld beanspruchen für sich kein Volumen, füllen aber für sich, je nach Stärke, einen Raum homogen und je nach Feldstärke geschichtet aus. Diese Felder haben Eigenschaften, die physikalisch definierbar sind. Die Felder können sich aufbauen aber auch wieder schrumpfen. Die statischen elektrischen und magnetischen Felder sind aber für sich schon gespeicherte Raum-Energie. Zieht man die Pole in statischen Feldern weiter auseinander, benötigt man keinen Energieeintrag, sondern nur Weg- und Zeiteintrag. Der Energieinhalt des statischen Feldes ist schon vorhanden, nur die Form des beeinflussten Raumes ändert sich und damit die Konzentration oder physikalisch interpretiert, die Feld-Dichte.

Im Gegensatz dazu ist das Feld der Raum-Energie nicht unbedingt an Materie gebunden und ist von daher nur indirekt vergleichbar zu magnetischen oder elektrostatischen Feldern. Das Energiefeld ist physikalisch durch uns nicht definierbar, da wir selbst ein Teil davon sind und uns dazu nicht außerhalb stellen können. Physikalische Berechnungen sind in ihrem Ergebnis auf Energie bezogen und werden daraus weiterentwickelt. Diese Berechnungen definieren aber nicht die Energie an sich, sondern nur ihre Ursache und Nebenwirkungen, also Vorgänge und Reaktionen in Energie-Bereichen und energetischen Beziehungssystemen.

Die mathematischen Definitionen der Feldeigenschaft für das Potentialfeld der Raum-Energie und das Woher und Wohin fehlt uns noch. Es sind nicht die Newtonschen und Keplerschen Gesetze und nur eingeschränkt die Einsteinschen Relativitäts-Theorien und sonstige String-Theorien. Es sind Feldgleichungen für Energiebilanzen im mehrdimensionalen Raum in Verbindung mit der Raum-Zeit.

Das Feld der Raum-Energie ist ein Skalarfeld, das sich stetig entwickelt und sich somit nicht sogleich über alle Bereiche im örtlichen Druck und in der der örtlichen Dichte räumlich homogen ausgleichen kann. Im Feld der Raum-Energie gibt es von daher Ausgleichsströmungen. Die mathematische Beschreibung derartiger Skalarfelder sind mit den Einsteinschen Ableitungen der Speziellen (SRT) und der Allgemeinen (ART) Relativitäts-Theorien vorhanden, ebenso mit den statischen Lagrange-Funktionen, Kepler- und Newtonschen Gesetze gegeben. Die Energiefeld-Theorie (EFT) geht im Gegensatz zu den bekannten Theorien von einem System mit einer kontinuierlichen Raum-Zeit aus. Diese Eigenzeit hat keine Sprünge und wird auch nicht verbogen oder zu Null gesetzt.

Der Fehler zur Erklärung der Gravitation gemäß Albert Einstein liegt in der Fehlinterpretation der Einsteinschen Formeln in Bezug auf die Eigenzeit. Begründung: Verändert sich die Eigenzeit oder würde sie verbogen, wäre der Energieerhaltungssatz verletzt. Energie würde in Verbindung mit der Gravitation im Nirwana verschwinden. Das Gleiche gilt auch für die Entstehung oder das Verschwinden von Materie. Materie besitzt Masse, und Masse ist nach der Energiefeld-Theorie ebenfalls eine Form von Energie, hier kondensierte Raum-Energie in der Größenordnung $E = m * c^2$ - gemäß Albert Einstein. Nach der Energiefeld-Theorie besitzt Masse aber in Form von Materie Raumvolumen und verdrängt und verzerrt somit das Feld der Raum-Energie. Die Verdrängung hat örtliche Änderungen im Druck und in der Dichte des allgemein homogenen Skalarfeldes der Raum-Energie zur Folge. Erst daraus ergibt sich die physikalische Erklärung der Gravitation. Verändert sich das Verdrängungs-Volumen der Materie durch Fusion oder radioaktiven Zerfall, wird gemäß der Energiefeld-Theorie Raum-Volumen freigegeben und durch energetische Strahlung in alle Richtungen im Feld der Raum-Energie verteilt und somit zurückgeführt dorthin, woraus sich die Materie gebildet hat.

Die Einsteinschen Ableitungen der SRT und ART müssen anders interpretiert werden, indem die Eigenzeit konstant bleibt, aber der Druck und die Dichte der zeitbehafteten Energie in ihrer räumlichen Verteilung variabel sind und somit als die gravitativen Kräfte auszulegen sind. Das erfordert die Anerkennung des sogenannten Äthers. Dieser Äther wurde von Albert

Einstein mit der SRT jedoch zunächst abgelehnt und als nicht erforderlich angesehen, obgleich seine Ableitungen ein Skalarfeld beschreiben. Aber auch Albert Einstein war sich nicht sicher und hatte die Lorenz`sche Äthertheorie und die Ansätze des Henri Poincaré in der ART nicht außer Acht gelassen, denn seine Ableitungen bauen auch auf diesen Theorien auf. Das geht auch aus seinem Vortrag vom 5. Mai 1920 an der Universität zu Leiden hervor mit dem bezeichnenden Thema: Äther und die Relativitäts-Theorie. Der Lorenz`sche Äther wurde zu der Zeit als teilchenhaltig vorausgesetzt und der Wind dieser Teilchen sollte die Gravitation hervorrufen und Strahlung transportieren, ähnlich zu den Luftgasen mit Winddruck und Schalltransport. Da dieser Teilchenwind aus Korpuskeln nicht gefunden wurde, kamen die verschiedenen Äthertheorien in Vergessenheit (siehe Wikipedia: Michelson-Morly-Experiment). Nach der Quastschen Energiefeld-Theorie ist dieser Äther das Skalarfeld der Raum-Energie! Ein Skalarfeld ist ein Energiepotential in Bezug zu einem Raum und einem Gegenpotential, hier dem Feld der Antienergie (siehe Kapitel 4.1).

**Wird das Skalarfeld der Raum-Energie räumlich verdrängt oder verzerrt oder ergeben sich Ausgleichsströmungen und infolge davon Wirbel, hat das gravitative Rückwirkungen zur Folge. Ebenso verzerrt die energetische Strahlung aller Arten das Feld der Raum-Energie und wird fast verlustfrei in dem für uns einsehbaren Weltraum übertragen. Die energetischen Strahlungen sind von daher Gravitations-Wellen im Feld der Raum-Energie.**

Das Wesen eines Skalarfeldes ergibt sich, indem jeder Punkt im Raum ein eigenes Potential in Bezug zu einem Koordinatensystem hat. Das gilt für Temperaturfelder und Druck- oder Dichtefelder in einem Medium, ebenso für Potentiale im Feld der Raum-Energie. Bewegt sich ein Punkt im Skalarfeld, gibt es energetische Strömungen, oder umgekehrt, energetische Einträge haben Strömungen im Skalarfeld zur Folge. Das Skalarfeld strebt hin zur geringsten Energiedichte, das ist die Entropie.

Diese Effekte sind allgemein bekannt. Kochendes Wasser sprudelt, weil sich das Skalarfeld der Temperatur nicht gleichzeitig überall gleichmäßig verteilen kann und sich somit Hitzezellen ausbilden, die sprudeln oder auch verdampfen. Das Wetter mit seinen Strömungen zwischen Hoch- und Tiefdruckgebieten kann die Skalarfelder mit Temperatur- und Druckunterschieden nur über einen langen, zeitbehafteten Strömungsprozess ausgleichen, der niemals zur Ruhe kommt, solange für den Planeten Erde die Sonne scheint und auf- und untergeht.

Im Gegensatz dazu sind magnetische und elektrostatische Felder an Materie im Zustand als Ladungsträger gebunden. Sich bewegende Ladungsträger bilden Felder aus. Diese Felder erfordern geschlossene Feldlinien. Gegenpolige Ladungsträger streben hin zur höchsten Energiedichte, das ist die Enthalpie. Gleichpolige Ladungsträger streben hin zur geringsten Energiedichte, das ist die Entropie (siehe auch Kapitel 5.9.4).

**Die Skalarfelder nehmen für sich kein Raumvolumen ein, füllen aber einen Raum aus. Das Inertialsystem ist relevant und zu definieren, damit sich Veränderungen darstellen lassen. Die Absolutheit an sich ist nicht definierbar, weil sie über das Nichts gehen müsste und somit kein Inertialsystem hat.**

Es ist ja einer bewegten Masse nicht anzusehen und in ihr selbst ohne Außenkontakt nicht messbar, wie viel Bewegungsenergie in ihr steckt. Einer auf dem Planet Erde angehobenen Masse ist es nicht anzusehen, oder in ihr selbst ohne Außenkontakt nicht messbar, wie hoch ihre potentielle Energie gegenüber der Ausgangsstelle der Anhebung sein könnte. Durch Messung von außen und Berechnungen mit ihren Vergleichen und Normungen lassen sich die Energiepotentiale in einem definierten Bereich berechnen. Aus dem Potentialfeld der Raum-Energie steckt in der angehobenen Masse des weiteren zusätzlich die Energie aus der Erdumdrehung und der Umdrehung der Erde um die Sonne und letztendlich in der Genealogie der Energieeinträge aus den Vorsonnen bis hin aus der Entstehung der

Materie gegenüber dem Zentrum der Milchstraße. Dazu hat auch noch die gesamte Milchstraße eine Eigengeschwindigkeit in Bezug zu anderen Milchstraßen und dem Universum. Dieses Gesamtpotential an kinetischer und potentieller Energie ist für uns nicht zugänglich. Das Gleiche gilt auch für die Energie, die dem Atom selbst aus seiner Genealogie der Entstehung innewohnt. Energetische Betrachtungen hängen mit den jeweiligen Inertialsystemen zusammen, die zu definieren sind.

Die Energie ist eine Eigenschaft, die ein Potential darstellt. Somit ist die Raum-Energie ein Potential, das für sich keinen Raum einnimmt, aber einen Raum ausfüllen kann. Die Energie ist ohne Außenkontakt für sich nicht messbar und berechenbar, da es kein „Außen" gibt. Vom „Außen" her gesehen wäre das Gesamt-Universum aus Raum-Energie und Anti-Energie in Summe das „Nichts". Leider gibt es aber in dem System für uns kein „Außen" sondern nur ein „Innen", da wir selbst ein Teil davon sind.

Das Gleiche gilt auch für die Zeit, denn keiner kann sagen, welchen Raum die Zeit ausfüllt, wobei sie doch auf alles einwirkt. Aber die Zeit ist ohne Bezug auf ein Außen in sich selbst nicht messbar, nur indirekt über unsere selbstgemachten Definitionen zu dem Außen, hier unserem Sonnensystem. Aber diese, unsere Zeit hat Schaltsekunden und Schalttage aus Korrektur der Zeit für die Eigendrehung und elliptischen Umlaufbahn des Planeten Erde um die Sonne, die sich im Laufe der Jahrmillionen auch verändern. Von daher ist die energiegebundene Zeit ein anderes System. Die von Albert Einstein eingeführte variable Raum-Zeit oder Eigenzeit ist ebenso nur eine Eselsbrücke, wie auch so einige kosmologische Konstanten und „Dunkle Energie" und „Dunkle Materie", die das Gravitations-System erklären und berechenbar machen sollen.

Somit ist die Zeit ein Teil zu einem Prozess, der laufend fortschreitet. Die Zeit ist ein Vektor, der immer positiv gerichtet ist und auch nicht den Wert Null annehmen kann. In der ART definierte Albert Einstein sie als Raum-Zeit in Verbindung mit der Gravitation. Das System ist ein anderes, als das durch unsere Normierung auf unser Sonnen-System bezogene. Anders gesagt, die Vorgänge im Universum sind zeitabhängig, da es laufende Prozesse sind. Würde die Zeit stehen bleiben und zu Null gesetzt werden, gäbe es keine Energie und andererseits ginge so manches Formelergebnis mit Division durch Null ins Unendliche. Daran scheitert auch die mathematische Begründung zur Theorie vom Urknall und der Singularität gemäß der Standardtheorie.

In der Quastschen Energiefeld-Theorie bleibt die Zeit nicht stehen, denn auch der Übergang über das Nichts ist mit der Zeit verbunden, weil es ein Prozess ist. Daraus folgt:

**Das „Nichts" kann nicht konstant sein, denn die Zeit schreitet voran.**

Wenn sich ein Zustand in Verbindung mit der Zeit verändert, ergibt sich daraus Energie und umgekehrt, Energieeintrag über die Zeit verändert den Zustand über das energetische Potential und wird auch als Arbeit oder Leistung über ein Zeitintervall bezeichnet.

**Raum-Energie ist die Multiplikation aus dem Energieäquivalent Masse mal Weg bezogen auf die Zeit.** Das ist die Allgemeinbeziehung aus der Relativitätstheorie zur Grundformel von unserem Hochverehrten Albert Einstein: $E = m * c^2$

Der Zeitbezug steckt in dieser mathematischen Beziehung in der Lichtgeschwindigkeit, denn Geschwindigkeit ist Weg je Zeiteinheit. Erst daraus ergibt sich der Raum über den Weg, wenn Energie in Masse umgewandelt vorliegt.

## 4.6 Energie ist in ihrem Ursprung die Raum-Energie und hat die Eigenschaften von einem Potentialfeld

Das Feld der Raum-Energie füllt den mit Materie verbundenen Raum aus. Die Raum-Energie füllt auch weitere, für uns unbekannte und uneinsehbare Räume ohne Materie aus. Die Raum-Energie ist ein Feld über verschiedenste energetische Potentiale. Das Feld der Raum-Energie ist kein Medium und auch kein Äther, aber trotzdem in deren physikalischem Verhalten nach unserem Verständnis beispielhaft, aber nur indirekt vergleichbar bezüglich der Wellentheorie, zu den Druck- und Wellenvorgängen in den Medien Luft oder Wasser.

Wie es ein Naturgesetz im Universum verlangt, strebt alles zum kleinsten Volumen hin, nach Möglichkeit der Kugelform, sofern nicht andere Energie-Potentiale, z.B. die Fliehkraft aus einem Energieeintrag zu einem Drehimpuls, ein Anderes bestimmen. So gehen wir davon aus, dass unser mit Raum-Energie erfülltes Universum in etwa die Form einer Halb-Kugel mit schichtartiger Struktur hat. Im Inneren herrschen in mehreren Zonen, zwiebelartig geschichtet, sehr hohe Energiefeld-Dichten. Zum Rand hin nimmt die Felddichte, der Feld-Druck ab. Das ist die Eigenschaft von Feldstärke, vergleichbar zum statischen elektrischen oder magnetischen Feld. Dem gegenüber und auch verbunden, steht ein weiteres Universum mit der Anti-Energie, damit die Summe aus Beiden das ewige „Nichts" ermöglicht.

**Ein mögliches Bild vom Feld der Raum-Energie:**
Stellen wir uns die Trennfläche der beiden Universen als die Wurzelseiten zweier zwiebelähnlicher Gebilde, oder als eine in der Mitte zwischen Wurzel und Blattseite durchgeschnittene Zwiebel vor. Oder vergleichen wir die zwei getrennten Felder der Raum-Energie mit dem Feld bei einem Stabmagneten über die neutrale Trennfläche zwischen Nord- und Südpolseite bis über das Potentialfeld hinaus. Die Trennflächen der Energie-Felder treffen hier zusammen. Von dort erfolgt durch einen Prozess der

Potentialtrennung laufende Ausgabe bei Aufbau, oder laufender Einzug bei Abbau von Raum-Energie. Man sagt zu diesem Prozess auch „Quantenfluktuation" oder gemäß Plank „Vakuumfluktuation der Nullpunktenergie". Daraus ergibt sich die Pulsation des Universums, denn der Prozess kann laufend fortschreiten mit Aufbau und Abbau. Dieser Prozess zum Auf- und Abbau der Energiefelder ist ohne Energieeintrag möglich, weil dazu nur positiv ausgerichtete Zeit und richtungsbehafteter Weg als Vektor mit Plus und Minus ohne Masse zusammenwirken.

**An diesem Punkt ist das Gesetz von der Konstanz der Energiebilanz und des Energieerhaltungssatzes (durch Helmholtz postuliert) verlassen und die Welt somit aus den Angeln gehoben.**

Jedes Energiesystem besteht aber aus einem Rückkoppelungssystem. Die Rückkoppelung sorgt, über die Zeit verzögert, für den Ausgleich von energetischen Abweichungen. Das wird über Ausgleichsschwingungen erreicht, die einer Störung des Systems entgegenwirken. Die Ursache geht der Wirkung voraus. Somit kann die Existenz der Energiesysteme auf eine zeitbehaftete Regelschwingung zurückgeführt werden, die aber dem Punk Null, dem totalen Ausgleich, dem absoluten Nichts, zeitlich immer hinterherläuft.

Es bestehen zwei gleichgewichtige Feldseiten von Raum-Energie mit entgegengesetzter Polarität und somit auch jeweils einer spezifischen Eigenschaft. Das Potentialfeld ist somit gleichgewichtig zwischen zwei Energie-Feldern, dem Potentialfeld der Raum-Energie unseres Universums und dem Universum der Anti-Energie aufgespannt. Dieser Prozess der Potentialtrennung erfordert keine Kraft oder Fremdenergie, da keine Masse vorhanden ist, aber die Zeit. Der Prozess ist durch Pulsation auf- und abbaubar, denn einen Stillstand gibt es nicht, alles ist im Fluss. Da es den positiv gerichteten Vektor der Zeit gibt, denn der Weg kann in Verbindung mit der Zeit mathematisch positiv oder auch negativ gerichtet sein, ergibt sich daraus Aufbau und Abbau. Für den Weg gibt es ja einen Hinweg und auch einen Rückweg, denn beide unterscheiden sich nur durch das Vorzeichen, aber die Zeit ist immer positiv. Ebenso kann an diesem Punkt auch ein sich inflatorisch ausdehnendes Energie-Feld für das Antienergie-Universum und unser Energieuniversum postuliert werden, die eine über die Lichtgeschwindigkeit hinausgehende Ausbreitungs-Geschwindigkeit gehabt haben könnten, da noch keine Massen beteiligt waren, sondern vorerst nur Potentialfelder. Das entspricht dem bisherigen Urknall-Modell, das die Ausmaße des uns bekannten Universums nach 13,7 oder je nach Theorie auch 30 Milliarden Jahren erst dadurch erreichen konnte, wenn die Ausbreitung bis hin zum heutigen Universum zu einer Vorzeit größer als die Lichtgeschwindigkeit gewesen sein müsste.

**Energie für sich ist somit zu jedem Zeitpunkt ein Potential.** Der energetische Schwerpunkt im Feld der Raum-Energie ist der Ausgangsbereich von dem sich das Universum der Raum-Energie und das Universum der Anti-Energie aufbaut oder auch abbaut. Der Bezug zu diesem Ausgangsbereich ist das energetische Potential für das jeweilige Feld der Raumenergie. Wird Raum-Energie in Materie umgewandelt, besteht für die Masseeigenschaft der Materie der energetische Schwerpunkt zu diesem Entstehungsort.

Wird Energie mit Masse verbunden, spannt sich der Raum auf, in dem die nicht in Masse umgewandelte Energie als Raum-Energie zur Umwandlung vorrätig ist und den übrigen Raum als Feld ausfüllt. Somit wird die Raum-Energie zu einem Potentialfeld, das unter diesen Prämissen seine eigenen physikalischen Gesetze hat, zur Übertragung und Speicherung von Energie, aber im Schwingungsverhalten auch vergleichbar ist zu den Medien wie Luft oder Wasser.

Die Raum-Energie als Potential ist im Prinzip auch vergleichbar zum statisch-elektrischen Feld oder zum statisch-magnetischen Feld. Das elektrische Feld bildet sich aus, wenn Potentialtrennung von freien Elektronen oder Ionen erfolgt. Der eine Minus-Pol hat Elektronenüberschuss oder

Ionen mit Elektronenüberschuss und der Pluspol hat den entsprechenden Elektronenmangel oder Ionen mit Elektronenmangel. Zwischen den Polen bildet sich ein Potentialfeld aus, das nichtelektrische Materie bis zu ihren Atomhüllen ungehindert durchdringt, aber nur Einfluss auf statisch aufladbare Materie hervorbringt, der Art von Materie mit sehr geringer elektrischer Leitfähigkeit. Das Feld hängt von der Anzahl der getrennten Elektronen oder Ionen ab und ist im Energiepotential homogen. Das elektrostatische Feld kann aber in der Feld-Stärke über den Raum durch die unterschiedlichen Weglängen in der Stärke geschichtet sein und in der Feld-Form durch statisch aufladbare Materie verzerrt werden. Das ist die Gravitation im elektrischen Feld. In der Gewitterluft durch Potentialtrennung aufgebaute elektrostatische Felder entladen sich über ionisierte Kanäle, die durch Partikel-Schauer aus dem Weltraum mit ionisierten Kanälen für den Blitz den kürzesten Weg bereitstellen, somit über den Weg des geringsten elektrischen Widerstandes. Es gibt also Feldverzerrungen durch Fremdeinfluss, je nach Leitfähigkeit.

Gleiches gilt auch für das statisch-magnetische Feld. Nur hier sind es die Anzahl der parallel ausgerichteten Elektronenbahnen der Atome im Material des Permanent-Magneten, oder der summierte Fluss von freien Elektronen in der elektrischen Spule, die das Magnetfeld induzieren. Das magnetische Feld ist gepolt und ebenfalls homogen in Bezug auf das Energiepotential, aber geschichtet über die Weglängen der räumlichen Verteilung. Es durchdringt unmagnetische Materie bis hin zu deren Atomhüllen, hat aber kaum Einfluss darauf (die medizinische Tomographie MRT nutzt aber den sehr geringen Einfluss). Das magnetische Potentialfeld wird aber durch magnetisch beeinflussbare Materie verzerrt und kann auch in der Feld-Stärke geschichtet auftreten. Eisen-Teile im Magnetfeld konzentrieren das Feld, indem sie den kürzesten Weg für den Potentialausgleich bereitstellen. Das ist vergleichbar zur Gravitation im Potentialfeld der Raum-Energie als die Gravitation im magnetischen Feld zu definieren, sichtbar gemacht durch Eisenfeilspäne oder mit Kompassnadeln. Die inneren Bereiche haben eine stärkere Felddichte als die außenliegenden Bereiche. Das energetische

Potential, also die Spannung, begründet den Druck im Feld und beeinflusst die Feldstärke über den Weg.

Elektrische und magnetische Felder haben nur Einfluss bis hin zu den Elektronen-Hüllen der Atome. Die Felder für sich beanspruchen kein Raumvolumen, füllen aber einen Raum aus, sind statisch zeitbehaftet und von daher ein Potential.

Im Vergleich hierzu ist das Energiefeld in unserem Universum mit seinem Gegenpol im Anti-Energiefeld, in dem Anti-Universum zu sehen. Das Energiefeld ist von daher ein Potential in Bezug zu einem Ausgangsbereich und durchdringt Materie bis hin zu seinen Atomkernen. Das Energiefeld ist homogen, kann in der Feldstärke, dem Potentialdruck, geschichtet sein und wird bei Anwesenheit von Materie im Feldverlauf verzerrt. Die Feldstärke ist abhängig von der Länge des Weges, über die sie sich verteilt. Kurze Raum-Wege, hohe Feldstärke, lange Raum-Wege, geringere Feldstärke, wenn die Summe der Energiepotentiale konstant bleibt. Die Feldstärke ist auch als Druck im Feld der Raum-Energie zu bezeichnen. Daraus folgt:

**Das Energiefeld ist räumlich geschichtet verteilt und in unterschiedliche Feldstärke-Bereiche einzuteilen (Zwiebelstruktur). In bestimmten Bereichen mit geringer Feldstärke kann sich Materie ausbilden. Das Energiefeld übt aber einen ungeheuerlich hohen Druck auf die Atomkerne der Materie aus, sodass diese, auch bei höchsten Temperaturen der Materie, nicht auseinanderfliegen und so weit wie möglich den kleinsten energetischen Raum einnehmen. Der Feld-Druck im Feld der Raum-Energie kann auch als Energiedruck-Bereich oder Potentialdruck bezeichnet werden.**

Eine Änderung im Energiedruck wird mit Lichtgeschwindigkeit in Form von Energiedruck-Wellen weitergeleitet, das ist jegliche Form von hochfrequenter materieloser Strahlung, induziert aus Volumens-Änderungen von Energie-Potentialen im Feld der Raum-Energie. Somit sind die Druckwellen jeglicher massefreier Strahlung im Feld der Raum-Energie auch als Gravitationswellen zu bezeichnen, denn sie verzerren im Takt ihrer Frequenz örtlich und zeitlich das Potentialfeld der Raum-Energie. Daraus folgt:

**Lichtwellen sind hochfrequente Gravitations-Wellen im Feld der Raum-Energie, weil sie das Potentialfeld örtlich und zeitlich verzerren und sich über Druckwellen im Potentialfeld ausbreiten und somit Energie übertragen können.**

Eigentlich ist Energie für sich raumlos aber zeitbehaftet, denn es ist ein Potential und somit ein Spannungs-Zustand. Die Energie ist aber auch an Masse gebunden und hat von daher ein Raumverhalten. Da der Raum sich entwickelt und in diesem Prozess durch den Vektor der Zeit im Ablauf beschränkt ist, ist nur ein Teil der Raum-Energie in Masse umgewandelt worden und das Energiefeld steht unter einem Innendruck infolge seiner Entwicklung. Ein Prozess ist ein Vorgang, der sich laufend entwickelt und damit Zeit in Anspruch nimmt und Änderungen des Zustandes zur Folge hat. Der Prozess kann sich aufbauen, aber auch abbauen, ist also reversibel. Energie kann zu Materie umgewandelt werden und umgekehrt.

**Große Ansammlungen von Materie verzerren das Energiefeld und es bilden sich Senken, die einen Ausgleich zu anderen Senken suchen und dadurch eine Gravitation auf die Materie ausüben. Diese Senken sind eine Art parabolischer Trichter im Potentialfeld der Raum-Energie. Daraus kommt das Bestreben der Materie, den kleinsten Raum im Feld der Raum-Energie einzunehmen.**

Diese Vorgänge finden in den Faktoren der Energiemenge sowie der Raumgröße und Zeitgröße im Gleichgewicht zum Universum der Antienergie-Welt statt. Es gibt somit Phasen von Raumaufbau und Phasen von Raumabbau bis hin zum Neustart über das „Nichts". Ein einmaliger Anfang, auch Singularität genannt, ist in dem Prozess nicht erforderlich, denn der Auf- und Abbau kann sich auch immer wiederholen, denn die Raum-Zeit schreitet immer voran. Deshalb ist die Unendlichkeit definierbar, denn die Zeit kann nicht zu Null werden.

Unser jetziges Universum befindet sich nach unseren Erkenntnissen in der Phase von Raumaufbau, es dehnt sich vergleichbar zu einem Luftballon auf. Die Abstände zwischen den Galaxien vergrößern sich laufend, als wären sie auf einer der Zwiebelschichten, der Oberfläche dieses sich ausdehnenden „Luftballons" positioniert. Diese Oberfläche ist eine von vielen Schichten im Feld der Raum-Energie, hier wahrscheinlich eine der älteren und damit äußersten Schichten der Zwiebelschichtung mit einem geringeren Innendruck, als andere, mehr innenliegende Schichten von Raum-Energie. In einer Schicht mit mäßigem Innendruck kann Materie durch einen Vorgang der Unterdruck-Kondensation generiert werden.

**Es wird somit in der heutigen Phase Raum-Energie an der Trennfläche für das uns einsehbare Universum und gleichzeitig für das für uns wohl nicht einsehbare Universum mit der Anti-Energie durch einen Prozess von Potentialtrennung nachgeliefert und baut das Feld der Raum-Energie auf. Das Energiefeld kann auch in den Aggregatzustand von Materie umgewandelt werden.**

## 4.7 Die Energie ist an Masse gebunden und umgekehrt:
### Die Materie bringt ihre Masse, das Volumen und die Zeit mit!

Siehe auch Wikipedia unter dem Suchbegriff Energie:
Wir gehen von der Einsteinschen Formel für Energie aus.
Energie ist gleich Masse ( m ) mal Lichtgeschwindigkeit ( c ) zum Quadrat.

### 4.7.1 Welche Energie steckt in der Materie?

$E_{Ruhe} = m * c^2$   Dimension: $[kg * m] * [1 \; m / s^2]$

Hieraus ist abzuleiten, die Ruhe-Energie ( E ) nimmt erst Volumen und Zeit ein, wenn die Geschwindigkeit und der Weg mit eingebunden werden. Licht-Geschwindigkeit ( c ) ist gleich Weg ( Meter ) pro Zeiteinheit ( Sekunde ). Damit ist Raum und Zeit mit der Energie formelmäßig verbunden, wenn es Masse gibt. Ohne Masse mal Geschwindigkeit ist die Ruhe-Energie im Prinzip volumenlos. Das Zeitintervall „$s^2$" darf aber nicht zu Null werden, sonst würde die Energie mathematisch unendlich. Von daher bleibt die Zeit nicht stehen, der Gravitationsfaktor [1 m / $s^2$] bleibt erhalten, auch wenn alle anderen Größen den Wert Null annehmen könnten, dann ist die mit der Materie verbundene Energie oder der Energieeintrag eben Null. Energie ist Leistungspotential [kg * m] mal Geschwindigkeit [m / s] je Zeiteinheit [1 / s]. Die Zeiteinheit ist ein fester Bestandteil der Energie und bedingt eine Beschleunigung. Wird die Zeiteinheit zu Null gesetzt, ist auch die Energie Null oder unendlich hoch.

**Energie ist an Zeit gebunden. Energie ist Leistung mal Zeitintervall. Zeit ist ein Faktor der Energie und somit ein Faktum. Es gibt keine Singularität in Bezug auf die Zeit, denn die physikalische Zeit bleibt nicht stehen, von der Unendlichkeit bis hin zur Unendlichkeit und kann auch nicht über eine Singularität verbogen werden.**

Die Ruhe-Energie ist also mit der Masse verbunden, entweder Energie oder in einer anderen Form als Masse mal Geschwindigkeit. Von daher ist zu folgern, es steckt erheblich viel Energie in der Masse, denn der äquivalente Faktor ist die Lichtgeschwindigkeit als Maß zum Quadrat. Die Formel bezeichnet die Verhältnisse der Ruhe-Energie. Die Masse muss dafür selbst nicht die Lichtgeschwindigkeit annehmen, sonst würde sie selber in Energie verwandelt. Die Energie ergibt sich aus der Leistung Kraft mal Weg = [kg * m] und mit dem Beschleunigungs-Faktor [1 m / $s^2$]. Der Beschleunigungs-Faktor bringt den Zeitbezug in die Ruhe-Energie, denn Energie ist Leistung * Zeit. Da die Zeit hier in Bezug zum gekrümmten Raum steht, hilft der Faktor „1 m / $s^2$", der eine Beschleunigung darstellt, über die fiktive Feld-Beziehung, die Zeit mit einzubinden. Das gilt auch für die folgenden energetischen Beziehungen mit dem Beschleunigungs-Faktor [1 m / s²].

Materie ist massebehaftet, es ist somit eine Eigenschaft der Materie. Die Masse ist ein Maß für die Trägheit. Einflüsse auf die Trägheit erfordern Energieeintrag oder haben Energiefreisetzung zur Folge. Die Masseneigenschaft ist somit ein Energiespeicher.

Das Wasserstoffatom, der Urbaustein der Elemente, ist für sich Materie mit Masseneigenschaft. Das Wasserstoffatom entsteht aus einer Potential-Trennung im Feld der Raum-Energie durch Energieeintrag und nimmt für sich ein Volumen ein. Materie beansprucht somit einen Raum. Der Energieeintrag ist erheblich und ergibt sich aus der Einsteinschen Formel für die Ruhe-Energie $E = m * c^2$

Es ist für die Menschheit nur schwer vorstellbar, was ist Lichtgeschwindigkeit zum Quadrat. Das Modell ist aber immer noch zweidimensional plus eines Zeitintervalls, somit ein projiziertes Flächenmodell. Aber das Volumen ist leider dreidimensional und mit der Konstante Lichtgeschwindigkeit verbunden, also ein zeitabhängiger kubischer Raum, auf den das Flächenmodell somit sinngemäß zu übertragen ist. Hierin liegt auch das Problem, dass die Realität nicht durch mathematische Ableitungen in ihrer Gesamtheit erklärbar ist. Die Mathematik ist beschränkt auf genau abgegrenzte Bereiche mit ihren Einschränkungen über Definitionen und Normierungen, die selbst aber in sich nicht die Wirklichkeit sind, sondern eher Vergleiche von Definitionen, Zuständen und deren Veränderungen. Es hängt vom gewählten Inertialsystem ab, was wie definiert und was verglichen wird. Das gilt auch für die verschiedensten Theorien in der Kosmologie, auch für die hier aufgezeigte Energiefeld-Theorie.

Dieser nicht von der Masse beanspruchte Raum ist aber nicht energielos, sondern das Universum ist mit dem Potentialfeld der Raum-Energie ausgefüllt, die ja auf der anderen Seite der Formel mit den Zeichen ( E ) steht. Es muss somit ein Potential vorhanden sein, damit die Einsteinsche Formel Wirklichkeit werden kann. Entweder gibt es nur Energie oder zum Teil auch aus Energie umgewandelte Masse, die dann in den vielfältigsten Formen als Materie vorhanden ist.

**Energie wird im Raum stellenweise zu Materie umgewandelt und auch umgekehrt.**

Geschwindigkeit ist Weg je Zeiteinheit und benötigt dazu Raum. Ist aber damit verbundene Materie vorhanden, wird durch diese Faktoren mit Weg und Zeit ein Volumen aufgespannt und dafür ist Energie erforderlich. Das für uns einsehbare Universum als Raum ist aber sichtlich nur stellenweise zu einem kleinen Teil mit Materie angefüllt.

Die Zwischenräume sind gewaltig und werden nur durch Strahlung wie Licht und einem vielfältigen Frequenzband an sonstiger Raumstrahlung und auch Materieströme miteinander verbunden.

**Die masselose Strahlung ist aber auch übertragene Umwandlungs-Energie aus verschiedensten Energiequellen und benötigt zur Übertragung einen Träger und Speicher, hier das Potentialfeld der Raum-Energie.**

### 4.7.2 Welche Energie steckt in der beschleunigten Masse?

Eine weitere Energieform ist die kinetische Impuls-Energie in Verbindung mit Massenbewegung und somit auch als Rotations- und Schwingungs-Energie in Massen.

$E_{kin} = \frac{1}{2} m * v^2$ Dimension: $[kg * m^2 / s^2] = [kg * m] * [1 \, m / s^2]$

Das physikalische Gesetz ist allen bekannt: Zur Beschleunigung einer Masse über einen Weg in einer Zeiteinheit ist Energie erforderlich = Arbeit. Arbeit ist Leistung über ein Zeitintervall. Wird die Masse wieder abgebremst, wird die induzierte Energie wieder freigesetzt. Energie geht dabei nicht verloren, die Art der Energie wird nur transformiert! Man beachte den Beschleunigungs-Faktor [1 m / s$^2$].

Die in die Masse induzierte Impuls-Energie benötigt für sich keinen Raum. Diese verschiedenen Anstoß-Energien sind in das System eingebunden, ohne die Materie in ihrer Masseneigenschaft zu verändern. Die Masse hat damit ein ihr eigenes Energiepotential in Bezug zu anderen Massen und dem Potentialfeld der Raum-Energie. Bei Kollision oder Adhäsion tauscht sich die Energie auf die gesamte Massebeziehung der beteiligten Materie aus.

### 4.7.3 Welche Energie steckt in der angehobenen Masse?

Eine weitere Energieform ist die potentielle Energie in Verbindung mit der Position der Massen zueinander.

$E_{pot}$ = m * g * h  Dimension: [kg * m / s$^2$ * m] = [kg * m] * [1 m / s$^2$]

Im homogenen Gravitationsfeld bewirkt jede Änderung der Position einer Masse einen Energieeintrag, vom energetischen Schwerpunkt der wesentlich größeren Masse (Planet Erde) hinweg auf höhere Ebene gebracht einen Energieeintrag und zum energetischen Schwerpunkt hin auf eine niedrigere Ebene gebracht eine Energieabgabe. Die Position ist bestimmt durch Veränderungen in Bezug zum Abstand der energetischen Schwerpunkte der Massen zueinander. Die spezifische Gravitations-Beschleunigung (g) ist eine gerichtete Größe und somit ein Vektor und abhängig von der Position im Raum und dem Potential-Druck der Raum-Energie. Somit gilt diese energetische Beziehung nur für einen Bereich, in dem sich „g" nicht wesentlich ändert.

Alle Gegenstände auf der Erdoberfläche haben ein Energiepotential gegenüber dem energetischen Mittelpunkt der Erde. Würde eine Masse diesen energetischen Mittelpunkt der Erde erreichen, wäre ihr Energiepotential gegenüber der Masse der Erde gleich Null. Der Gegenstand hat dann aber immer noch ein Energiepotential gegenüber dem energetischen Mittelpunkt des Sonnensystems und somit auch zu einem kleinen Teil gegenüber dem Mond, dessen Energiepotential aus der Entstehung mit der Erde gegenüber der Sonne gemeinsam ist. Der energetische Mittelpunkt unterscheidet sich zu dem Masse-Mittelpunkt aufgrund der Entstehungsgeschichte der Erde mit seinen Energieeinträgen und Energieabflüssen. Der Massemittelpunkt ist der Mittelpunkt für die Newtonschen Gesetze, es ist der geometrische Mittelpunkt. Dieser weicht aber vom energetischen Mittelpunkt der beteiligten Massen im Raum ab.

Die potentielle Energie im Weltraum ergibt sich aus dem Energieeintrag auf die jeweilige Masse in Bezug zu den anderen Massen. Das ist keine Massenanziehungskraft, sondern eine Genealogie im Eintrag oder Entzug von potentieller Energie auf die Masse in Bezug zu den mit ihr in Beziehung stehenden Massen und letztlich zu ihrem Entstehungsort, dem Zentrum der Galaxie. Masse ist die Eigenschaft der Materie und diese Materie, behaftet mit der Masseneigenschaft, wird im Zentrum einer Galaxie hervorgebracht und trägt seit dem eine Genealogie von Energieeintrag und Energieabgabe als Potential in sich. Man beachte den Beschleunigungs-Faktor [$1 \text{ m} / \text{s}^2$].

### 4.7.4 Welche Energie steckt zwischen zwei getrennten Massen?

Die Gravitationsbeziehung zweier Massen ist auch eine energetische Beziehung:

$$E_{pot} = G * ( M_1 * m_2 ) / r^2 * r$$

Dimension: $[m^3 / kg * s^2] * [kg * kg / m^2 * m] = [kg * m] * [1\, m / s^2]$

Die statische potentielle Energie in Bezug von zwei Massen leitet sich aus der Newtonschen Gravitationsbeziehung ab, indem die Energie ermittelt wird, die eine kleinere Masse $m_2$ auf den Rotations-Abstand zwischen den geometrischen Schwerpunkten „r" bringen kann. Man kann daraus ableiten, welches Energiepotential die Kleinere der beteiligten Massen im Feld der Raum-Energie annimmt, wenn sie in einem homogenen Gravitationsfeld von einem zentralen Ausgangspunkt auf den Abstand oder auf die Höhe „r" gebracht worden ist. Die Gravitations-Konstante „G" ist der notwendige Korrekturfaktor für diese lineare Beziehung und von daher ein verschobenes Inertialsystem. Man beachte den Beschleunigungs-Faktor $[1\, m / s^2]$.

### 4.7.5 Wie groß ist die Gravitationskraft zwischen zwei Massen?

Die Bezeichnung „Massenanziehungskraft" wird überwiegend aus der Newtonschen Gravitationsbeziehung abgeleitet, aber das ist nachweislich irreführend. Die Newtonsche Gravitationsbeziehung ist eine energetische Beziehung unter der Bedingung eines statischen Beschleunigungs-Faktors $g_0 = 1\, m / s^2$. In der allgemeinen Formel steht auch ein Faktor mit „$e_r$" und besagt wohl auch, dass es eine energetische Zusatzbeziehung gibt.

$$F(r) = -G * (M_1 * m_2 / r^2) * e_r$$

Dimension: $[m^3 / kg * s^2] * [kg * kg / m^2] = [kg] * [1m / s^2]$

Die Formel ergibt die Dimension $[kg] * [1m / s^2]$, also als Anhang mit dem Wert für eine Beschleunigung, und muss somit als eine energetische Beziehung interpretiert werden. Das ist die gleiche Beziehung, wie bei den vorher genannten Energiepotentialen. Die Gravitationskonstante „G" hat den Wert und die Dimension von $6{,}672 * 10^{-11}$ $[m^3 / kg * s^2]$ und ist eine bewiesene Konstante im Feld der Raum-Energie im dem uns näheren Universum.

Die Gravitations-Kraft „F" ergibt die Kraft in [kg], die Körper zueinander ausüben, als Kraft bezogen auf die fiktive Zeit aus dem Beschleunigungs-Faktor $g_0 = 1$ [m / s²]. Es ist somit im Grunde genommen eine energetische Beziehung im Feld der Raum-Energie. Energie ist hier ein Potential und somit gibt es keine Massenanziehungskraft, sondern ein Energiepotential, das eine Gravitations-Kraft zwischen zwei Objekten im Feld der Raum-Energie zur Folge hat.

Das Newtonsche Gravitations-Gesetz hat bekanntlich nur Gültigkeit, wenn die beteiligte Masse $M_1$ wesentlich größer ist als die zweite Masse $m_2$, wobei der energetische Mittelpunkt eigentlich innerhalb der größeren Masse positioniert sein sollte. Es handelt sich um die Verzerrung des Feldes der Raum-Energie, was die Gravitation bewirkt, und dafür muss einer der Körper das Feld wesentlich stärker verzerren. Das lineare Gravitations-Gesetz leitet sich mathematisch von einer Zentrifugal-Kraft ab $F_z = m * r * \omega$. Die Winkelgeschwindigkeit wird mit „ω" dargestellt und ist die Kreis-Geschwindigkeit in Bezug zum Kreisradius.

**Zentrifugalkraft $F_z = m * v^2 / r$** Dimension: [kg m² / s² / m] = [kg] * [1 m / s²]

Die Zentrifugalkraft hat die gleiche Dimension wie die Newtonsche Gravitations-Kraft. Somit ist die Gravitations-Kraft auch als eine gerichtete Kraft anzusehen, als würde nur eine der beiden Massen um einen zentralen Punkt schleudern, naturgemäß die kleinere. Die Gravitations-Kraft und die Fliehkraft sind gleichzusetzen, wenn sich ein Objekt im Raum aufgrund seiner Eigengeschwindigkeit auf einer Äquipotential-Linie im Gravitations-Feld zweier Körper befindet.

Um die Eigengeschwindigkeit der Raumstation ISS in 350 km Höhe zu bestimmen, kann die Gravitationskraft „F" mit der Zentrifugalkraft „$F_z$" gleichgesetzt werden. Dabei hebt sich die kleine Masse $m_2$ der ISS in der

Formel auf und es wirkt nur noch die große Masse $M_1$ in der Beziehung. Mit $G = 6,672 * 10^{-11}$ [$m^3$ / kg * $s^2$] und der Erdenmasse von $5,96799 * 10^{24}$ [kg] und dem Bahnradius von Erdenradius 6371 km + Flughöhe 350 km ergibt mit der Wurzel eine Eigengeschwindigkeit „v" von 24340 [km / s]. Die Masse der ISS ist somit in dieser linearen Berechnung nicht von Bedeutung. Das wäre für die Gravitations-Beziehung von Mond zu Erde noch bedenklicher. Die tatsächliche Geschwindigkeit der ISS beträgt im Durchschnitt 28000 km/s, was sich aus den realen Verhältnissen ergibt. Man beachte den Unterschied aus linearer Berechnung und der Praxis! Es stimmt aber immerhin die Größenordnung.

**Die Gravitations-Kraft „F" ist gerichtet zwischen zwei Objekten im Raum und entspricht einer Fliehkraft auf einer gekrümmten Bahn im Feld der Raum-Energie, denn in ihr steckt eine Kreis-Beschleunigung mit dem hier neu definierten Beschleunigungs-Faktor $g_0 = 1$ m / $s^2$. Je nach Inertialsystem ließe sich dieser Beschleunigungs-Faktor in Richtung und Betrag anpassen.**

Die bereinigte Beziehung der Gravitations-Kraft müsste somit lauten:

$F * g_0 = - G * (M_1 * m_2 / r^2)$ und somit $F$ [in kg] $= - G * (M_1 * m_2 / r^2) / g_0$

Dimension: [ $m^3$ / kg * $s^2$ ] * [kg * kg / $m^2$] * [$s^2$ / m] = [kg].

Die bereinigte Gravitations-Kraft „F" in [kg] ist somit die Gewichtskraft, die eine Masse am freien Fall hindert. Die Beschleunigung im Potentialfeld der Raum-Energie ist zu Null ausgebremst. Der Beschleunigungsfaktor „$g_0$" setzt sich zusammen aus dem Betrag $g_0 = g_{Erde} / g_{Ort}$ mit der Dimension [m / $s^2$]. Auf der Erdoberfläche ist der Betrag $g_0 = 1$. In großen Höhen ist der Betrag entsprechend der örtlichen niedrigeren Gravitations-Konstante $g_{Ort}$ dann größer als Eins, und somit die Gewichtskraft in [kg] entsprechend geringer als auf der durchschnittlichen Erdoberfläche. Der Beschleunigungsfaktor $g_0$ wird aber noch von externen Gravitationen, vom

Mond, der Sonne und den Planeten des Sonnensystems beeinflusst. Die Gravitationswirkung der Sonne auf die Erde ist energetisch aufgehoben, solange die Erde zusammen mit dem Mond gemäß ihrer Massenwirkungen die Umlaufgeschwindigkeit um die Sonne beibehält und somit Gravitation und Fliehkraft im Gleichgewicht sind. Die Eigenrotation des Planeten Erde und des Systems Erde – Mond führen aber Rotationen um ihre jeweiligen gemeinsamen Masseschwerpunkte herum aus, die das Gravitationsfeld zusätzlich beeinflussen, weil sie laufend vom geometrischen Schwerpunkt abweichen.

Zwischen Planet Erde und ihrem Trabant Mond gibt es einen Bereich, an dem die Gravitationsbeschleunigung zu Null wird, ebenso an äußeren gegenüberliegenden Punkten, sogenannte Lagrange-Punkte. Für diesen Übergansbereich gilt die Newtonsche Gravitations-Beziehung nicht mehr, weil sie bis zur Unendlichkeit eine instantane, rein lineare Ableitung ist und nur für zwei Massen Gültigkeit hat, die einer gegenseitig abhängigen Zentrifugal-Beziehung unterliegen. Dafür muss eine zentrale Masse wesentlich größer sein als die Gegenmasse, damit die Rechenwerte realistisch sind. Die Gravitation von Masseobjekten wirkt aber nicht nur in einer Ebene, sondern kugelförmig und ist somit eine Feldbeziehung. Die Gravitation von Weißen Löchern, die einen Rotations-Schlauch, eine Kerr-Metrik, im Feld der Raum-Energie ausbilden, wirken in einer Ebene, in der Ebene der Galaxien. Somit sind Objekte, die sich durch gravitative Umlenkung während ihrer Entstehungsphase aus der Galaxienebene in das Hallo abgelöst haben, nicht mehr den gravitativen Kräften aus der Galaxie heraus unterworfen, sondern nur ihrer mitgegebenen kinetischen Energie. Das betrifft z. B. die Magellanschen Wolken und sonstigen Materieansammlungen, wie einige Sternhaufen und insbesondere Kugel- Sternhaufen zu unserer Milchstraße.

**Bei der Gravitation handelt es sich um Feldbeziehungen in einem kugelförmigen Raum, dem skalaren Energiefeld, aus dem sich die energetischen Beziehungen über Energieaufnahme und Energieabgabe genealogisch ent-**

wickelt haben. Dabei ist die Verzerrung des Energiefeldes ausschlaggebend, abhängig von Eigenmasse der Objekte und deren Massedichte. Starke Strahlung und feldverdrängende Wirbel im Energiefeld bilden sogar abstoßende Gravitation aus, weil sie die Felddichte im Energiefeld örtlich erhöhen. Beweise hierfür sind die bekannten Gravitations-Linsen.

Allgemein ist bekannt, dass alle Körper, ob leicht oder schwer, beim freien Fall im luftleeren Raum auf der Erde oder auf dem Mond, gleich schnell zu Boden fallen. Die antreibende Kraft ist die Gravitations-Kraft „F" aus der Massenbeziehung. Die reine Gewichtskraft in [kg], gemessen mit einer Waage vor Ort in Ruheposition, treibt den freien Fall an und führt zu der Gravitations-Beschleunigung „g" an dem Ort: $F = m * g$ mit der Dimension $[kg * m / s^2]$. Alle Körper legen beim freien Fall somit die gleiche Strecke in der gleichen Zeit zurück. Es ergibt sich aber ein erheblicher Unterschied in der damit in die Masse „m" eingespeicherten Impuls-Energie aus der Beziehung: $E_{kin} = \frac{1}{2} m * v^2$ mit der Dimension $[kg * m] * [m / s^2]$ in der für die fallenden Teile erreichten gleichen Endgeschwindigkeit. Vergleichbare Verhältnisse ergeben sich, wenn mit der jeweils anstehenden Gewichtskraft die unterschiedlichen Massen, über den gleichen Zeitabschnitt wie die Fall-Zeit, auf der Erde horizontal oder auch im freien Weltraum in eine beliebige Richtung beschleunigt würden. Diese Beziehungen ergeben sich aus den Bedingungen im Feld der Raum-Energie und nicht aus einer sogenannten Massenanziehungskraft, weil ein Energiepotential eingespeist oder bei Abbremsung entzogen wird.

**Befindet sich eine Masse auf der Erdoberfläche, so steckt in ihr das Energiepotential, das zur Anhebung vom Mittelpunkt der Erde aus bis hin auf die Erdoberfläche erforderlich wäre. Die Gewichts- oder Schwere-Verhältnisse auf der Erdoberfläche sind eine Folge der jeweiligen Energiepotentiale und der Verzerrung des Feldes der Raum-Energie durch die beteiligte Materie.**

Diese Physikalischen Gesetze ergeben sich somit aus der Änderung des energetischen Potentials der jeweiligen Massen im Feld der Raum-Energie gegenüber dem vorherigen Energiepotential, abhängig vom Druck und der Dichte des Feldes der Raum-Energie an der jeweiligen Position. Auch das ist ein Beweis zur Energiefeld-Theorie. Bei der Beschleunigung von Massen auf Wegen und in Rotation wird Energie induziert oder bei Abbremsung freigesetzt.

### 4.7.6 Was sagen die Faktoren „G" und „g" aus?

Die Gravitations-Konstante „G" mit dem Wert von $6,672 * 10^{-11}$ und der Dimension $[m^2 / kg] * [m / s^2]$ und die Gravitations-Beschleunigung „g" mit dem Wert von $9,81 [m / s^2]$ in Höhe der Erdoberfläche stehen für die Rechen-Größen und Dimensionen im Feld der Raum-Energie. Es sind für sich Feld-Größen mit der Dimension für einen Beschleunigungs-Faktor $g_0 = 1 [m / s^2]$.

Der Beschleunigungsfaktor bringt erst die Zeit in Bezug zur Leistung mit ein, damit die Energie mathematisch beschreibbar wird. Energie ist Leistungspotential je Zeiteinheit oder Leistung mal Zeitintervall. Der Beschleunigungsfaktor sagt aus, wie sich die Geschwindigkeit $[m / s]$ je Zeiteinheit, also pro Sekunde $[1 / s]$ verändert.

Vergleichbares gibt es auch im elektrischen Feld und magnetischen Feld. Im elektrischen Feld ist die Feldstärke $[V / m]$ mit der Dimension versehen: $[kg / As] * [m / s^2]$. Im magnetischen Feld ist die Permeabilität $[H / m]$ mit der Dimension versehen: $[kg / A^2] * [m / s^2]$. Somit gibt es auch in den uns vertrauten Feldern eine Art Beschleunigungs-Faktor, der auf elektrisch- oder magnetisch- beeinflussbare Materie seine Wirkung hat.

Ebenso gibt es im elektrischen Feld eine Feldkonstante, die Permeabilität des Vakuums: $\varepsilon_0 = 8,854 * 10^{-12} [A^2 s^2 / kg\, m^2] * [s^2 / m]$, und für das magnetische Feld die Permeabilität $\mu_0 = 12,566 [kg/A^2] * [m / s^2]$. Somit haben auch diese Feldgrößen eine reziproke Teil-Dimension, vergleichbar zu dem Beschleunigungsfaktor $g_0 = [m / s^2]$. Diese Größen sind gekoppelt an die Lichtgeschwindigkeit über die Beziehung: $c^2 * \varepsilon_0 * \mu_0 = 1$. Somit hängen alle Felder gemäß physikalischer Definition zusammen. Die Beziehung stimmt genau, denn aus dieser Formel errechnet sich die Lichtgeschwindigkeit mit 299.793 km / s. Das besagt auch, die Lichtgeschwindigkeit ist eine Feldbeziehung.

Das beweist aber noch lange nicht, dass es demzufolge Elektromagnetische Wellen für die energetische Lichtstrahlung (von Maxwell 1865 postuliert) geben muss. Magnetische Felder benötigen geschlossene Feldlinien, ansonsten bricht das Feld zusammen. Magnetische Felder über Lichtjahre hinweg sind nicht existent. Elektrostatische Felder benötigen eine Rückkoppelung, einen Stromkreis. Elektrische und magnetische Felder übertragen Energieinhalte mit hoher Konzentration nur im näheren Bereich der Materie und wirken als Felder normalerweise für sich getrennt. In Sende- und Empfangsantennen wirken die Felder in Verbindung mit dem elektrischen Schwingkreis wechselseitig über den Elektronenstrom zusammen.

Werden zwei elektrisch gleichnamig geladene Teilchen $q_1$ und $q_2$ räumlich nahe dem Abstand „r" zusammengebracht, wirkt zwischen den Teilchen eine abstoßende Kraft, die Coulomb-Kraft:

$F_{Ele} = q_1 * q_2 / 4\pi * \varepsilon_0 * r^2$ mit der Dimension $[ kg ] * [m / s^2]$

So gibt es auch bei der „abstoßenden Gravitation" oder bei gegensätzlich gepolten Ladungen die anziehende Kraft im elektrischen Feld nur in Verbindung mit der Dimension einer Feld-Konstante oder Beschleunigung $[m / s^2]$. Diese Coulomb-Kraft ist in den Atomkernen als die abstoßende Kraft zwischen den Protonen untereinander und auch zwischen den Elektronen auf ihren Schwingungs-Schalen untereinander von ausschlaggebender Bedeutung und bringt somit erst das Volumen über den Wirkungsquerschnitt der Materie in unsere Welt (siehe Kapitel 5.9.5). Hier erst nimmt die Energie, die kondensierte Raum-Energie in Form von Materie, Raum ein und verzerrt dadurch das Feld der Raum-Energie.

**Somit muss es ein Feld geben, hier das Feld der Raum-Energie!**

Hinzu kommt, dass sich „G" aus „g" für jeden nicht strahlenden Himmelskörper aus deren Masse in Bezug zum jeweiligen Radius errechnen lässt: $G = g * r^2 / M$ = const. Bei strahlenden Himmelskörpern, wie die Sonne, den Sternen, Weiße Zwerge, Neutronensterne oder Schwarze- bzw. Weiße Löcher der Galaxien, wird nach der Energiefeld-Theorie die Gravitations-Beschleunigung „g" zusätzlich durch Strahlung, die das Feld der Raum-Energie verzerrt, erheblich erhöht und ein Bezug von „G" zu der allgemeinen Masse ist nicht mehr gegeben. Das trifft insbesondere auch auf Schwarze Löcher von Neutronensternen und Weiße Löcher der Galaxien zu, die das Feld der Raum-Energie in besonderer Weise verzerren. Der Strahlungsdruck erhöht die Felddichte im Feld der Raum-Energie und verzerrt somit das Feld der Raum-Energie im Nahbereich von sehr stark strahlenden Objekten. Das erhöht die vorhandene gravitative Rückwirkung im Feld der Raum-Energie.

Hier wirkt im Nahbereich auch die gravitative Rotverschiebung mit ihrem Einfluss auf die Strahlungen aller Arten. Hochfrequente Strahlung im Nahbereich der gravitativen Feldverzerrung wird erst in erheblichem Abstand bei der Normaldichte des Feldes der Raum-Energie zu niederfrequenter Strahlung, die wir als Außenstehende messen können. Gamma-Strahlung wird in Richtung Röntgenstrahlung, Lichtstrahlung wird in Richtung Infrarot-Wärmestrahlung verzerrt. Manche hochgravitative Objekte senden für uns nur noch die messbare Mikrowellen- und Radiostrahlung aus. Hier wirkt die jeweilige Felddichte im Nahbereich der Objekte im Feld der Raumenergie durch ihren Einfluss auf die Strahlung aller Arten ein. Der Einfluss ist auch mit der postulierten Zeitdilatation erklärbar. Nach der Energiefeld-Theorie verzerrt sich aber nicht die Zeit, sondern der Weg in seinem Längenmaß

(Wellenlänge der Strahlung) für den gleichen zu übertragenen Energiebetrag pro Zeiteinheit. Die Felddichteverteilung im Nahbereich der Objekte ist ausschlaggebend. Die Lichtgeschwindigkeit über den Weg bleibt aber, bezogen auf die Energiedichte, erhalten, denn es ist die Anstoßgeschwindigkeit für die Druckwellen im Feld der Raum-Energie und abhängig von dessen jeweiligem Innendruck und der örtlichen Felddichte.

**Die Effekte aus der gravitativen Rotverschiebung sind mit dem Einfluss auf die Strahlung aller Arten durch die postulierte Massenanziehungskraft auf die postulierte elektromagnetische Strahlung nicht erklärbar. Photonen müssten ein Masseverhalten haben und elektrische Felder und magnetische Felder müssten durch die Gravitation beeinflussbar sein. Beides ist in der Praxis noch nicht nachgewiesen worden.**

Nach der Energiefeld-Theorie ist aber die Felddichte im Nahbereich aller gravitativ wirkenden Objekte gegenüber der umgebenden Normaldichte des Energiefeldes im Weltraum, im Flächenschnitt betrachtet, parabolisch trichterförmig verzerrt, was die Übertragung von Druckwellen im Feld der Raum-Energie, also die energetische Strahlung aller Arten beeinflusst. Unter dem hohen gravitativen Druck im Feld der Raum-Energie, und somit Felddichte, ist zur Übertragung des gleichen Energieinhaltes einer Druckwelle ein kleinerer Weg oder physikalische Wellenlänge erforderlich, als in Bereichen von geringerer Felddichte, den allgemeinen, gravitativ unverzerrten Druckbereichen im Feld der Raum-Energie. Die Frequenz einer Strahlung ist mit der Wellenlänge definiert. Somit gibt es in Bereichen unterschiedlicher Dichte im Feld der Raum-Energie auch unterschiedliche Frequenzbereiche für die gleiche zu übertragende oder zu empfangende Strahlungs-Energie, und somit die Farbverschiebung durch die unterschiedliche Dichte im Feld der Raum-Energie.

Das ist mit der gravitativen Rotverschiebung und den Messungen zur Zeitdilatation im Bereich des Planeten Erde bewiesen. Der Effekt gilt für das Aussenden und auch für den Empfang von energetischer Strahlung. Sogar die Atomuhr auf Basis der Schwingungen des Cäsium-Atoms wird durch den Druck und die Felddichte der Raum-Energie beeinflusst. In Satelliten geht die Atomuhr nach, die Atome schwingen dort je Zeiteinheit langsamer als unter der höheren Gravitation auf der Erdoberfläche. Die Atome haben unter dem geringeren Gravitations-Druck mehr Volumen und somit strahlungstechnisch ein anderes Verhalten. Mit dem Weltraumteleskop Hubble sind die Aufnahmen geringfügig in anderen Frequenzbereichen erfasst als bei den Fotos der erdgebundenen Teleskope.

Für Teilchenstrahlung gelten andere Gravitationsgesetze, denn diese wird bei stark strahlenden gravitativen Objekten, wie bei Sonnen und insbesondere dem Weißen Loch der Galaxien, sogar ausgestoßen hin zu Bereichen mit niedrigerem Potential-Druck und Felddichte im Energiefeld der Raum-Energie. Das ist eine Art negative Gravitation, auch als kosmologische Konstante Lamda [$\Lambda$] bezeichnet. Normale, nicht stark strahlende Gravitations-Objekte fangen diese Masseteilchen dann aber auch wieder über ihre Gravitations-Senken ein und kumulieren die Masseteilchen zu größeren Objekten. Das gilt für noch nicht gezündete Sterne durch die Akkretion des interstellaren Wasserstoffs und Heliums, sowie sich entwickelnden Planeten aus den Überresten von explodierten oder kollidierten Sternen, die höherwertige Materie bis zum Uran in großen Mengen in dem interstellaren Raum hinterlassen.

Eine konstantan wirkende allgemeine Massenanziehungskraft über „g" und „G" ist somit nicht gegeben. Das gilt insbesondere auch für fein verteilte Masseansammlungen, wie die interstellaren Materienebel und Gase in den Galaxien und die postulierte „Dunkle Materie". Die Dunkle Materie soll nach den Theorien vom Urknallmodell die hohe Mitdreh-Geschwindigkeit der äußeren Galaxienarme über ihre Gravitation ermöglichen. Diese Massen bilden aber nach der Energiefeld-Theorie keine zusammenhängende Verzerrung des Feldes der Raum-Energie aus und sind somit nicht als gravitativ wirkende Objekte in Berechnungen einzubeziehen. Die einzelnen Teilchen der Materienebel verzerren das Energiefeld nur schwach in ihrem Nahbereich und haben somit keinen Gravitationseinfluss hin zu den nächsten benachbarten Teilchen im Raum.

Nach der Theorie von der Massenanziehungskraft würden sich Materiewolken nicht erhalten können und schon längst in sich zusammengezogen worden sein. Nach der Energiefeld-Theorie bilden Staubwolken oder Dunkle Materie keine wesentlichen Massenanziehungskräfte zu ihrer Umgebung aus, weil von der geringen Dichte fein verteilter Materie das Feld der Raum-Energie nicht wesentlich verzerrt wird.

Zudem haben die Teilchen, jedes für sich, auch eine Eigengeschwindigkeit aus ihrer Entstehung heraus als kinetische Energie gespeichert, was gemeinsame gravitative Kräfte der interstellaren Materienebel und Gase nach außen hin nicht wirksam werden lässt. Diese Ansammlungen fallen auch nicht in sich selbst zusammen und konzentrieren sich zu einem Materieklumpen. Erst über Adhäsion durch Wegkollision und stark gravitativ wirkende Objekte in der unmittelbaren Nähe, wird fein verteilte Materie zu größeren Objekten durch das jeweilige Gravitationsfeld konzentriert.

Die stärkeren Einfangkräfte zur Konzentration von Materie zu größeren Einheiten sind aber elektromagnetische und auch elektrostatische Felder, die auf ionisierte Materieteilchen wesentlich stärker als Einfangmechanismus wirken als gravitative Kräfte. Diese Kräfte kommen aus der Rotation der Masseeinheiten und bilden somit eine Akkretions-Scheibe aus, über die ionisierte Materie eingefangen wird. Das ist bei dem Materiestrom aus dem Sonnenwind in Verbindung mit dem Planeten Erde sehr gut bewiesen. Auf Kollisionskurs zum Planeten Erde befindliche Materieteilchen werden durch das Magnetfeld der Erde zum größten Teil wie eine Art Schutzschild abgelenkt. Anderenfalls wäre keine Biosphäre in der heutigen Art auf dem Planeten Erde möglich. Nur ein kleiner Teil erreicht abgeschwächt, mitunter als Polarlichter sichtbar, die Erdoberfläche. Aber sehr schnelle Teilchen können das Magnetfeld auch durchstoßen und in Äquatornähe Lichterscheinungen in der oberen Atmosphäre induzieren. Der

Teilchenstrom verzerrt auch das Magnetfeld der Erde, das aus Richtung der Sonne durch die elektromagnetische Wechselwirkung gestaucht und auf der Schattenseite gedehnt wird.

Fein verteilte interstellare Materienebel aus den Überresten von kollidierten oder explodierten Sternen bilden keine größere Gravitationsbeziehung auf die Umgebung im Raum aus, als in dem Zustand der ehemaligen Kompaktheit. Somit hat auch die postulierte fein verteilte und unsichtbare „Dunkle Materie" keine ausgebildete Gravitation, die zur Korrektur der Gravitations-Gesetze in Verbindung mit der Entwicklung von Formen und Bewegungen in den Galaxien aus dem Modell der Massenanziehungskraft konstruiert wird. Diese Theorien sind somit nicht haltbar, das gilt auch für die MOND-Theorie und sonstige WIMP.

### 4.7.7 Welche Energie steckt im Energiefeld?

Wenn aus dem Energiefeld der Raum-Energie Elementarteilchen über die Quarks und Co in den Zentren der Galaxien generiert werden, dann steckt die Energie gemäß Albert Einstein in der Beziehung $E = m * c^2$. Die Materie ist somit ein Aggregatzustand des Energiefeldes. Diese Elementarteilchen beanspruchen einen Raum. Wenn diese Elementarteilchen zu höherwertigen Atomen als Wasserstoff fusionieren, geben sie den beanspruchten Raum wieder frei und geben die freigewordene Raum-Energie in Form von Gammastrahlung und Röntgenstrahlung in den Raum ab.

Wenn sich die fusionierte Materie aus einer fein verteilten Materiewolke in den Spiralarmen der Galaxie zu größeren Masseeinheiten über die Akkretion zusammenfindet, wird ebenfalls Raum-Energie in Form von Wärmestrahlung freigesetzt. Die Zusammenballung nimmt weniger Raum ein als die vorher verteilten Materieeinheiten. Alles drängt hin zum geringsten Raumvolumen, das ist die Enthalpie.

Die freigesetzte Raum-Energie ist mit der Bindungsenergie berechenbar (siehe Wikipedia: Bindungsenergie und Kapitel 4.7.4).

**Die Bindungsenergie ist demgemäß:**
$E = 3/5 * G * M^2 / R$ mit der Dimension [ kg * m] * [1 m / s$^2$].

Die Bindungsenergie leitet sich somit aus der energetischen Gravitationsbeziehung von räumlich getrennten Massen ab. Bei dem Vorgang der Akkretion wird Raum-Energie freigesetzt. Diese Energie kann somit gemäß der hier postulierten Energiefeld-Theorie nur aus dem Raum selbst kommen, also dem Energiefeld im Weltraum. Bei der Entstehung des Planeten Erde wurde eine Bindungsenergie von $2,5 * 10^{32}$ J freigesetzt. Sollte die Erde wieder in ihre Atome fein verteilt in dem Weltraum zerstäubt werden, muss vorher diese Bindungsenergie induziert werden, um den Vorgang der Akkretion rückgängig zu machen.

Das Gleiche gilt auch für die Atome selbst. Sollen die Atome vom Helium bis zum Atom Nickel wieder in die ursprünglichen Wasserstoffatome zerlegt werden, muss erst die vorher abgegebene Fusionsenergie induziert werden, um die Atome zu zerlegen. Bei höherwertigen Atomen, vom Nickel bis zum Uran, entstehen die Elemente aus dem Zerfall des Urans und dessen Isotope. Das Uran selbst ist ein Zerfallsprodukt aus noch viel schwereren Elementen, die in Verbindung mit einer Supernova oder Sternkollision entstanden sind. In einer Supernova werden die Atome des implodierten Sternes zu einem Elementen-Brei von Superelementen zusammengedrückt. Diese Atommasse zerfällt anschließend wieder bis hin zu einigermaßen langlebigen Elementen, dem Uran. Das Uranatom ist aber auch in sich instabil und zerfällt weiterhin durch Atomspaltung zu leichteren Atomen bis hin zum Blei. Die jeweiligen Halbwertszeiten sind bekannt und für kosmologische Maßstäbe sehr kleine Zeiträume. Bei dem Zerfall dieser höherwertigen Atome wird ebenfalls Raum-Energie freigegeben, weil die nuklearen Zerfallsprodukte weniger Raum verdrängen als die Ausgangsprodukte der vorher schwereren Elemente. Die Bindungsenergie in der Kernphysik kann mit der Bethe-Weizäcker-Formel und weiteren Erfahrungsformeln ebenfalls berechnet werden.

Somit gibt es bei diesen Vorgängen von Akkretion, Fusion und Atomspaltung immer eine Energieabgabe in Form von energetischer Strahlung und ist demnach eine Wechselwirkung mit dem Feld der Raum-Energie. Der Energieeintrag wurde vorher in den Zentren der Galaxien in die Materie und deren räumliche Beziehungen zueinander induziert.

**Ein Feld ist mit aufgespannter Energie ausgefüllt und beansprucht dafür einen Raum ohne selbst Raum-Volumen zu verdrängen. Das Energiefeld ist ein Skalar-Feld, vergleichbar mit einem Temperatur-Feld oder einem Druck-Feld. Das Feld verteilt sich gleichmäßig im Raum, sofern keine örtliche Verzerrung die Feldparameter beeinflusst.**

Die allgemeinen Formeln für Skalar-Felder sind aus der Theoretischen Physik über die Klein-Gordon-Gleichung, der Lorentz-Transformation und deren Weiterentwicklungen über die SRT und ART des Albert Einstein, seit Jahrzehnten vorhanden und diese gelten, je nach Interpretation, auch für die hier aufgezeigte Energiefeld-Theorie. Die Formeln definieren das Energie-Feld mathematisch für sich, oder dessen Ableitungen nach der Wellen-Form, aber auch die Erweiterung für die Masseneinbindung sowie der zeitlosen, statischen Coulomb-Lösung. Diese Ableitungen und deren Weiterentwicklungen bieten somit die allgemeinen mathematischen Grundlagen für Energiefelder, bis hin zu den elektrischen Feldern und zur Theorie der inneren Symmetrie und Eichsymmetrie aus der Elementarteilchen-Physik (siehe Quelle 16, Kapitel 4.4, S. 43 ff).

Ein Skalar-Feld ist somit ein örtlicher Zustand eines Energiefeldes, wie die Druck- oder Temperaturverteilung in einem Medium. Es gibt Bereiche gleichen Druckes wie die Isobaren beim Luftdruck. Hoch- und Niederdruck-Bereiche sowie Hoch- und Niedertemperatur-Bereiche haben energetische Ausgleichsströmungen zur Folge. Die Gesetze der Entropie (siehe Wikipedia: Boltzmann-Gleichungen) halten alles in Bewegung. Das gilt für alle Medien, ob Luft, Gase, Wasser oder Plasma und somit auch für den medienfreien Weltraum. Druck- und Temperatur-Felder sind energetische Skalar-Felder und unabhängig von einem bestimmten Medium. Selbst der uns näher bekannte Weltraum hat eine Temperatur mit immer noch ein paar Zehntel Grad über dem absoluten Nullpunkt. Ebenso wird die Hintergrundstrahlung als Temperaturbereich mit 2,7 Grad über dem absoluten Nullpunkt gemessen. Leider sind der Druck und somit auch die Dichte des Energiefeldes noch nicht bekannt, die nach der Energiefeld-Theorie die Materie selbst, sowie die Gravitation und das Masseverhalten der Materie hervorbringt und sogar die Atomkerne zusammenhält. Einen gewissen normierten Wert stellt die Gravitationskonstante „G" dar, die in dem uns näher liegenden Raum als gültig angesehen werden kann. Die Gravitationskonstante gilt aber nicht in näherer Umgebung der Galaxienzentren oder hochgravitativen Objekten wie Neutronensterne oder Weiße Zwerge. Das Skalarfeld der Raum-Energie hat je nach Ort unterschiedliche Feld-Drücke und Feld-Dichten, was durch den w-Parameter mit Druck zur Energiedichte postuliert wird. Wenn es den w-Parameter gibt, warum geht die Kosmologie immer noch nicht von einem Druckfeld im Universum aus und sucht mit hohem technischen Aufwand nach Gluonen und Higgs-Teilchen, die alle Atome zusammenhalten sollen?

Der Energieinhalt der Atome und ebenso der eingespeicherte Energieinhalt in den Massegebilden in Form von Rotations- und Bewegungsenergie und Potentieller Energie in Bezug zum Entstehungsort gehören mit zum Skalar-Feld der Raum-Energie. Diese verzerren das Energiefeld durch ihre exorbitant hohe Masse-Dichte gegenüber dem umgebenden Energiefeld der Raum-Energie und haben somit Rückwirkungen auf das Energiefeld. Der Feld-Druck im Feld der Raum-Energie bestimmt die allgemein bekannte Lichtgeschwindigkeit und unterschiedliche Dichtebereiche im Feld der Raum-Energie lenken das Licht ab, wie mit den bekannten Gravitations-Linsen bewiesen.

Die Klein-Gordon-Gleichung ist für sich eine Nullsummen-Lösung. Von dem „Außen" her gesehen hebt sich alles zu Null auf (siehe Kapitel 4.4). Erst aus dem Inneren heraus, da wo wir Menschen uns befinden, spannt sich der Raum über die Koordinaten x, y und z auf und bringt die Zeit mit ein.

**Erst über die Zeit ist Energie existent, denn Energie ist Kraft mal Weg mal Zeit und somit ein Leistungspotential mal Zeiteinheit. Ohne die fortschreitende Zeit gibt es keine Energie!**

Die Wellenlösung dieser Gleichung definiert die Übertragung von Energie in Form von Druckwellen im Feld der Raum-Energie für die uns bekannten masselosen Strahlungsarten. Es sind gemäß der Energiefeld-Theorie Gravitations-Wellen aus den Änderungen im Wirkungsquerschnitt (siehe Kapitel 5.9.4) der die Masse bildenden Atome und Atomverbände in engster Koppelung des Feldes der Raum-Energie zu der Materie. Über die massive Klein-Gordon-Gleichung oder Dirac-Gleichung wird zusätzlich auch die Impuls-Energie von Masseteilchen mit eingebunden, was die Grundlage für die Energiebilanzen in Verbindung mit der Elementarteilchen-Physik bereitstellt: $E^2 = (m^2 * c^4) + (p^2 * c^2)$. Der Anteil der Puls-Energie ist auch bei den Kreisel-Gesetzen von Bedeutung, die ein speicherndes Energiesystem darstellen und aus dem Beharrungsvermögen, wie bei Massen, jeder Lageveränderung eine Gegenkraft entgegenstellen. Diese Kreisel-Gesetze wirken bis in den Aufbau der Atome hinein. Hierzu gibt es auch eine Wellenlösung, wonach Elementarteilchen sowohl als Energiekonglomerat mit Masseverhalten als auch als Strahlung in Form von „Elektromagnetischen Wellen" mathematisch dargestellt werden.

**Die energetische Strahlung:**
Schon Heinrich Herz hat für seine Theorie der elektromagnetischen Wellen angenommen, dass sich die energetischen Wellen nur ausbreiten können, wenn es ein Feld gibt, das selbst über eine innere Energie verfügt, damals Äther genannt. Allgemein sind Elektromagnetische Felder für sich

Energiefelder. Die energetische Strahlung besteht aus Wellen und diese Wellen sind in der Energiefeld-Theorie aber Energiedruckwellen im Feld der Raum-Energie, für die alle mathematischen Beziehungen der Maxwellschen Gleichungen ebenfalls gelten können.

In der Formel für Elementarteilchen fehlt aber, neben der Umformung von Masse in Ruhe-Energie, plus der Veränderungen in der Impuls-Energie der Teilchen, der energetische Einfluss aus dem Feld der Raum-Energie. Jede Veränderung im Volumen der Atome, ihrem Wirkungsquerschnitt, hat bei atomaren Umformvorgängen energetische Strahlung zur Folge, weil Raum-Energie freigesetzt wird oder Raum-Energie induziert wird. Energieanteile, allgemein als W- und Z-Wechselteilchen bezeichnet, und Neutrinos und Hilfs-Antimaterieteilchen werden mathematisch postuliert, um diese Vorgänge energetisch zu bewerten. Mit der Energiefeld-Theorie sind diese atomaren Vorgänge in ihren Energiebilanzen erklärbar und es ergeben sich zusätzliche Wechselbeziehungen gegenüber der klassischen energetischen Betrachtungsweise aus Masse, Impuls und Spin. Diese Unerklärlichkeiten in den Energiebilanzen sind auch schon bei der Erforschung der Elementarteilchen aufgefallen. Mit der Energiefeld-Theorie wird eine Lösung geboten. Es muss aber der energetische Einfluss aus der Beziehung „Änderung im Volumen der Materie mal Druck, also der Energiedichte, im Feld der Raum-Energie" an der jeweiligen Stelle im Raum noch erforscht werden. Der Feld-Druck im Feld der Raum-Energie ist bisher noch nicht bekannt, ebenso nicht die Änderungen in den jeweiligen Volumina bei Änderungsvorgängen im Atom, wenn es sich um energetische Strahlungsabgabe oder Strahlungsaufnahme handelt.

Hier könnten die energetischen Berechnungen aus den Fermilab-Experimenten am dortigen Tevatron-Beschleuniger in Bezug auf das gesuchte Higgs-Boson, das die Atome zusammenhalten und den Atomen eine Masseeigenschaft verschaffen soll, neu interpretiert werden, um den Druck im Feld der Raum-Energie zu ermitteln. Bei der Postulierung des Higgs-Feldes wurde eine potentielle Energie von 248 GeV/c² für das Higgs-Feld angegeben (siehe Quelle 16, Kapitel 7.3). Dieser Wert ist doppelt so hoch, wie das energetische Masseäquivalent des von CERN im Jahr 2012 bekannt gegebenen Higgs-Bosons mit 125 GeV/c² (siehe Kapitel 5.9.1). Aus dem Higgs-Feld wird eine energetische Dichte, also Energie je Kubikmeter, von $E_{pot} = -10^{44}$ kg / (s² * m) abgeleitet. Das Minuszeichen deutet an, dass es sich um ein Gradienten-Feld für potentielle Energie handelt, vergleichbar zum Gravitations- oder Coulomb-Potential. Erst ein Gegendruck aus der Verdrängung des Feldes durch eine Masse oder einer angehobenen Masse oder einem Widerstand durch Feldrückwirkung drückt dem Feld entgegen, bis sich ein Geleichgewicht einstellt.

Andere Berechnungen der Kosmologischen Konstante $\Lambda$, die auch als Dunkle Energie bezeichnet wird und die Expansion des Universums antreiben soll, ergeben den Wert für die energetische Dichte des Feldes mit $\Lambda = 4 * 10^{-10}$ kg / (s² * m). Diese Unterschiede sind gewaltig und zeigen auf, dass es noch keine verlässlichen, physikalischen Werte für die Energiedichte der bisher postulierten Felder im Universum gibt. Die Energiefeld-Theorie setzt aber ein skalares Energiefeld mit hoher innerer Energiedichte und daraus folgendem hohen inneren Felddruck voraus, um energetische Strahlung übertragen zu können und Quarks, die Grundbausteine der Materie, gemäß der Nukleonen-Theorie hervorzubringen (siehe Kapitel 5.9.1).

Die Ableitung für das Higgs-Boson betrifft auch die allgemein postulierten energetischen Wechselteilchen, die Eichbosonen, die ebenfalls in Energie pro Lichtgeschwindigkeit zum Quadrat bewertet werden [E / c² in MeV oder GeV], aber von daher gemäß dem Standardmodel leider als massebehaftet angesehen werden. Diese Wechselteilchen haben nach der Nukleonen-Theorie keine direkte Eigenmasse, es sind Energie-Konglomerate mit masseähnlichen Nebenwirkungen aus der Freisetzung oder Aufnahme von Raum-Energie im feldmäßigen Zusammenhang der Quarks, der Umformung der Quarks und der inneren Struktur der Atome. Dazu gehören auch die Photonen und Neutrinos, die sich im Feld der Raum-

Energie mit Lichtgeschwindigkeit oder bei den Neutrinos sogar zum Teil mit Überlichtgeschwindigkeit fortpflanzen können.

Die energetische Formel für die Gesamt-Energie bei Aufbau und Abbau von Materie durch Veränderung der Masse, Spin- und Eigenimpuls-Veränderungen und Änderungen im Wirkungsquerschnitt $\Delta$ V Kugel in Verbindung mit der örtlichen Energiedichte des Feldes der Raum-Energie müsste somit lauten:

$$E^2 = (m^2 * c^4) + (p^2 * c^2) + (\Delta E^2 / c^2 * g^2 * \Delta r^2 \text{ Kugel})$$

Die Formel hat die Dimension [ $kg^2 * m^2 * m^2 / s^4$ ], also Energie zum Quadrat. Der Faktor „g" ist die Erdbeschleunigung mit der Dimension [ $m / s^2$ ] und „$\Delta$ E / c" steht für die Änderung im Masseäquivalent [ $kg^2$ ]. Die Änderung im Kugelradius $\Delta r^2$ wird für die Änderung des Wirkungsquerschnittes der Atome gesetzt, die diese Energie abstrahlen oder absorbieren.

Die Beziehung sagt aus, dass Ruhe-Energie freigesetzt wird, wenn sich die Masse verändert ($E = m * c^2$) als statischer Energieanteil und zusätzlich die in den Atomen vorhandene Spin-Rotationsenergie der Teilchen geändert wird und in der Eigenbewegung das Impulsverhalten geändert wird ($E = p * c$) als kinetischer Energieanteil aus Rotation sowie Translation, und wenn sich der Wirkungsquerschnitt der Materie im Feld der Raum-Energie ändert als volumenabhängiger Energieanteil. Dieser Energieanteil erklärt sich aus der hier postulierten Energiefeld-Theorie und setzt gewaltige Energiemengen in Form von Strahlung frei, wenn Raumvolumen freigegeben wird. Die Beziehung stellt einen Energieanteil dar, wenn ein energetischer Verlust durch Strahlung abgebeben wird. Es ist auch als potentielle Energieabgabe zu verstehen gemäß $E = m * g * r$. Für die Masse „m" steht das Äquivalent des Energieverlustes oder Energiegewinnes „$\Delta$ E / $c^2$" in Bezug auf die Lichtgeschwindigkeit, der Faktor Gravitationsbeschleunigung „g" steht für den Druck im Feld der Raum-Energie am jeweiligen Ort und „r" steht für die Änderung des Wirkungsquerschnittes und des inneren Energieinhaltes der Elementarteilchen und des Atoms.

Auch nach Albert Einstein stellt Strahlung einen Energieverlust dar, der die Masse der strahlenden Materie entsprechend $E / c^2$ [kg] verringert. Materie, die entsprechende Strahlung induziert bekommt, nimmt an Masse zu. Das entspricht auch dem Verhalten von Materie im Feld der Raum-Energie. Wird Energie abgegeben, verringert sich das Volumen der Materie entsprechend der Freigabe von Raum-Energie. Es ist bekannt, dass ein stark aufgeheizter Eisenblock ein höheres Gewicht hat als im kalten Zustand. Heiße und strahlende Körper verdrängen mehr Raum-Energie als kalte Körper. Es sind nicht die physikalischen Abmessungen der Einzelteilchen dafür verantwortlich, sondern deren Kombination im Atom und den Verbindungen von Atomen mit der Ausbildung eines Verdrängungs-Volumens aus dem Wirkungsquerschnitt. Die Atome bilden eine innere Aura gegenüber dem Feld der Raum-Energie aus, die das Feld verdrängt. Ändert sich der Wirkungsquerschnitt, wird Strahlung absorbiert oder Strahlung abgegeben.

Bei der Entstehung von Atomen in den Zentren der Galaxien wird gemäß der Energiefeld-Theorie die Raum-Energie in Materie umgewandelt und diese beansprucht einen Raumanteil für das größere Volumen, dem Wirkungsquerschnitt. Zusammen mit den Elektronenbahnen bildet das Atom den mechanischen Querschnitt aus. Der Wirkungsquerschnitt der Atome verhält sich wie eine Sprungfeder gegenüber dem Feld der Raum-Energie. Sprungfedern können Energie speichern und auch wieder abgeben. Das ist die Fähigkeit der Atome und atomaren Verbände, den Energieinhalt von Strahlung aufzunehmen und entsprechend ihrer spezifischen Eigenschaft im Schwingungsverhalten auch wieder abzustrahlen.

Nur dieser Energieaustausch über Strahlung ist die Grundlage für die uns zugänglichen Energiearten. Das gilt für die Energie aus Fusionsvorgängen und der Atomspaltung und insbesondere für die Strahlung aus diesen

Vorgängen. Die Energie aus der Strahlung aller Arten und ungesättigten, chemischen Verbindungen durch Verbrennung und Kristallisation ist wiederum die Grundlage für die uns zur Verfügung stehenden nutzbaren Energiearten. Die Energiearten aus dem Schwingungsverhalten der Atome mit den Frequenzen unterhalb der Röntgenstrahlung ist Grundlage für die Existenz der Pflanzen und Tierwelt. Die chemischen und elektrodynamischen Energiearten mit ihren Koppelungs- Austausch- und Veränderungsvorgängen sind ebenfalls nutzbare energetische Vorgänge aus dem atomaren Schwingungsverhalten.

Die Ruhe-Energie aus den Elementarteilchen selbst, gemäß Albert Einstein $E = m * c^2$, den Protonen, Neutronen, Elektronen und Neutrinos, ist von Natur aus für uns nicht zugänglich und bisher auch nicht nutzbar. Somit ist auch die Energie, die in den Quarks induziert ist, für uns nicht zugänglich. Selbst nach Fusionsvorgängen und der Atomspaltung sind diese bekannten Elementarteilchen immer noch unverändert vorhanden, nur ihre Lage zueinander hat sich im Raum und dem im Volumen beanspruchten Raum, der inneren Aura der Atome, verändert. Von daher ist die schöne Einsteinsche Formel für die Elementar-Energie auch nicht aussagekräftig, denn es ist nicht definiert, woraus sich der Ausdruck für die Masse „m" zusammensetzt und wofür er insgesamt steht. Die Gewichtsmasse der Materie, bestehend aus funktionsfähigen Atomen, ist nicht mit der Masse aus der Einsteinschen Formel gleichzusetzen und wird für energetische Vorgänge auch nicht genutzt. Ebenso ist die Energie aus dem Impuls des Spins der Elementarteilchen ($p * c$) für uns nicht nutzbar, da dieser den Energieeintrag aus der Entstehungsgeschichte der Materie beinhaltet und seinen Wirkungsquerschnitt ausbildet, der normal nicht verändert werden kann. Der Wirkungsquerschnitt des Impulses ($p * c$) ergibt sich aus dem Postulat, weil strömende Energie eine Feldrückwirkung zum Feld der Raum-Energie ausbildet (siehe auch Kapitel 5.9.4).

Die Gewichtsmasse und die Trägheitsmasse der Materie sind abhängig von der Materiedichte und dem Feld-Druck am jeweiligen Ort im Feld der

Raum-Energie. Druckwellen im Feld der Raum-Energie können Materie somit in ihrem benötigten Volumen beeinflussen, in dem Volumenanteil an Verdrängung-Volumen, das mit dem Feld der Raum-Energie kommuniziert. Das sind die bekannten Strahlungsarten. Die Energie aus der Strahlung ist transportfähig, auch durch das Vakuum des Universums hindurch. Das ist mit der weiteren Einsteinschen Beziehung, $E = h * f$ gegeben, also Plank-Konstante mal der Schwingungs-Frequenz der Strahlungsart. Das Planksche Wirkungsquantum hat die Größe und Dimension $h = 4,135 * 10^{-15}$ eV $*$ s und die Frequenz $f = 1 / s$. Somit hat diese Energieform die Dimension [eV] bzw. [kg $*$ m $*$ m / s$^2$] und ist die Dimension für einen Drehimpuls. Nur diese Energieart aus den verschiedensten Strahlungen ist für uns Menschen nutzbar und steckt in der aktuellen Sonnenenergie und in allen fossilen, urzeitlichen Energieträgern, wie z.B. Erdöl oder Erdgas, die Sonnenenergie aus Jahrmillionen gespeichert haben.

Der Wirkungsquerschnitt der Atome und kumulierten Massen aus den Atomen und Molekülen beansprucht ein größeres Raumvolumen als die Elementarteilchen für sich über ihr Eigenvolumen. Das mechanische Gesamt-Volumen der Atome und Atomverbänden ist für sich noch größer als der innere Wirkungsquerschnitt, denn jedes Atom hat eine äußere Valenz-Aura, abhängig von den Elektronenbahnen und Valenzelektronen und der räumlichen Struktur der Kristalle und Moleküle sowie den amorphen Mischungen aus diesen Verbänden, also der Materiedichte. Das mechanische Volumen des Empire State Building mit seinem Gewicht von 370 Millionen kg ist bekannt. Aber die Eigenvolumina der beteiligten Elementarteilchen der Atome, den Nukleonen und Elektronen, benötigen ohne Wirkungsquerschnitt in Summe nur das Raum-Volumen eines Reiskornes. Die kumulierte Masse des Empire State Building im Aggregatzustand des Volumens der Nukleonen, also in der Größe eines Reiskornes, würde auf der Erdoberfläche infolge seiner Massendichte sofort im Erdboden versinken und durch den Erdball hindurch schwingen und vom Antipodium wieder zurückschwingen. Nukleonen erreichen diese Dichte erst in dem Aggregatzustand von

Neutronensternen, die nach der Standardtheorie kaum noch funktionierende Atome beinhalten.

**Der innere Wirkungsquerschnitt von Atomen ist kleiner als das äußere mechanische Volumen, aber wesentlich größer als das Volumen der Elementarteilchen.**

Somit ist der Wirkungsquerschnitt von Atomen aufgrund ihrer inneren energetischen Wirbelfelder kleiner als das mechanische Volumen, aber wesentlich größer als das Volumen der Elementarteilchen, die für sich auch aus energetischen Wirbelfeldern bestehen. Das Eigenvolumen der Nukleonen, ohne viel Eigenschwingung und Zwischenraum, bildet auch das Volumen von Neutronensternen aus. Das erklärt die unheimliche Dichte der Materie in diesem Aggregatzustand, denn Neutronensterne bilden die Schwarzen Löcher gemäß der Schwarzschild-Metrik im Feld der Raum-Energie, aus denen theoretisch keine sichtbare Strahlung entweichen kann.

Bei Fusion oder nuklearem Zerfall von Materie wird das freiwerdende Raumvolumen des Wirkungsquerschnittes mit der dadurch freiwerdenden Raum-Energie wieder energetisch abgestrahlt. Dieser Energieanteil hängt somit von der Änderung im Volumen, hier Veränderungen im Radius des energetisch wirkenden Kugelvolumens der Atome zusammen, und das unter dem örtlichen Druck im Feld der Raum-Energie. Der Feld-Druck im Feld der Raum-Energie ist in dieser Formel hilfsweise mit dem Gravitations-Faktor „g" berücksichtigt. Ein weiterer Faktor ergibt sich aus den sogenannten energetischen Wechselteilchen (W- und Z-Bosonen), die durch das Masse-Äquivalent ($E / c^2$) dargestellt werden. Durch diese Beziehung ist das Feld der Raum-Energie in die Wechselbeziehung von Energie und Materie mit eingebunden und könnte in der Physik der Elementarteilchen die gesuchte fünfte Naturkraft belegen - die mysteriöse Dunkle Energie.

**Die Teilchenstrahlung:**
Bei atomaren Veränderungs-Vorgängen gibt es in der Regel zusätzlich zu den Strahlungs-Energien auch Teilchen-Strahlung. Die Teilchenstrahlung beinhaltet einen erheblichen energetischen Anteil bei atomaren Veränderungsprozessen. Die Teilchen werden durch kinetische Energie beschleunigt und mit Rotationsenergie aufgeladen und in den umliegenden Raum, an Partikel gebunden, ausgestrahlt. Die Partikel-Strahlung ist somit keine energetische Druckwelle im Feld der Raum-Energie, sondern ein massebehaftetes Teilchen, das eine bestimmte Position im Feld der Raum-Energie hat und sich im Energieinhalt wie eine beschleunigte Masse mit ihren kinetischen Energieinhalten und elektrostatischer Ladungsenergie verhält.

Bei atomaren Aufbau- und Zerfallsprozessen gibt es zu der energetischen Strahlung zusätzlich die Aufnahme oder Abgabe von konkreten und nachweisbaren Elementarteilchen, die von der Materie mit Impulsenergie aufgenommen oder ausgestoßen werden. Dazu gehören Alphateilchen (Helium-Kerne) und Betateilchen (Elektronen), Protonen- und Neutronen-Strahlung.

Neutrinos und Photonen gehören aber zum Verständnis nach der Energiefeld-Theorie nicht zu den massebehafteten Teilchen, sondern zu den energetischen Druckwellen oder Energiekonglomeraten im Feld der Raum-Energie.

Die Neutrinos stehen für den energetischen Energieeintrag der Potentialtrennung bei Umformung der Quarks, eines Up-Quarks in ein Down-Quark mit einem Elektron in den Zentren der Galaxien. Die Rückentwicklung der Potentialtrennung, insbesondere Fusionsprozesse in den Sternen, induziert aus dem Energieeintrag Neutrinos. Das Neutrino verhält sich teilchenhaft, ist aber eigentlich eine energetische Strahlung, ein Energie-Konglomerat, bestehend aus einem kurzen, monochromatischen Wellenpaket, einem Energieimpuls mit der Ladung 0 und dem Spin 1/2. Das Neutrino hat kaum Rückwirkungen mit der vorhandenen Materie, weil es sich zu schnell bewegt und fast keine energetische Resonanz zu Atomen aufbaut und somit Strahlung im Atom hervorruft. Ein Neutrino kann sogar den Planeten Erde ohne Kollision mit einem Atom durchdringen. In Neutrino-Detektoren kommt es nur zu sehr wenigen Zufalls-Kollisionen, die einen Lichtimpuls auslösen. Es gibt nur sehr wenige Wechselwirkungen in den Detektoren angesichts der sehr großen Dichte des dauernden Neutrino-Schauers aus der Sonne. Das Neutrino kann im Feld der Raum-Energie Über-Lichtgeschwindigkeit haben, weil die ursprüngliche Potential-Trennung unter Bedingungen von Über-Lichtgeschwindigkeit im Strudel der Zentren der Galaxien induziert wurde. Die Wechselwirkung der Neutrinos in den Detektoren mit Elektronen ist eine Art Tscherenkow-Strahlung, die sich aus Über-Lichtgeschwindigkeit in einem Medium erklärt. Das Neutrino wird auch als das Tachyon bezeichnet, das sich aus einer Wechselwirkung mit Energiesprüngen bilden kann (siehe Wikipedia: Tachyon). Die Synthese des Elektrons generiert das Neutrino aus diesen Energiesprüngen (siehe Kapitel 5.9.1).

Die genannten Energie-Definitionen sind rein lineare und statische Betrachtungen. Das dynamische Verhalten ist nur mit Hilfe der Infinitesimal-Rechnung oder über Iterationsverfahren und Feldbeziehungen definierbar, weil sich die Beziehungen der Größen, insbesondere die Gravitations-Beschleunigung „g", und die Inertialsysteme in den kugelförmigen Raumbeziehungen bei Änderungen von Energieeintrag oder Energieentzug nicht linear zueinander ändern. Bei der Gravitation handelt es sich um ein Energie-Feld! Das wird in den Einsteinschen Relativitäts-Theorien und daraus abgeleiteten weiteren Berechnungsmodellen berücksichtigt und macht das allgemeine Verständnis recht schwierig, sofern man in diese mathematischen Grundlagen nicht eingearbeitet ist. Es gibt nur wenige Wissenschaftler, die hier mitspielen können. Es wird in diesem Zusammenhang auf Wikipedia verwiesen zu den Such-Begriffen: Konservative Kraft, Grundkräfte der Physik, Feldtheorie und Potentialtheorie.

## 4.8 Materie besteht aus kondensierter Raum-Energie

In einer Schicht in unserem Universum, die für die Menschheit einsehbare Schicht aus dem Modell der Zwiebelschichtstruktur, hat die Raum-Energie nicht mehr die Druck-Intensität und Stabilität. Es können sich infolge von Druckausgleich zwischen den Schichten Turbulenzen und Wirbel bilden, die örtlich noch geringeren Energiedruck oder bezogen auf das Potential der örtlichen Raum-Energie sogar Unterdruck erzeugen. In diesen Zonen kann die Energie zu Materie kondensieren. Das ist der Schneefall im Universum.

**Materie entsteht durch Unterdruck-Kondensation der Raum-Energie. Die Zurückwandlung ist je nach Felddruck der Raum-Energie oder Neutralisation zur Welt der Antimaterie gegeben.**

Nach allen uns über Licht- und Radiostrahlungen gegebenen Beobachtungen des für uns einsehbaren Universums findet die Darstellung von Materie jeweils in den Zentren der unzähligen Galaxien laufend immer neu statt. Es sind im Zentrum der unterschiedlichsten Gebilde von Galaxien somit Bedingungen erforderlich, die Materie generieren.

**Eine Theorie wäre die Kondensation der Raum-Energie zu Materie durch Unterdruck in den inneren Wirbeln der Galaxien-Zentren. Dort ist der Feld-Druck der Raum-Energie durch ein Schwarzes Loch über einen Wirbel dermaßen gestört, sodass Unterdruck zustandekommt. Von daher wird das System auch Weißes Loch bezeichnet, da nur Materie ausdringen kann.**

Diese Wirbel in Form eines noch unbekannten Systems setzen gewaltige Kräfte frei, die in der Lage sind, Materie zu generieren und diese mit gewaltigen Atomaren- und Impuls-Energien behaftet in den umliegenden Raum auszustoßen. In diesen Galaxie-Zentren wird Raum-Energie in Materie umgewandelt.

Wir kennen das beispielhaft aus dem Medium mit Wasserdampf gesättigter Luft. Bei Unterdruck, zu sehen im Schlauch von Tornados, oder Temperatursturz, kondensiert der sonst nicht sichtbare Wasserdampf zu größeren Tröpfchen und es kommt somit zur Nebelbildung und bei Adhäsion durch Wegkollision zu Regentropfen, und bei Abkühlung bis hin zur Schneeflocke und Kumulierung mit unterkühltem Wasser bis zum Hagel. Ein mit Überschall fliegendes Flugzeug zieht einen Unterdruckkegel mit sich, in dem Feuchtigkeit der Luft kondensiert.

Ein ähnlicher Vorgang könnte auch in den Galaxie-Zentren stattfinden, ein Kondensationsprozess durch Unterdruckkondensation im Zentrum mit Kumulierung der Teilchen bis hin zu größeren Masseansammlungen in den Schweifen der Galaxien. Diese Vorgänge sind aus der Theorie vom Urknall mit der Umwandlung von Energie zu Materie in mehreren Theorien über Quarks und Co vorliegend. Hier ist noch erheblicher Forschungsbedarf notwendig, um diesen Umformungsprozess physikalisch darzustellen. Auf diese Vorgänge wird in einem weiteren Kapitel nochmals eingegangen (siehe Kapitel 5.9: Die Nukleonen-Theorie, der Urknall findet laufend statt).

**Auch Materiestrahlung ist ausgeleitete Energie:**
Die für uns sichtlichen Balken- und Spiral-Galaxien, und somit auch unsere Milchstraße, bringen aus ihrem Zentrum, wie auch immer, laufend neue Materie hervor. In zwei entgegengesetzten Strahlen werden aus dem Turbulenz-Zentrum der Galaxien Materie-Strahlen ausgestoßen. Der Ausstoß dieser fertigen Materiestrahlen, überwiegend Wasserstoffatome und deren Plasma, erfolgt aus den Zentren der Galaxien in zwei gegensätzlich gerichtete Partikel-Strahlen, deren Rückstoßenergien sich so genau aufheben, dass das Zentrum kaum Eigengeschwindigkeit in eine Strahlrichtung aufnimmt, außer der in vielen Fällen gesamten Drehbewegung des äußeren Wirbels senkrecht zu seiner inneren Rotationsebene, hervorgerufen aus der mitgegebenen Anfangsbeschleunigung der Materieteilchen aus dem Zentrum der Galaxie.

Diese Partikel-Strahlen verdichten sich auf ihrem Weg in erheblichem Abstand vom Zentrum infolge gegenseitiger zunehmender Kollision und Adhäsion der Teilchen zu immer größeren Materie-Einheiten. Sie geben dabei ihre aus dem Zentrum mitgegebene kinetische Impuls- und Rotations-Energie je Teilchen an die kollidierten größeren Materieansammlungen ab. Dieser Vorgang führt in einem gehörigen Abstand zum Zentrum mit der damit verbundenen Abbremsung der Teilchen zu einem Schweif aus abgebremster und durch atomare Adhäsion, Gravitation und magnetischer Einfangmechanismen zusammenhängenden Materie-Ansammlungen. Diese Materieansammlungen bilden Cluster, die in ihrer Geschwindigkeit infolge von Kumulierung der kinetischen Energien in ihrer Weggeschwindigkeit stetig mehr verlangsamen und somit schnellere Folgeteilchen mit ihrer wachsenden Größe immer mehr vereinnahmen (siehe NGC 1365 und Kapitel 5.1).

**Diese Materie-Teile haben somit immer noch ihre kinetische Anfangsenergie aus der Impulsenergie bezogen zu ihren Entstehungszentren als Energiepotential in sich. Zusätzlich haben sie Energiepotentiale aus untergegangenen Sternen und daraus neu entstandenen Restsystemen in sich. Das gilt insbesondere für unser Sonnen- und Planetensystem, das seine Drehimpulse aus vorausgegangenen Energieeinträgen erhalten hat.**

### 4.9 Das Feld der Raum-Energie überträgt die Strahlung aller Arten

Zwischen den Galaxien bestehen große masselose, aber mit Raum-Energie ausgefüllte Zwischenräume. Energievorgänge aus Materie-Reaktionen in Form von Strahlung werden aber über diese Zwischenräume hinweg in Form von Schwingungs-Energien weitgehend verlustfrei über Milliarden von Jahren im Feld der Raum-Energie gespeichert und übertragen. Dafür ist ein Potentialfeld erforderlich, hier das Feld der Raum-Energie.

**Im Feld der Raum-Energie wird die Strahlungsenergie gespeichert:**
Eine Leitung ist auch ein Speicher, denn was zu Anfang eingetrichtert wird, kommt körperlich oder energetisch erst nach einer Durchlaufzeit am Ende an. Die Anstoßenergie ist aber vom Medium und dessen Innendruck abhängig. Das gilt für Wasser, Gas und auch zum Teil für elektrische Leitungen. Ähnliches ist auch im Feld der Raum-Energie für die Durchleitung von Strahlungs-Energie physikalisch gegeben. Die Anstoßgeschwindigkeit ist die Lichtgeschwindigkeit.

Das eingespeiste Licht braucht seine Zeit zur Fortpflanzung im Feld der Raum-Energie, was eine Speicherung über den Weg, der von der Quelle ausgegebenen Strahlung, bis zum Ende des Weges zur Folge hat. Wenn die Strahlung auf Materie trifft, wird die Energie auf die Materie übertragen. Die Ausstrahlung geschieht im Allgemeinen kugelförmig und die Energie geht in den Raum zurück. Trifft die Strahlung nicht auf Materie, verbreitet sich die Strahlung weiter im Raum des Energiefeldes bis an seine Reflexionsgrenzen bei unterschiedlichen Felddichten im Feld der Raum-Energie und von dort auch weiter immerfort bis zur Feinverteilung und daraus folgenden Erschöpfung durch Frequenztransformation zu niederfrequenten Strahlungsniveaus, bis hin zum schwingungslosen Zustand, dem Feld der Raum-Energie. Reicht die Schwingungsstärke der Anstoßenergien von Strahlung nicht mehr aus, den Innendruck des Feldes der Raum-Energie zu beeinflussen, bleibt die Strahlung stehen und wird mit ihrem gesamten Energieinhalt somit selbst wieder zu Raum-Energie.

Ähnliche Vorgänge sind bei Schall-Druckwellen in den Medien von Luft und Wasser vergleichbar nachzuweisen, die laufen sich irgendwo tot, aber die Anstoßenergie ist nicht verloren gegangen, sie hat sich in Wärmeenergie verteilt und wurde energetisch gespeichert.

Wie in Kapitel 2.3 postuliert, sind die Photonen, oder in anderer mathematischer Schreibweise die „Elektromagnetische Strahlung", Energiedruckwellen im Feld der Raum-Energie. Diese bisher allgemein definierten

Elektromagnetischen Wellen zur Übertragung von Strahlung jeglicher Frequenzen benötigen im physikalischen Sinne auch ein Medium. Nun sind aber elektromagnetische Vorgänge an die sich bewegende oder getrennte Ladungen gekoppelt, die diese Felder hervorbringen. Von daher müssten bei der Übertragung Elektromagnetischer Wellen auch Ladungsträger daran beteiligt sein. Der Weltraum beinhaltet aber keine entsprechenden Teilchen in der notwendigen Dichte, Elektronen oder Ionen, die diese Aufgabe übernehmen könnten. Elektrische Felder und magnetische Felder sind an Ladungsträger der Materie wie Elektronen oder ionisierte Atome gebunden. Freie Ladungsträger in der Form von Quarks gibt es nicht. Ohne den Feldeinfluss von Ladungsträgern mit ihrem entsprechenden Wirkungsquerschnitt entstehen keine energetischen Strahlungs-Felder, insbesondere nicht über diese gewaltigen Entfernungen im Universum. Das betrifft insbesondere auch die zu übertragenen Energiemengen, die sich nach der Theorie der Elektromagnetischen Strahlung laufend auch noch zwischen einem elektrostatischen Wellenanteil und einem elektromagnetischen Wellenanteil abwechseln sollen. Nach jeder Halbwelle gibt es bei dem gegenseitigen Wechsel einen Nulldurchgang, abwechselnd für den elektrostatischen und für den elektromagnetischen Wellenanteil, ohne dabei die zu übertragende Energie zu verlieren. Wie soll das physikalisch funktionieren?

Leitungsgebundene Elektroenergie benötigt zur Übertragung das Produkt aus Spannung und Stromstärke über ein Zeitintervall. Eine Glühbirne wird mit der Elektroenergie zum Leuchten gebracht und die Glühbirne strahlt die eingespeiste Energie als Strahlung ab, die angeblich nun als elektromagnetische Strahlung bezeichnet wird. Diese Strahlung erwärmt in der näheren Umgebung jegliches Material, auch Isoliermaterial, das auf Spannung und Strom oder deren Felder nicht reagiert. Es muss also einen Vorgang geben, der ohne Ladungsträger die Übertragung von Energie ermöglicht.

Auch Antennen senden Strahlung ab und empfangen auch Strahlungsenergie. Die Antenne ist ein Teil eines offenen Schwingkreises, in dem

Elektronen als Ladungsträger in der entsprechenden Sendefrequenz hin und her beschleunigt werden. In einem elektrischen Schwingkreis sind das jeweils abwechselnd die Kapazität und die Induktivität, die diese Energie speichern. Dafür müssen Wechselströme fließen, bestehend aus freien Elektronen. Diese Voraussetzungen sind in den metallischen Teilen der Sende- und Empfangsantennen für energetische Strahlung vorhanden. Die Atome in den leitenden Teilen der Antenne werden durch die Antennenströme in Schwingungen der Sendefrequenz versetzt und übertragen diese Schwingungen an das Feld der Raum-Energie. Die Atome stehen unter dem Feld-Druck des Feldes der Raum-Energie und werden durch jegliche Änderung von Druck und Position beeinflusst.

Aber wo sind diese Wechselströme bei sich abwechselnden, elektrischen Feldern auf dem Weg von Strahlungen aller Arten und das auch noch mit kugelförmiger Ausbreitung, insbesondere dem Licht? Ein mechanisches Pendel ist auch ein Schwingkreis. Die Energie wechselt zwischen rein potentieller Energie an den Wendepunkten und rein kinetischer Energie am tiefsten Punkt der Pendelschwingung. Ähnliche Bedingungen müssten somit auch bei den „Elektromagnetischen Wellen" vorliegen, um damit auch noch Energie von einem Ort zum anderen mit Lichtgeschwindigkeit weiterzuleiten.

Von daher ist eine Mischung von Longitudinalen und Transversalen Wellenanteilen erforderlich, damit Energie übertragen und gespeichert werden kann. Dieses übernimmt nach der Energiefeld-Theorie das Feld der Raum-Energie in Form von Druckwellen. Die Ausbreitung hängt ab vom inneren Druck und der Dichte des skalaren Energiefeldes, um die Strahlungsenergie mit Lichtgeschwindigkeit kugelförmig im Weltraum weiterzuleiten. Diese Druckwellen können Atome aller Arten zum Schwingen bringen, die wie ein mechanisches Pendel mehr oder weniger in Resonanz geraten und die eingestrahlte Energie speichern. Diese Kugelschwingungen werden im Atomverbund weitergegeben, sodass die empfangene Strahlung in andere Energiearten umgesetzt werden kann. Das gilt für das Sehen von Strahlung, das Belichten von Fotos, das Aufwärmen durch Sonnenstrahlung, dem Empfang von Gamma- und Röntgenstrahlung bis hin zu dem Empfang von Radiostrahlung aller Arten.

Die nach der klassischen Lehre bisher postulierten drehspinorientierten elektromagnetischen Vektor-Felder in Form von Spiralen können die Effekte nicht erklären. Diese würden die Energie als Teilchen, dem Photon, übertragen, was aber aus dieser Sichtweise nur ein eng begrenzter Strahl sein kann, ähnlich dem Energieteilchen eines Neutrinos. Die Energie der Strahlung von der Langwelle bis zur Gamma-Strahlung wird aber allgemein kugelförmig abgestrahlt und empfangen, denn es handelt sich um eine Streustrahlung und hat somit Druckwellen-Charakter.

## 4.10 Protonen und Neutronen sind Bausteine der Materie und verdrängen die Raum-Energie mit ihrem Eigenvolumen der Atomkerne

Das Bohrsche Atommodell ist die bisherige Grundlage für das Verständnis vom Aufbau der Materie und der daraus definierten Elemente. Die Teilchen sind physikalisch nachgewiesen, ebenso ihre Strahlungseigenschaften. Protonen und Neutronen bringen überwiegend das Masseverhalten mit und bilden den Atomkern. Sie haben für sich ein Volumen, sie nehmen in ihrem Zusammenhang Raum in Anspruch. Somit verdrängen sie an ihrer Position das zuvor definierte Feld der Raum-Energie. Das durch die Masse verzerrte Feld der Raumenergie übt auf die Bausteine und ihr Lagesystem zueinander einen ungeheuren Druck aus. Jede Veränderung, ob Schwingung, Verkleinerung oder Vergrößerung sowie Umwandlung von Proton in Neutron oder die Veränderung in der Abstoßwirkung der gleichpolig geladenen Protonen und der Struktur von Atomkern und dessen Elektronenhülle haben direkte Rückwirkungen auf die umgebende Raum-Energie. Der Kontakt ist knallhart und ohne Zeitverzögerung direkt.

Somit gilt die physikalische Bedingung „Aktion gleich Reaktion" an den Grenzflächen zwischen Materie und das alles, bis hin zu den Atomkernen durchdringende Feld der Raum-Energie. Energie geht nicht verloren, sie wird nur weitergegeben oder umgewandelt in andere Energieformen.

a) Vorgänge im Atom induzieren Energie-Druckwellen in das umgebende Feld der Raum-Energie. Die Kernfusion ist der stärkste Impulsgeber mit der Gamma-Strahlung, die Wärme- und Lichtwellen sind die weniger starken Reaktionen.

b) Auf Atome eintreffende Energie-Druckwellen aus der Raum-Energie von entfernter Materie haben Rückwirkungen auf die Atomkerne in ihrem Schwingungs- und Rotationsverhalten. Das Vorhandensein von Licht und sonstiger Strahlung in Entstehung, Abstrahlung, Übertragung und Empfang ist damit in Zusammenhang zu bringen.

Daraus folgt: **Die sogenannten elektromagnetischen Wellen gibt es nicht, es sind statt dessen Druckwellen im Potentialfeld der Raum-Energie und verhalten sich physikalisch ähnlich wie Druckwellen in den Medien Luft oder Wasser. Sie können sich an Dichtegrenzen spiegeln, Interferenzen bilden, Laufzeitunterschiede ausbilden und über das Frequenzgemisch ein weitgehendes Spektrum haben.**

c) Bei sehr starken Einwirkungen hat die Raum-Energie über ihren inneren Druck direkten Einfluss auf die Entstehung, Struktur und Adhäsion oder dem Untergang von Atomen. Die Entstehung der Elemente in den Sternen und deren Umwandlungen sind damit in Zusammenhang zu bringen.

## 4.11 Der Urknall findet laufend statt, aus Raum-Energie wird Materie

In den Zentren der Galaxien, den „Schwarzen Löchern", wird Raum-Energie in Materie umgewandelt. Wie das möglich ist, bedarf noch weiterer Ableitungen und Forschungen (siehe auch Kapitel 5.9.1). Es ist aber im Prinzip ein Vorgang von Potential-Trennung mit Energieeintrag. Dieser Vorgang ist aber irgendwo und irgendwann auch umkehrbar. Der Vorgang ist je nach Energiedruck aus der Raum-Energie oder Neutralisation zum Universum der Anti-Energie durch Annihilierung reversibel (Big-Ripp).

Physikalische Experimente zu dieser Frage dürfen auf Erden selbstverständlich nicht stattfinden (siehe CERN-Urteil vom BGH 2010), denn ein Zündfunke zur Umwandlung von Energie in Materie würde ein Schwarzes Loch erfordern und damit den Untergang unseres Sonnensystems anstoßen. Es sollte also kein Unterdruck mit Zyklon-Wirkung im Energiefeld der Raum-Energie ausgelöst werden. Der Unterdruckwirbel könnte sich selbsterhaltend explosionsartig vergrößern und alles Umliegende mitreißen. Das setzt voraus, dass sich der Zündpunkt in Bereichen befindet, an denen das Energiefeld im Universum einen Druckunterschied zu einem benachbarten Raum-Energiefeld hat, wo ein Druckausgleich angestoßen werden kann. Ob wir uns mit unserem Sonnensystem in einem solchen Bereich befinden, kann kaum festgestellt werden. Aber eine Galaxie befindet sich in ihrer Ebene nach der obigen Theorie in Bereichen, die Grenzflächen zu anderen Energiedruck-Bereichen im Universum voraussetzen und durch diesen Potentialausgleich angetrieben werden.

Es ist davon auszugehen, dass die Raum-Energie durch Anregung einen Wirbel anstößt, in dem gewaltige Rotationen und damit Unterdruck-Bereiche entstehen, in denen die Raum-Energie zu Größer-Volumen Formen, der Materie, durch Potentialtrennung übergeht. Diese Schwarzen Löcher sind Wirbel-Ebenen zwischen unterschiedlichen Energiedruck-Bereichen im Feld der Raum-Energie. Unterschiedlicher Druck will sich ausgleichen und bildet

Wurmlöcher in Form von Strudeln aus, den Schwarzen Löchern der Galaxien. Licht und andere Strahlung kann aus den Schwarzen Löchern nicht austreten, weil die Strahlung an den Druck-Grenzen durch Totalreflexion zum Innern des Systems zurückgelenkt wird. Es gibt auch das Weiße Loch, weil kein Licht und sonstige Strahlung ausströmen kann. Nur die Materie-Teilchen können sich mit der Anstoßenergie aus diesen Wirbeln ablösen und sich im umgebenden Raum zu den Galaxien-Armen oder kugelförmigen Galaxien zusammenfinden. Deshalb werden die Zentren der Galaxien auch als „Weiße Löcher" bezeichnet, weil sie vom Inneren her keine Gravitation ausüben, aber nach dem „Außen" hin einen sehr hohen Druck im Feld der Raum-Energie ausüben und Dichte-Grenzen im Feld der Raum-Energie ausbilden, sogenannte Gravitations-Linsen.

Das Weiße Loch hat somit erheblichen Einfluss auf seine äußere Umgebung. Es verzerrt das Potentialfeld der Raum-Energie, vergleichbar zu einer großen Materieansammlung. Strahlung wird je nach Frequenz auf den sich bildenden Äquipotential-Linien umgelenkt. Es bilden sich damit auch Gravitations-Linsen aus, die eine Lichtdurchleitung im Feld der Raum-Energie ablenken können und Bilder von Galaxien verzerren und Spiegelungen erzeugen. In der Astronomie sind genügend Beispiele dafür bekannt. Auch die Hintergrundstrahlung ist nach der Energiefeld-Theorie eine Spiegelung von Strahlung an Dichtegrenzen. Die zerklüftete Struktur der Hintergrundstrahlung ist auch ein Hinweis darauf, dass die Dichtegrenzen zwischen unterschiedlichem Potentialdruck im Feld der Raum-Energie nicht gerade auf einer glatten Kugel liegen, sondern wie Wolken zerklüftet sind. Nach der heutigen Theorie zum Universum entfernt sich auch der Bereich der Hintergrundstrahlung infolge Raumausdehnung und verzerrt damit auch die Spiegelung von Strahlung hin zu niedrigeren Frequenzen, der Mikrowellenstrahlung. Genauere Analysen der Hintergrundstrahlung lassen in gewissen Bereichen auch noch nicht interpretierbare Turbulenzen und somit Strömungs-Vorgänge erkennen, die auch ein Zeichen dafür sein können, dass es Bewegung im Feld der Raum-Energie gibt.

Die Hintergrundstrahlung kann aber auch aus anderen Bereichen kommen, die zu uns näher liegen, als das Licht nach dem Urknall erreicht haben könnte. Unser Standort im Universum ist zu diesem Urknall auch nicht der Mittelpunkt. Aus den gemessenen Daten der Mikrowellen-Strahlung im 21cm Bereich ist nicht ersichtlich, aus welcher Entfernung diese relativ gleichmäßige Rundumstrahlung bis zu unserem Standort kommt. Die Entfernung wird nur aus der allgemeinen Rotverschiebung, also Frequenzdilatation der Lichtstrahlung interpretiert. Andere Strahlungsarten wie Röntgen- und Gammastrahlung sind in der Betrachtung nicht berücksichtigt.

Der für uns durchsichtige intergalaktische Raum ist aber mit fein verteilter Materie aus den Galaxien und untergegangenen Galaxien durchsetzt. Die Atomkerne der Materie haben bei Raumtemperatur eine innere Resonanzfrequenz von 100 MHz, wenn sie durch Strahlung angeregt werden. Welche Resonanzfrequenz haben die Atomkerne bei der Temperatur im Universum bei -270 bis -273 Grad Celsius? Strahlung und fein verteilte Materie ist über große Bereiche überall vorhanden. Der Verbleib der Energie aus den Neutrinos ist ebenfalls noch nicht geklärt. Somit kann die Hintergrundstrahlung auch aus viel näheren Bereichen kommen, als aus dem weitest vorstellbaren Hintergrund. Die Hintergrundstrahlung ist nach der Energiefeld-Theorie eine diffuse Reflexions-Strahlung an intergalaktischem Materiestaub aus dem von uns aus sichtbaren Strahlungsquellen, den Galaxien und Reflexions-Strahlung ausgelaufener sonstiger Strahlung aller Arten an Dichtegrenzen im Energiefeld.

Das ist vergleichbar mit einer Autofahrt im Nebel, das Licht aus der Beleuchtung aller Arten wird diffus an dem Nebel reflektiert und setzt sich mit dem jeweiligen Standort fort. Aus der leichten Rotverschiebung gegenüber dem Hinten und Vorne der Hintergrundstrahlung relativ zu unserer Position im Raum konnte auch die Eigengeschwindigkeit für unser Sonnensystem gegenüber dem Raum bestimmt werden (siehe auch Kapitel 4.22).

Dieses Modell ist die Voraussetzung, um das Universum erklären zu können und das Naturgesetz für das Energiepotential zu verstehen und wenn möglich, zu beweisen. Damit wird das Modell von der Massenanziehungskraft oder Schwerkraft abgelöst, denn die Modelle bisheriger Wissenschaftler können die Vorgänge im Weltall und auf Erden mit der Theorie vom Urknall nicht ausreichend erklären.

Der Urknall ist daraus abgeleitet, wie lange das Licht braucht, um die entferntesten Orte zu erreichen, die von uns aus gesehen im einsehbaren Universum gegenüber liegen. Es ist somit eine Sichtweise, als würde unser Standort der Mittelpunkt des Universums sein. Dieser Glaube stammt noch aus der Zeit, als man annahm, die Erde sei der Mittelpunkt des Sonnen-, Planeten- und Sternensystems. Man stelle sich vor, selbst in den Bereich zu gehen, aus dem die Hintergrundstrahlung gemäß den Vorschriften aus der Standardtheorie in etwa 14 Milliarden Lichtjahren von uns entfernt kommt. Dort wird sich für den Betrachter wieder ein Universum eröffnen, das seinerseits einen gleichen Raum mit dem Radius von 14 Milliarden Jahren umschließen könnte, also wie ein Blick hinter dem nicht einsehbaren Horizont. Was würde der Betrachter dort sehen können? Unsere Milchstraße würde zu den stark rotverschobenen Objekten im Universum gehören und somit zu den ältesten, kurz nach dem Urknall entstandenen Galaxien. Das ist auch ein Teil Relativität.

## 4.12 Materie in Form von Atomen nimmt Raum ein

Materie verdrängt mit dem Volumen seiner Atom-Kerne an ihrer Stelle die Raum-Energie mit Innendruck gleich Außendruck. Die Materie verzerrt das Feld der Raum-Energie und bildet damit die Ursache für die Gravitation.

Die Materie stellt sich über Quarks und Co nach Ausstoß aus dem Weißen Loch von Galaxien in Form von Atomen dar, vorerst als Wasserstoffatom.

Dieses Atom nimmt jetzt aber für sich über seinen Atomkern Raum ein und verdrängt an dieser Position im Raum die umgebende Raum-Energie.

Bei höherwertigen Atomen besteht der Atomkern aus vielen gleichpoligen Protonen, die sich wegen ihrer positiven Ladung wie z.B. gleichpolige Magnetpole gegenseitig mit hohen Kräften abstoßen und zusätzlich enthält der Atomkern Neutronen und sonstige Teilchen. Der örtliche Potential-Druck der Raum-Energie sorgt dafür, dass diese Atomkerne nicht auseinanderfliegen.

Eine weitere Erklärung ist die Tatsache, dass die höherwertigen Atome aus den Atomen vom Wasserstoff durch Kernfusion unter erheblicher Energieabgabe im Feld der Raum-Energie gebildet wurden. Sollten die höherwertigen Atome wieder aufgelöst werden, müsste diese vorher abgegebene Fusions-Energie erst wieder eingespeist werden. Die aufgelösten Atome würden wieder mehr Volumen im Feld der Raum-Energie benötigen, was zumindest den vorher abgegebenen Energiebetrag als Energieeintrag erfordert. Daher gibt es im Normalfall keine Kraft, die diese Atome aufspalten soll, außer bei den atomaren Vorgängen der Schwachen Kernkraft mit den unstabilen Atomen der Uranfamilie durch Neutronen-Beschuss. Bei der Schwachen Kernkraft benötigen die Zerfallsprodukte für sich auch weniger Raum als das Ausgangsprodukt und es wird bei diesen Vorgängen der Atomspaltung Raum-Energie freigesetzt, unsere nutzbare Atomenergie, zum Segen und zum Fluch der Menschheit.

Die heutigen Theorien suchen noch nach den Teilchen, die die Atomkerne angeblich zusammenhalten und auch deren Masseneigenschaft begründen soll. Verschiedenste Higgs-Teilchen und Gravitonen wurden benannt. Es wird in diesem Zusammenhang auf Wikipedia auf den Such-Begriff Atom verwiesen.

Die umgebende Raum-Energie will den Raum wieder zurückgewinnen und übt ihrerseits auf den Atomkern jedes Materieteilchens einen ungeheuren

Druck aus, sodass die positiv geladenen Protonen, die sich potentialmäßig gegenseitig abstoßen, auf kleinstmöglichen Raum sehr stabil zusammengehalten werden. Es sind somit nicht die Gluonen oder sonstige Strings der Kleber, die den Atomkern zusammenhalten. Aber die Protonen wechselwirken über ihre Eigenfelder auch mit den Neutronen, was die statische Abstoßung wesentlich verringert (siehe Kapitel 5.9.1). Es ist der Potential-Druck der Raum-Energie, der die Atomkerne zur Kugelform zwingt und zusammenhält. Daraus kommt das Naturgesetz, dass kumulierte Materie gezwungen ist, den kleinstmöglichen Raum einzunehmen.

Es ist somit kein gegenseitiges Feld aus Massenanziehungskraft innerhalb der Massen notwendig, die das physikalisch begründen sollten, sondern es ist das Naturgesetz des kleinsten Raumes gegenüber dem umgebenden Druck aus dem Feld der Raum-Energie. Alle Abweichungen davon erfordern Energieeintrag.

**Die Idealform des kleinsten Raumes ist die energetisch ausgeglichene Kugelform.**

Dieser Druck der Raum-Energie auf die Materie ist immens! Hier ist das gesuchte Higgs-Teilchen, das die Atome zusammenhält. Die Neutronen haben über ihre Felder aus den Quarks eine Wirkung zur Neutralisation der elektrostatischen Abstoßwirkungen der Protonen gegeneinander und bilden die starke Kernkraft mit aus.

**Der Energiedruck der Raum-Energie ist eine Wechselwirkung zwischen der gespeicherten Energie in den Elementarteilchen und deren Verbände gegenüber dem Feld der Raum-Energie. Dieser Gegendruck hält die Atomkerne und deren Verbindungen zusammen.**

Die Raum-Energie durchdringt jegliche Materie bis hin zur Oberflächenwirkung der Atomkerne und überträgt deren Schwingungs-Aktionen und Reaktionen mit Lichtgeschwindigkeit. Jede massegebundene Veränderung im Volumen, also Veränderung in der Zusammensetzung der Teilchen im Atomkern, benötigt gewaltige Energieeinträge und setzt je nach Vorgang dann auch wiederum Raum-Energie frei. Die in den Galaxien generierte Materie verdrängt Raum-Energie. Auch von daher findet eine Expansion im Feld der Raum-Energie statt, wenn der Feld-Druck gehalten werden soll. Die generierte Materie strebt für sich auch hin in Richtung zu geringerem Feld-Druck, also weg vom Zentrum der Galaxie.

In den Medien Luftraum und Wasser sind vergleichbare Erscheinungen für uns selbstverständlich. Ein Gasluftballon verdrängt den Luftraum und nimmt die Kugelform ein. Er wird leichter als Luft und sucht einen Ausgleich zum kleinsten Verdrängungs-Volumen, das wäre in Richtung zum luftleeren Raum. Je höher er steigt, umso größer wird sein Volumen bei abnehmendem Luftdruck. Gasblasen in 1000 m Tiefe vom Meer verdrängen das Medium Wasser und stehen unter einem sehr großen Druck und sind von daher sehr klein. Sie suchen den Ausgleich zum niedrigeren Druck, steigen auf und werden immer größer. Vulkane explodieren infolge der sich ausdehnenden eingeschlossenen Gase, die nun größeres Volumen bei nachlassendem Druck in der aufsteigenden Lava beanspruchen. Bei diesen Vorgängen sind sichtlich keine Massenanziehungs-Kräfte am Wirken, im Gegenteil, die Massenanziehung in Richtung Erdmittelpunkt scheint für einen externen Beobachter aufgehoben zu sein und sich in Richtung größerer Höhe zu befinden. Gleiche Ursache und Wirkung gelten auch für Massen im Raum, aber mit dem Bestreben, das kleinste Raum-Volumen zu verdrängen.

Im Potentialfeld der Raum-Energie ist das Bestreben einer Masse der Weg hin zur Ruheposition, hin zum geringeren Druck und das Bestreben, den kleinsten Raum einzunehmen. Das ist gleichbedeutend mit dem Bestreben, das kleinste Raumvolumen zu verdrängen und zum niedrigsten Energieniveau in Bezug zum absoluten Raum zu gelangen. Das ist der Grund für die Gravitation im Feld der Raum-Energie und nicht ein physikalisches Gesetz aus einer sogenannten Massenanziehungskraft.

Die Gravitation ist das Bestreben der Masse, das kleinste Energiepotential im Feld der Raum-Energie zu erreichen.

Andererseits strebt das Feld der Raum-Energie für sich hin zu den Bereichen mit dem geringeren Druck im Universum. Es bilden sich Schichtungen und Blasenbereiche aus, die das Verlangen haben, sich mit Bereichen auszugleichen, die den geringeren Feld-Druck oder die geringere Feld-Dichte haben.

## 4.13 Die Raum-Energie steht in engster Wechselwirkung mit den Materie-Teilchen und ermöglicht somit die Übertragung von Strahlung

Das Feld der Raum-Energie steht unter einem hohen Innendruck, denn es wehrt sich gegen diese Umwandlung in Masse und zwar mit einem unvorstellbar hohen Druck auf die Masse. Die Masse, hier die Atomkerne der Materie, haben somit ein Volumen und verdrängen an der Stelle die Raum-Energie. Die Atomkerne der Materie werden wiederum durch den aufgebauten Energiedruck zusammengehalten.

Das physikalische Verhalten des Feldes der Raum-Energie ist somit in den Prinzipien beispielhaft zu vergleichen mit den physikalischen Vorgängen in den uns bekannten Medien Luft oder Wasser. Sie haben Innendruck, geben Gegendruck bei Verdrängung, sind komprimierbar und geben damit etwas verzögert Druckwellen durch Energieeinwirkung mehr oder weniger verlustarm weiter. Die Medien Luft und Wasser haben aber im Gegensatz zum Raum-Energiefeld innere Beschleunigungs-Verluste der Materie bei Einwirkungen durch Energiestöße, die nachweisbar in Wärme transformiert werden.

**Weil das Feld der Raum-Energie massefrei ist und sich als nur sehr gering komprimierbar erweist, gibt es bei der Übertragung von Druck-**

wellen durch Energieeinwirkung keine inneren Komprimierungs- und Beschleunigungsverluste, noch Reibungsverluste. Die Anstoß- und somit die Übertragungs-Geschwindigkeit ist die Lichtgeschwindigkeit. Etwas Schnelleres ist physikalisch der Menschheit nicht bekannt. Die Lichtgeschwindigkeit ist aber physikalisch begrenzt und nicht unendlich hoch, warum wohl?

Die Ausbreitungsbedingungen der Strahlung im Feld der Raum-Energie sind somit vergleichbar zu den Übertragungsbedingungen von Druckschwingungen in einem Medium. Es gibt vom Feld-Druck der Raumenergie abhängige Übertragungsgeschwindigkeiten, Reflexionen, Verzerrungen durch Interferenzen und Brechung an Dichtegrenzen, Dopplereffekte und Alterung, denn nichts hält ewig.

### 4.14 Materie in Form von Sonnen und Planeten nimmt unter der Einwirkung der Raum-Energie naturgemäß den kleinstmöglichen Raum ein

Materie nimmt unter dem immens hohen Druck der Raum-Energie naturgemäß den kleinstmöglichen Raum ein. Der kleinste Raum ist die geometrische Kugelform oder der kleinstmögliche Raum für das energetisch zusammenhängende System. Das gilt für das Atom ebenso wie für Sonnen, Planeten und Monde.

Der Zwang auf die Materie über den hohen Feld-Druck der Raum-Energie, den energetisch kleinsten Raum einzunehmen, ersetzt die bisherigen Theorien von der Massen-Anziehungskraft und sonstigen X-Teilchen. Das ist in der Quastschen Energiefeld-Theorie ein Grundgesetz! Will ein Teilchen das kleinste energetische Volumen verlassen, erfordert das einen Energieeintrag, der von außerhalb herkommen muss.

Der kleinste Raum wird erreicht sofern nicht andere Kräfte, zum Beispiel die Fliehkraft aus Rotationsenergie oder der Reibung durch Adhäsion und mechanischen Kontakt, dem entgegenstehen. Die energetischen Massengebilde unterschiedlicher Massen- und Beziehungsformen streben zum kleinstmöglichen Volumen hin. Das ist aber keine Massenanziehungskraft, sondern das Naturgesetz von Massen im Feld der Raum-Energie das möglichst kleinste energetische Volumen im Gesamtsystem anzustreben. Es ist vergleichbar mit dem Wassertropfen-Effekt mit einer Art Oberflächenspannung, die alles auf kleinstmöglichem Raum zusammenhält. Bei Objekten wie Sterne, Planeten und Monde bildet die Materie im Objekt einen energetischen Schwerpunkt aus, das ist bei homogenen Massen in etwa der Mittelpunkt zu allen Massen der kumulierten Materie. Gegenüber diesem energetischen Schwerpunkt haben alle Materieteilchen ein Energiepotential in Bezug zum Gesamtkörper.

Dieser Schwerpunkt ist nicht der Gewichts-Schwerpunkt aus der Theorie der Massenanziehungskraft, sondern der Schwerpunkt aus dem gemeinsamen Energiepotential mit dem kleinsten Raumbedarf. Dieses Energiepotential ist je Wegeinheit hinweg vom Schwerpunkt von der Gesamtmasse des Objektes abhängig und ist als Gravitations-Beschleunigung messbar. Ein Körper auf der Oberfläche hat ein höheres Energiepotential als ein Körper in der Nähe des Schwerpunktes. Wird zum Beispiel auf der Erdoberfläche ein Gewicht angehoben, muss Energie mit $E = m * g * h$ eingebracht werden. Fällt das Gewicht zurück auf die Erdoberfläche, wird diese Energie wieder freigesetzt. Die Körper auf der Erdoberfläche befinden sich auf einer Äquipotential-Ebene im Feld der Raum-Energie. Alle Abweichungen davon auf höhere Ebenen benötigen Energieeintrag, das Absinken auf niedrigere Ebenen in Richtung Potentialschwerpunkt setzt Energie frei.

Umlaufbahnen von Planeten, Monden und Satelliten sind Bewegungen auf einer Äquipotential-Linie, die ein eigenständiges Energiesystem darstellen. Die Masse hat eine Eigengeschwindigkeit und somit auch gespeicherte Impuls-Energie. Die Massen bewegen sich im Gravitationsfeld in Bezug zu einer wesentlich größeren Masse, die im Feld der Raum-Energie eine erhebliche Senke darstellt. Es besteht im Umfeld der größeren Masse ein geschichtetes Potentialfeld der Raum-Energie. Die Dichte im Feld der Raum-Energie ist gemäß der Verdrängung des Energie-Feldes durch die jeweilige Massenansammlung, abhängig von deren Materiedichte, schichtweise verzerrt und bildet die Äquipotential-Ebenen aus.

Umlaufbahnen können in dem System elliptisch sein und müssen es auch, weil damit Lagestabilität der Umlaufbahnen gegeben ist. Reine Kreisbahnen wären in ihrer Lage indifferent, denn sie bilden keine energetische Grundschwingung aus, wie es durch die Kreiselgesetze gegeben ist. In einer Kreisbahn erfährt die Masse eine kontinuierliche Richtungsänderung und bildet von daher eine konstante Fliehkraft aus. Diese wirkt der Gravitationskraft in Richtung zum geringeren Energiepotential entgegen. Wenn sich eine Masse auf einer Kreisbahn bewegt, so wirkt auf sie eine dauernde Richtungsänderung ein. Dieses bedeutet eine laufende Richtungs-Änderung der Bahn im Potentialfeld der Raum-Energie und ist somit eine Beschleunigung. Es ist von daher ein konstanter und fiktiver Energieeintrag gegen die Trägheit der Masse, der in der Impulsenergie steckt. Auf elliptischen Bahnen kommt zusätzlich noch der fiktive Energieeintrag durch die laufende Änderung der Geschwindigkeit in der Bahn um die energetischen Brennpunkte der elliptischen Bahn herum zustande. Diese Kräfte aus der Fluchtbeschleunigung, aus der Rotation und der Wegbeschleunigung aus dem Gesetz zur Energieerhaltung in der elliptischen Bahn stabilisieren die Flugbahn von Planeten, Monden und Satelliten.

Bei elliptischen Bahnen kommt hinzu, dass die energetischen Schwerpunkte der Flugbahn nicht mit den Masseschwerpunkten der gravitativ in Beziehung stehenden Himmelskörper übereinstimmen und somit die Gravitations-Gesetze von Newton und Albert Einstein mit dem konstanten Abstand „r" nicht mehr gelten, sondern nur für reine Kreisbahnen. Deshalb ist die Anwendung der Gravitations-Gesetze auf ganze Galaxien, oder wie nach dem Stand der Theorien vom Urknall von Galaxien zueinander, nicht gegeben. Die Gravitations-Beziehungen sind energetische Beziehungen im Feld der Raum-Energie. Es muss ein energetischer Bezug der Massen zueinander vorhanden sein. Bewegungen der Galaxien in Bezug untereinander werden durch Ausgleichs-Strömungen im Skalarfeld der Raum-Energie angetrieben. So bewegt sich die Galaxie des Andromeda-Nebels in Richtung auf unsere Milchstraße zu und die Galaxien könnten in ein paar Milliarden Jahren anfangen sich zu durchdringen. Die Bahnbewegungen von Galaxien ergeben sich somit nicht aus dem Vorhandensein einer Massenanziehungskraft, sondern aus rein zufälligen Bedingungen im Skalarfeld der Raum-Energie.

Das Energiepotential des Gesamtsystems bleibt im luftleeren Raum konstant, weil keine anderen Kräfte aus Reibung oder wesentlicher Teilchenstrahlung einwirken. Die Lage von Planeten und Satelliten im Potentialfeld der Raum-Energie beinhalten ein bestimmtes mitgegebenes Impuls-Energiepotential in Bezug zum Raum und dem Entstehungsort.

**Das Energiepotential einer Masse definiert sich in Bezug zu anderen Massen sowie absolut zum Raum und ist eine aus dem Prozess der Entstehung und dem Werdegang mitgegebene Eigenschaft. Der energetische Schwerpunkt ist nicht der geometrische Schwerpunkt aus der Theorie der „Massenanziehungskraft", sondern aus dem Bestreben, den energetisch kleinsten Raum im Feld der Raum-Energie in Bezug zu anderen Massen und zum Gesamtsystem einzunehmen.**

## 4.15  Die Materie ist mit potentieller Energie verbunden

Die potentielle Energie der Massen zueinander ist zusätzlich integrierte Impuls-Energie im Energieaustausch mit anderen Massen. Ihre Anfangsenergie ist die mitgegebene kinetische Energie aus dem Entstehungsort, dem Zentrum der Galaxien. Diese kinetische Energie der Masseteilchen ist gewaltig und bestimmt die Vorgänge in den Schweifen der Galaxien über die gesamte Entwicklungsgeschichte und wirkt bis in die äußersten Teile der Schweife fort. Diese kinetischen Impulsenergien werden bei Kollisionen und Adhäsionen an andere Massen weitergegeben. Dabei bleibt die Summe oder Differenz der ausgetauschten Energien konstant, Energie geht nicht verloren.

Es bilden sich eine Unmenge von Zusammenballungen aus den Anfangsteilchen, die immer größere Massenansammlungen in den verschiedensten Konstellationen hervorbringen und daraus ihre Gravitationseigenschaft erhalten. Staub- und Gaswolken haben nur geringe Gravitationseigenschaften, aber die daraus entstandenen Sterne und Gasplaneten dagegen erhebliche Gravitationswirkung auf den umgebenden Raum. Es bilden sich bei größeren Materieansammlungen sogenannte parabolische Senken der Gravitationswirkung, die einmal eingefangene Massen energetisch an sich binden, um gemeinsam den kleinstmöglichen Raum an Energiepotential einzunehmen. Diese Zusammenhänge lassen sich mathematisch zum Teil mit den Feld-Theorien und Impuls-Tensoren beschreiben. Siehe unter anderem Wikipedia mit den Such-Begriffen Energie-Impuls-Tensor und Kaluza-Klein-Theorie. Kaluza war es auch, der die Zeit als vierte und mit der Aufwickel-Dimension als fünfte Dimension in die Kosmologie eingebracht hat. Die M-Theorie geht sogar von elf Raumzeitdimensionen aus (Hinweis Quelle 2, Seite 118).

**Die Gravitations-Beschleunigung bestimmt die Äquipotential-Ebenen:**
Die Gravitations-Beschleunigung „g" ist ein Maß für die Verdrängung von Raum-Energie je Volumeneinheit. Der Faktor korreliert mit der Dichte oder auch Konzentration je Volumeneinheit im Raum. Die Masse steht für das Trägheitsverhalten der Materie, die je nach Zusammensetzung ihrer Elemente spezifische Dichten haben kann. Raumenergie abstrahlende Objekte, wie Sonnen, und somit die Sterne, haben eine höhere Gravitations-Beschleunigung als kühle Planeten oder Monde, denn sie verzerren mit der Energieabstrahlung das Potentialfeld der Raum-Energie zusätzlich. Nach Albert Einstein verzerrt auch die Energie den Raum (Hinweis Quelle 3, Seite 317).

Stellt ein Objekt im Feld der Raum-Energie ein energetisch ausgeglichenes Gesamtsystem dar, z. B. der Planet Erde für sich oder das System Erde zusammen mit dem Mond, dann stellt sich auf der Oberfläche oder im Gesamtsystem eine bestimmte Gravitations-Beschleunigung ein. Die Gravitations-Beschleunigung „g" nimmt mit dem Abstand von der Oberfläche des Himmelskörpers nach außen hin ab. Die Abnahme korreliert im statischen System bei zunehmendem Abstand mit dem umschlossenen Volumen des energetischen Systems.

Innerhalb des Planeten Erde bis hin zum energetischen Mittelpunkt sinkt die Erdbeschleunigung „g" entsprechend dem abnehmenden restlich umschlossenen Volumen als Kugel bis auf den Wert Null. Aufgrund der verschiedenen Masseverhältnisse, wegen des spezifisch schweren Eisenkernes der Erde, ist die Abnahme der inneren Erdbeschleunigung somit nicht linear mit dem kleiner werdenden Radius. Außerdem nimmt die Massedichte mit dem steigenden Innendruck zu (siehe auch Wikipedia: Potentialtheorie und PREM).

**Die Änderung der Gravitations-Beschleunigung „g" ist mit dem Abstand vom energetischen Schwerpunkt des Himmelskörpers und dem damit umschlossenen Volumen und der sich daraus ergebenden spezifischen Dichte der Massen proportional.**

Die Gravitations-Beschleunigung, und somit auch die Erdbeschleunigung „g" ist am Äquator geringer als am Nordpol. Am Nordpol umschließt der Radius zum energetischen Mittelpunkt der Erde ein kleineres Massevolumen in der Kugel als der Radius am Äquator. Der Radius vom Äquator aus, hin zum selben energetischen Erdmittelpunkt ist größer, und das theoretisch umschlossene Massevolumen innerhalb dieses Abstandes zum Massemittelpunkt, in Bezug auf eine ideale Voll-Kugel mit diesem Radius, ist kleiner. Hinzu kommt noch die Verzerrung des Gravitationsfeldes durch die Fliehkraft aus der Erdrotation. Die Erdbeschleunigung „g" ist auch auf der Äquatorlinie höchst unterschiedlich, mit unterschiedlichen Werten im Indischen Ozean zu dem Pazifischen Ozean. Das weist auch auf die unterschiedliche Massedichte-Verteilung der Erdkruste hin und hat wohl ursächlich auch mit der Entstehung der Ur-Erde zu tun, siehe Satellit GOCE. Eine weitere Interpretation ist die Verkleinerung der Gravitations-Beschleunigung infolge der Fliehkraft aus der Erdumdrehung auf die Körper am Äquator, was gleichzusetzen wäre.

Somit kann man die Gravitations-Beschleunigung „g" auch dahingehend interpretieren, dass sich „g" je nach Abstand von der Oberfläche der Masse auf den Wert einstellt, als würde sich die gravitative Masse auf das Volumen im Raum gleichmäßig ausgedehnt haben, das dem Abstand der Objekte von der Oberfläche aus entspricht. Die Massedichte hat sich durch die Verteilung mathematisch insgesamt verringert und übt durch die geringere Verzerrung des Feldes der Raum-Energie somit eine geringere gravitative Kraft auf andere Masseobjekte in diesem Abstand aus. Das gilt natürlich auch für überwiegend gasförmige Himmelskörper, wie die Sonne oder die Planten Jupiter und Saturn. Die Verdrängung der Raum-Energie durch diese Objekte wäre erheblich höher und damit die Gravitations-Beschleunigung an ihrer Oberfläche, wenn diese überwiegend gasförmigen Objekte in gleicher Größe aus massiver Materie wie der Planet Erde bestehen würden. Zum Glück für den Planeten Erde ist das nicht der Fall.

Auf der anderen Seite muss man sich fragen, warum die Gravitations-Beschleunigung „g" mit dem Abstand vom Massekörper in etwa parabolisch abnimmt. Es ist die Abnahme der Verzerrung des Feldes Raum-Energie in der Felddichte, die in größerem Abstand wesentlich kleiner werden kann, um die gleiche Masse auf das möglichst kleinste Volumen zu halten. Die Kugel-Fläche der Äquipotential-Linie ist nun größer, um im Inneren den gleichen Druck zu erzeugen. Somit hat das Feld der Raum-Energie einen Innendruck. Nach Albert Einstein verzerrt auch der Druck den Raum und somit das Gravitations-Feld (Hinweis Quelle 3, Seite 317).

Die Fernwirkung der Gravitations-Beschleunigung nimmt mit steigendem Abstand sehr stark ab, bis diese schwächer werden, als die Kräfte, die eine Verzerrung der Raum-Energie erfordern. Somit ist eine unendliche Fernwirkung der Gravitations-Kräfte im Feld der Raum-Energie nicht gegeben, was ein Zusammenklumpen der Materie verhindert. Die Fernwirkung geht unter, wenn Potential-Bereiche anderer Massen stärkeren Einfluss im Feld der Raum-Energie ausüben. Die Einsteinsche kosmologische Konstante ist somit nicht erforderlich, die das Zusammenklumpen der interstellaren Materie verhindern soll. Die Gravitation aus der Newtonschen Massebeziehung mit der Gravitationskonstante „G" beinhaltet eine instantane, also zeitlich und räumlich grenzenlose Beziehung der Massen untereinander. Beide Beziehungen haben sich inzwischen gegenüber der Praxis der Kosmologie als nicht realistisch herausgestellt.

Zum Beispiel verzerrt ein Flugzeug die Luft-Atmosphäre nur im näheren Bereich und die Fernwirkung verliert sich durch die inneren Beschleunigungskräfte, die in einem gewissen Abstand die Luftmoleküle nicht mehr bewegen können. Auch ein Schiff verzerrt die Wasseroberfläche nur im näheren Bereich und nicht das ganze Meer gleichzeitig, weil sich die Anhebungskräfte im Umkreis abschwächen und so schwach werden, bis die Bindungskräfte der Wassermoleküle die Restkraft, die nach Veränderung verlangt, übersteigt. Medien wie Luft und Wasser sind aber keine Energie-Felder, von daher hinkt der Vergleich.

Die Gravitations-Beschleunigung „g" stellt sich auf die Stärke der Verzerrung des Feldes der Raum-Energie ein. Die Beziehungen sind nicht gerade linear, sondern folgen einem Volumenmodell und einem Feld-Modell sowie einem Raumzeit-Modell. Die mathematischen Grundlagen ergeben sich aus den Einsteinschen Gravitations-Theorien. Weiterentwicklungen ergeben sich mit der Schwarzschild-Metrik und Kerr-Metrik und deren Weiterentwicklungen (siehe Wikipedia Suchbegriff: Schwarzschild-Metrik und Kerr-Metrik).

Es handelt sich bei diesen mathematischen Ableitungen um Feld-Theorien, die ein Energiesystem im Raum beschreiben. Demzufolge müsste sich doch jeder fragen dürfen, woher das Energiesystem oder das Feld kommt:
Mit der Quastschen Energiefeld-Theorie ist eine Grundlage gegeben!

Die Gravitations-Beschleunigung „g" ist somit ein Maß für das durch die Masse verdrängte Feld der Raum-Energie und bildet damit die Äquipotential-Linien für Umlaufbahnen der Himmelskörper umeinander aus. Die sehr dichten Neutronen-Sterne, in denen die kollabierten Reste von Atomkernen neben Restmaterie dicht gepackt sind, haben eine exorbitant hohe Gravitations-Beschleunigung. Die Neutronen-Sterne, aber auch Weiße Zwerge, verzerren das Feld der Raum-Energie bis hin zu sogenannten „Schwarzen Löchern", aus denen keine oder nur wenig Strahlung entweichen kann. Die Eigen-Strahlung wird durch Totalreflexion innerhalb der Dichtegrenzen im Feld der Raum-Energie zurückgelenkt und ist somit im Kreis gefangen (Thermosflaschen-Effekt) und wird durch Effekte der gravitativen Rotverschiebung unsichtbar. Das Gleiche gilt auch für Schichten um die Zentren der Galaxien. Strahlung dringt nur abgeschwächt durch, wenn sie senkrecht zu den Äquipotential-Ebenen steht und es somit keine Winkelreflexionen an Dichteschichten gibt. Deswegen erscheinen manche Objekte im Weltraum für uns recht schwach, obgleich sie hinter den Dichtegrenzen im Potentialfeld der Raum-Energie wesentlich stärker strahlen.

Das zeugt auch davon, dass die Raum-Energie einen sehr hohen Innendruck haben muss, der sogar Atomkerne zusammenhalten und auch zerstören kann. Die in verschiedenen Theorien postulierten Gravitonen müssten in den Neutronen-Sternen wohl sehr verstärkt vorhanden sein, damit diese Modelle funktionieren. Woher sollen diese gekommen sein? Die sehr hohen sekündlichen Umdrehungszahlen der Neutronensterne stammten von dem energetischen Drehimpuls der explodierten Vorsonnen, die nun mit der verbliebenen Masse auf einen sehr kleinen Restdurchmesser geschrumpft sind und der Pirouetten-Effekt wirksam wird. Die Massedichte ist enorm, denn es fehlt das Raum-Volumen aus dem Wirkungsquerschnitt der vorher intakten Atomkerne. Auch die schnell rotierenden Pulsare sind unter anderem in dieser Richtung einzuordnen.

## 4.16   Die Kernfusion ist die Quelle der nutzbaren Energieformen

Nimmt Materie durch Kernfusion oder Kernspaltung ihrer Atome mehr oder weniger Raum ein, wird Raum-Energie exotherm freigegeben. Das gilt bis hin zur Entstehung vom Element Eisen. Schwerere Elemente ab dem Element Eisen entstehen durch Energieeintrag mit endothermer Kompression oder exothermen Kernzerfall aus noch schwereren Elementen tief im Inneren von Sternen und der Sonne und bei der Explosion von Sternen.

### 4.16.1   Die Starke Wechselwirkung der Materie, die Starke Kernkraft

Bei der Kernfusion in den Sonnen wird über Zwischenstufen aus vier Wasserstoffatomen ein Helium-Atom. Das einzelne Helium-Atom verdrängt weniger Raum-Energie als die Summe der Volumina der vorherigen vier Wasserstoffatome und hat auch etwas weniger Masse als die Summe der Masse von vier Wasserstoffatomen.

Bei der Kernfusion ist ein bestimmter Masseverlust der beteiligten Ausgangsmasse nachweisbar. Es wird somit ein Teil der beteiligten Masse in Raum-Energie über Strahlung und Teilchenstrahlung zurückgewandelt. Viel größer ist aber der Einfluss vom Volumen her. Das Volumen der Ausgangsmasse ist wesentlich größer als das Volumen der fusionierten Masse. Ein aus der Fusion entstandenes Helium-Atom nimmt nur ein Viertel an Raum-Volumen ein, wie die vorherigen vier Wasserstoffatome für sich in Summe an Raum verdrängt hatten. Es wird somit bei der Kernfusion

Raum-Volumen und damit Raum-Energie freigesetzt! (Siehe auch Wikipedia Suchbegriff: Kovalenter Radius und Van-der-Waals-Radius).

**Durch Kernfusion wird Raum-Energie freigesetzt, weil die beteiligte Materie gegenüber der Ausgangs-Materie nach der Kernfusion weniger Raum einnimmt und in Summe auch einen Masseverlust hat! Freiwerdendes Raumvolumen und Masseverlust setzen Energie frei.**

Die Kernfusion in den Sternen erfolgt wohl ohne den Umweg über Deuterium mit Tritium und Lithium, sondern überwiegend direkt aus dem Plasma in den Sternen aus vier Wasserstoffatomen, genauer gesagt aus vier Protonen, die zum Teil in Neutronen umfusioniert werden. Es ist aber wegen der räumlichen Gegebenheiten ein kontinuierlicher Prozess, weil sich die in den Sternen vorrätigen Wasserstoff-Ionen nicht alle gleichzeitig in der richtigen räumlichen Position zur Kernfusion befinden und die ionisierten Atom-Teile erst zusammenfinden müssen. Die Turbulenzen sorgen für eine entsprechende Durchmischung. Bei der Kernfusion entstehen energetische Druckwellen in höchsten Gamma-Frequenzbereichen im Feld der Raum-Energie und hochenergetische Strahlung und Teilchenstrahlungen aus der Umwandlung von Protonen in Neutronen. Umliegende Atomkerne in den inneren Schichten in Richtung Oberfläche der Sterne werden wiederum durch diese Anstoß-Energie in Schwingungen versetzt.

In der Atomphysik werden die Energie-Teilchen, die bei den Umformungs-Vorgängen der Kernfusion auftreten, als Neutrinos bezeichnet. Die Neutrinos haben ein ähnliches Verhalten wie Photonen, die das Licht übertragen sollen. Es sind aber nach der Quastschen Energiefeld-Theorie Druckwellen im Feld der Raum-Energie, die diese gewaltigen Energiemengen in Form von Strahlung, die bei der Kernfusion entstehen, ableiten. Die Vorgänge von Volumen-Veränderung in dem unter unvorstellbar hohem Druck stehenden Energiefeld, erzeugen bei Veränderung diese höchsten Frequenzen an Gamma-Strahlung. Anderweitig könnte das freiwerdende Energiepotential nicht in angemessener Zeit abgeführt werden.

Die Vorgänge bei der Kernfusion sind der Überschall-Knall im Feld der Raumenergie. Das ist die Wasserstoffbombe.

Nach der Quastschen Energiefeld-Theorie entsteht Materie aus Raum-Energie in den Zentren der Galaxien durch Unterdruck-Kondensation. Die neu entstandene Materie verdrängt durch ihr Volumen die Raum-Energie und verzerrt das Potentialfeld. Verschwindet das Volumen der Materie bei der Kernfusion, wird die Verzerrung des Potentialfeldes wieder zurückgeführt und folglich Raum-Energie überwiegend in Form von Gamma-Strahlung freigesetzt. Die Starke Kernkraft kommt aus den Umformkräften der energetischen Felder aus den Quarks und deren Verbände, den Nukleonen. Die Quarks sind selbst Energie-Konglomerate, die sich über ihre energetischen Felder zu Protonen, Neutronen und Elektronen zusammenfinden und die Ursache für die Starke Kernkraft sind (siehe Kapitel 5.9 ff).

### 4.16.2 Die Schwache Wechselwirkung der Materie, die Schwache Kernkraft

Die Kernspaltung von Atomen, in unserer Welt durch die Spaltung des Urans und des Plutoniums und deren Isotope, wird bekanntlich zur Energiefreisetzung in Atombomben und Atomreaktoren genutzt. Die Spaltprodukte nehmen nach der Kernspaltung weniger Raum im Feld der Raum-Energie ein und verlieren zusätzlich etwas an Masse und deshalb wird Raum-Energie freigesetzt. Diese Raum-Energie wurde der Materie bei ihrer Entstehung mitgegeben, weil Materie selbst aus kondensierter und fusionierter Raum-Energie besteht.

Höherwertige Elemente als Eisen werden im Inneren von besonders großen Sternen aufgrund des immer höher werdenden Innendrucks infolge des zunehmenden Masse-Druckes in Richtung des Schwerpunktes in den inneren Schichten der Sterne zu immer höherwertigen Elementen über die Kernfusion, nun aber bei endothermer Energieaufnahme atomar zusammengedrückt. Insbesondere bei der Explosion von Sternen als Rote Riesen und infolge von Kollision oder Supernova-Explosion werden die schwereren Elemente bis hin zum Uran fusioniert. Das Uran zerfällt über die Jahrmillionen in andere Isotope und Elemente bis hin zum Blei. Diese neuen Elemente nehmen mehr Raum ein als ihre Ausgangselemente und fordern von daher Energieeintrag, hier Energie aus der Raum-Energie und der Explosions-Energie einer Supernova. Es entstehen fast alle höherwertigen Elemente in Vor-Sonnen und Sternkatastrophen, die auch die Grundlage für die Materie in unserem Planetensystem darstellen. Dafür mussten aber diese Vor-Sonnen und Sterne zunächst sterben, damit sich weitere Systeme, wie unser Planetensystem, entwickeln konnten. Das ist ebenfalls eine Grundlage für den Lebensraum auf dem Planeten Erde.

### 4.16.3 Die tödliche Fusions-Strahlung ist die Grundlage irdischen Lebens

Die aus der Kernfusion in der Sonne hervorgebrachte hochenergetische Gamma-Strahlung wäre für die biologische Natur nicht hilfreich. Durch Transformation der Schwingungsfrequenzen über die Atomkerne der umliegenden, unter hohem Gravitationsdruck stehenden Gas- und Plasma-Materie in den Sternen und Sonnen, wird aus hochfrequenter Strahlung niederfrequentere Licht- und Wärmestrahlung. Das ist der Ursprung der für die Menschheit auf der Erde nutzbaren Sonnen-Strahlung. Es ist vergleichbar mit der bekannten Leuchtstoffröhre. Die hochfrequente Strahlung aus der internen Gasentladung ist nur als schwaches Glimmen zu sehen, aber erst die Leuchtstoff-Schicht transformiert die hochfrequente Strahlung in sichtbares und damit brauchbares Licht.

Das den Planeten Erde erreichende Licht ist durch den Abstand Erde zur Sonne optimal eingestellt. Die hochenergetischen Teilchenstrahlungen werden vom Magnetfeld und von der Luft-Atmosphäre der Erde abgefangen und weitestgehend energetisch reduziert, sodass biologisches Leben auf diesem Planeten erst möglich wurde. Die Dosis ist durch den Abstand und Drehung Erde zur Sonne zum Glück so eingestellt, dass Wasser in gemäßigten Temperaturbereichen flüssig bleibt, was die Grundlage für jegliches biologisches Leben ist. Bei Störungen dieser Verhältnisse durch Schwankungen in der Sonnenaktivität, Durchzug von interstellaren Materiewolken durch unser Sonnensystem, Einschläge von Asteroiden und Kometen, vulkanische Aktivitäten und anderem auf dem Planeten Erde, kann es zu Überhitzungen oder auch zu Abkühlungen kommen, die Eiszeiten zur Folge haben.

**Der Planet Erde hat schon so einiges erlebt und wird auch den Menschen überleben, und danach noch ein paar Milliarden Jahre weiter, auch als unbewohnbarer Planet, unter dem heißen Sonnenwind des Roten Riesen Sonne existieren.**

Ohne die Gravitationswirkung des Mondes wären die lebensfreundlichen Bedingungen auf der Erde mit ihrer Eigendrehung und dem gemeinsamen Abstand zur Sonne für das biologische Leben nicht gegeben. Ohne den von der Erde abgespaltenen Mond hätte der Tag auf Erden nur acht Stunden. Die Lage der Erdachse wäre wesentlich schwankender, als in Verbindung mit dem stabilisierenden Mond. Das wären keine Bedingungen für ein biologisches Leben. Tektonik der Erdplatten und Aufwölbung von Kontinenten würden fehlen, es gäbe nur wenige flache Inseln mit nur schwachen, nur von der Sonne bedingten Gezeiten von Ebbe und Flut. Es würden sich Bedingungen wie auf dem Mars einstellen, der aber wegen seiner kleineren Masse auch keine lebensnotwendige Atmosphäre und Wasser halten kann. Die vorhandenen physikalischen Bedingungen und Lebens-Bedingungen des Planeten Erde sind im Weltraum wohl sehr selten gegeben, aber nicht unmöglich, denn sonst gäbe es unseren Lebensraum, den Planeten Erde, auch nicht. Von daher sind im Universum mit der gegebenen Vielfalt ähnliche Bedingungen auch mehrfach möglich.

Sonne und Mond in ihrer Konstellation bilden die Lebensgrundlage für alles biologische Leben auf dem Planet Erde. Es bedarf nur weniger Veränderungen der Verhältnisse und die Voraussetzungen für das Leben schwinden. Unbewohnbare Himmelskörper gibt es in unzähligen Mengen in jeder Galaxie.

## 4.17 Das Licht entsteht durch Kugel-Schwingung der Atomkerne

Die Schwingungen der Atomkerne finden in dem alles durchdringenden Feld der Raum-Energie statt und werden durch Druckwellen an das umliegende Feld der Raum-Energie fast verlustfrei übertragen. Auch die Übertragung erfolgt sehr verlustarm und wird mit der Lichtgeschwindigkeit, im Normalfall kugelförmig, im Feld der Raum-Energie in Form von Druckwellen weitergeleitet. Voraussetzung dafür ist ein sehr, sehr hoher Innendruck im Feld der Raum-Energie und eine sehr geringe Elastizität. Jede räumliche Bewegung mit Druckwirkung auf dieses Feld wird unmittelbar unverändert weitergeleitet. Wir sehen es bei dem Licht und anderen vergleichbaren Strahlungen.

Licht ist eine Form der Energie-Übertragung und setzt sich mit Lichtgeschwindigkeit im Inneren des Energiefeldes, der Raum-Energie, durch Druckschwankungen fort. Das ist vergleichbar zu den Schallwellen in den Materie-Medien Luft oder Wasser. Druckschwankungen je Zeitintervall ist übertragene Energie, die als Arbeit definiert ist mit dem Produkt aus Kraft mal Weg in einer Zeiteinheit. Bei den schwingenden Atomkernen mit ihren Elektronenhüllen handelt es sich aber um Kugelschwingungen, die im Feld der Raum-Energie eine vielfältige Art und Gemisch von Schwingungen hervorrufen. Atome, auf die diese Schwingungen einwirken, werden dadurch in gleicher Frequenz oder je nach Art der Materie in Resonanzfrequenz als Energiespeicher und Reflektor angeregt. Die damit gegebene Farbenvielfalt und Lichtstärke ist in allen Lebensbereichen von ausschlaggebender Bedeutung.

Jede räumliche Schwingungs-Bewegung in Atomkernen überträgt sich auf das umgebende Potentialfeld der Raum-Energie und wird über Energiedruck-Wellen mit ihrer Vielfältigkeit in Lichtgeschwindigkeit an den umgebenden kugelförmigen Raum, den mit Raum-Energie ausgefüllten Raum übertragen und fast verlustfrei bis an dessen Grenzen, bis zur Hintergrundstrahlung weitergeleitet.

Umgekehrt werden Energie-Druckwellen von anderen Schwingungsquellen aus dem Raum auf Atomkerne übertragen und diese jeweils in ihrem Verbund in Resonanzschwingungen versetzt. Anderenfalls wäre kein Gegenstand für uns sichtbar. Die verschiedenen Farben ergeben sich aus dem Gemisch von Reflexion und Absorption der verschiedenen Frequenzanteile aus dem Lichtspektrum.

Die zu den Protonen gegenpolig geladenen Elektronen sind in die Schwingungen auch mit eingebunden, haben aber keinen so großen Einfluss, weil sie im Verhältnis zum Atomkern wenig Raum einnehmen und Raum-Energie verdrängen. Sie wirken aber in ihren Bahnbewegungen und Schwingungs-Systemen über ihre Ladungen erheblich auf den Atomkern zurück, was somit auch auf den Atomkern und damit auf die Energie-Druckwellen einwirkt. Also das gesamte Schwingungs-System im Atom oder deren kristalline und chemische Verbindung aus Atomen wirkt auf das umgebende Energiefeld ein und umgekehrt. Jede Atomkombination, jedes Element, jedes Molekül hat ihr eigenes spezifisches Schwingungsbild und Resonanzverhalten und sie geben Schwingungsmuster über Energie-Druckwellen ab oder werden entsprechend durch Energie-Druckwellen zu Eigenschwingungen angeregt. Das Verhalten der Elektronen auf ihren Schwingungs-Schalen und den plötzlichen energetischen Sprüngen zwischen diesen Schalen sind die Reaktionen, die energetische Strahlung und Partikel-Strahlung verursachen und mit der Quanten-Elektrodynamik erklärt werden.

Mit diesem Modell wird die verlustlose Energieübertragung von Atom zu Atom und von Materie zu Materie ermöglicht.

Die Intensität der Sonnen-Strahlung, mit ihrer gleichmäßigen, kugelförmigen Verteilung im Raum, ist allgemein über die elektromagnetischen Wellen oder Photonen postuliert. Die Strahlung besteht somit aus einem Strahl mit einer Halbwelle elektrostatischem Anteil, und senkrecht dazu im Raum angeordnet, einer Halbwelle mit dem elektromagnetischen Anteil, mit jeweils einem polaritätswechselnden Nulldurchgang (siehe Wikipedia: Elektromagnetische Wellen).

Der zu übertragende Energieinhalt müsste im doppelten Takt der Frequenz in den elektrostatischen und dann wieder in den elektromagnetischen Anteil der elektrischen Felder wechseln. Diese Kombination ist elektrodynamisch nicht erklärbar, insbesondere von der notwendigen Felddichte her gesehen. Die Leistung, und mit Leistung mal Zeit auch die Energie, ist immer dann Null, wenn einer der Faktoren Spannung U oder Strom I den Wert Null hat. Gleiches gilt auch für das energetische Produkt von elektrostatischen und elektromagnetischen Feldern. Es ergeben sich Plus- und Minus-Produkte für die zu übertragende Energie aufgrund der 90 Grad Verschiebung der Felder, denn es handelt sich um zwei getrennte Pole. Bei Druckwellen gemäß der Energiefeld-Theorie wechselt das Energieniveau einpolig zwischen einer potentiellen Energie und einer kinetischen Energie wie ein Pendel. Auch die postulierte Korpuskel-Strahlung, gemäß der Standardtheorie aus Photonen bestehend, kann die erforderliche Energiedichte nicht hervorbringen. Im Takt der Frequenz müsste die Strahlung mal mehrere Teilchen und dann wieder weniger Teilchenströmung haben, und das kugelförmig in den Raum hinaus.

Die nach der Herz´schen Theorie zu übertragenden Energiemengen würden elektrische Feldstärken benötigen, die nicht ohne Nebenwirkungen mit der Induktion von elektrischen Ausgleichsströmen über die Ladungsträger in der bestrahlten Materie wären, sogenannte Wirbelströme. Diese elektrischen Felder sind an Ladungsträger gebunden. Magnetische Felder sind nur existent, wenn die Feldlinien geschlossen sind. Werden die Feldlinien immer weiter gedehnt, reißen sie ab, wie beim Auseinanderziehen von Dauermagneten oder in überlasteten Elektromotoren. Der Wirkungsbereich von elektrischen und magnetischen Feldern ist von der Lage der Pole und der Bewegung von Ladungsträgern abhängig und hat räumlich einen sehr begrenzten Wirkungsbereich. Auf der Sonne gibt es magnetische Schleifen, hervorgerufen durch ionisierte aufsteigende und danach abfallende ionisierte Plasmaströme unterhalb der Sonnenoberfläche. Diese magnetischen Schleifen werden durch ausgestoßenes Plasma, den Protuberanzen, emporgehoben und immer weiter gedehnt. Reißen die Feldlinien auf, hat das Plasma keinen Träger mehr und fällt zu einem Teil zurück auf die Sonnenoberfläche. Der Rest des Plasmas wird durch den Strahlungsdruck mit Über-Fluchtgeschwindigkeit von der Sonne in den Weltraum ausgestoßen.

**Diese postulierten elektromagnetischen Wellen können nicht die Grundlage für die Übertragung von Strahlung, und damit Energie, über die uns bekannten gewaltig großen Räume von der Sonne und aus dem Universum sein.**

Nach der Energiefeld-Theorie sind für die Übertragung dieser Energiemengen die hier postulierten Druckwellen im Feld der Raum-Energie die Träger. Die über sehr große Entfernungen zu übertragenden Energiemengen benötigen kontinuierliche, sich kugelförmig verteilende Druckwellen für diese hohen energetischen Dichten. Das setzt ein homogenes Skalar-Feld der Raum-Energie mit einem immens hohen Innendruck voraus. Dieser Druck ist die Grundlage für die Lichtgeschwindigkeit. Die energieübertragenden Druckwellen sind nicht an Medien oder Ladungsträger gebunden, es sind reine Feld-Parameter über Druck- und Wegschwingung, die sich abwechselnd entsprechend der Frequenz der Strahlung ändern. Diese Druck-Wellen, als Mischung von transversalen und longitudinalen Wellen, werden im Feld der Raum-Energie mit Lichtgeschwindigkeit weitergeleitet, was den hohen Innendruck im Feld der Raum-Energie beweist. Ändert sich der allgemeine Innendruck im Skalarfeld der Raum-Energie, würde sich dadurch die Lichtgeschwindigkeit ändern und ebenso auch das Volumen der

Atome. Ändert sich aber auch die Energiedichte im Feld der Raum-Energie exorbitant, wie im Nahbereich von Schwarzen Löchern oder Kugelhaufen, dann wird die Lichtgeschwindigkeit beeinflusst und auch die Frequenz der Strahlung hin zur Rotverschiebung in diesem Bereich verändert. Das ist bei der Bestimmung des Alters oder der Eigenbewegung von Objekten im Universum über die Rotverschiebung des gemessenen Lichtes mit zu berücksichtigen (weitere Ableitung siehe Kapitel 4.25).

## 4.18 Die Elemente der Materie bestimmen die Frequenzen der Strahlung

Die Frequenzen der von den Atomkernen abgegebenen Licht-, Wärme- oder niederfrequente Radiostrahlungen hängen von den Erreger- und Anstoßenergien und dem Erregungs- und Resonanz-Verhalten gemäß den verschiedenen Elementen der Materie ab. Da das Atom ein massebehaftetes System und auch ein energetisches Schwingungs-System ist, ergeben sich die verschiedensten physikalischen Verhaltensweisen, je nach Art dieser Zusammensetzung.

Aus dem Spektrum der Strahlungen der unterschiedlichsten Atome lassen sich Rückschlüsse auf die Materie bis hin zu den einzelnen Elementen erkennen. Die energetischen Reaktionen und Schwingungen der Elektronen hängen eng mit dem Schwingungsverhalten der Atomkerne zusammen. Änderungen in den jeweiligen Zonen haben somit über die Atomkerne Rückwirkung auf das Feld der Raum-Energie.

Über diese Wechselwirkung zwischen dem Feld der Raum-Energie und der Materie wird Energie in Form von Strahlung aus der Materie emittiert oder Energie in die Materie induziert. Das führt gemäß Spektralanalyse der Strahlung zu der bekannten Emission oder Reflexion in den verschiedenen Farb-Bereichen des Lichtes und bei Absorption der Strahlung zu den Fraunhofer-Linien für die spezifischen Elemente und deren Mischung.

Damit erhalten wir die Information über die Art der Sterne und ihrer Zusammensetzung, wenn diese Himmelskörper selber strahlen.

Dafür ist das Resonanzverhalten der Atome, auch in ihrem Verbund, plasmotisch oder gasförmig, flüssig oder fest, amorph oder in Kristallen und Molekülen vorliegend, von entscheidender Bedeutung. Die Atome haben in diesen Aggregatzuständen und Verbänden verschiedene Verhaltensweisen, auf bestimmte Frequenzen der Strahlung mehr oder weniger stark zu reagieren, Energie abzustrahlen oder zu absorbieren.

Atomkerne rotieren in sich und können bei Änderung dieser Drehzahlen und kugelförmigen Eigenschwingung auch ihr Volumen durch mehr oder weniger Fliehkraft ändern. Diese Änderungen in dem beanspruchten Raum-Volumen haben eine Änderung in der Verdrängung des Feldes der Raum-Energie über den veränderten Wirkungsquerschnitt zur Folge. Die Nukleonen der Atomkerne, Protonen und Neutronen, bestehen aus den Quarks, die wiederum in sich rotieren und je nach Spin unterschiedlich polarisiert sein können und somit Ladungsträger sind. Die Protonen im Atomkern halten sich über die Coulomb-Kraft auf Abstand, der durch Schwingungen der Elektronen auf ihren Bahnen und durch Druck-Schwingungen aus dem Feld der Raum-Energie, also Strahlung, beeinflusst wird.

Bei Energieentzug aus dem Atom oder Energieeintrag in das Atom wechseln die Elektronen ihr Bahnparameter und ihre Bahnebenen. Auch das verändert den Wirkungsquerschnitt des Atoms gegenüber dem Feld der Raum-Energie. Ebenso wirken sich Änderungen im Schwingungsverhalten der Elektronen um den Atomkern herum auf das Verhalten der Atomkerne aus und umgekehrt. Diese Schwingungsveränderungen und die Vielfalt der Atome in der Materie sind die Grundlage für das Frequenzspektrum der Strahlung mit seiner Farbenvielfalt und der Möglichkeit, eingespeicherte Energie aus der Materie zu emittieren oder über Strahlung in die Materie zu induzieren. Mit weißem Licht bestrahlte Körper erscheinen für uns somit, je nach atomarer Zusammensetzung über die unterschiedliche Absorption oder Reflexion von Strahlung, in den verschiedensten Farben.

Besonders energieintensive Vorgänge ergeben sich aus den Veränderungen der Zusammensetzung von Atomkernen bei Fusion oder Kernzerfall. Diese Änderungen im Volumen, dem Wirkungsquerschnitt der Atomkerne, induzieren sehr hochfrequente Strahlungen mit der Gamma-Strahlung in der Wechselwirkung mit dem Feld der Raum-Energie. Die Gammastrahlung abgebenden Fusionsvorgänge in der Sonne liefern die Energie für das Leben auf dem Planeten Erde. Die Gammastrahlung wird innerhalb der Sonne durch die Materie der äußeren Sonnenhülle und die Gravitation der Sonne in der Frequenz und Intensität zu der für uns verträglichen und lebenswichtigen Licht- und Wärmestrahlung transformiert.

### 4.19 Strahlung hat direkte Rückwirkungen auf die Materie

Trifft das Licht, Wärme- oder Radiostrahlung bis hin zur Gamma-Strahlung auf Materie, werden wiederum deren Atomkerne in diese Schwingungen versetzt. Je größer die Absorption und das Resonanzverhalten, je mehr Energie wird vom Empfänger übernommen. Die mit dem Licht übertragene Energie wird vom Empfänger aufgenommen und z.B. in gleich- oder niederfrequente, z.B. Wärmeschwingungen, transformiert. Die Lichtenergie, die nicht absorbiert wird, wird wieder in Richtung Einfallswinkel gleich Ausfallswinkel, abhängig von der Druckwellen-Frequenz und den Resonanzbedingungen der Atomkerne, reflektiert oder anderenfalls diffus absorbiert und auch in andere Frequenzen transformiert und zurückgestrahlt.

Das Atom verdrängt mit seinem Wirkungsquerschnitt das Feld der Raum-Energie. Jede Volumenänderung oder Eigenschwingung in diesem Wirkungsquerschnitt hat somit Reaktionen von Transmission oder Absorption von Druckwellen, und somit von Strahlung, mit dem Feld der Raum-Energie zur Folge. Die Strahlung ist in den verschiedensten Frequenzbereichen messbar, von der Radio- über das Licht bis hin zur Gamma-Strahlung. Der spezifische Aufbau der Atome, je nach Element, ist die Ursache für die Eigenschaften, verschieden stark auf die Frequenzen dieser Druckwellen aus dem Feld zu reagieren, diese auszusenden oder sie zu absorbieren.

**Reflexionen und Absorptionen von Energie-Druckwellen sind in Verbindung mit Materie über deren Atomkerne und deren Schwingungsverhalten verbundene Reaktionen mit den Erscheinungen und Reaktionen aus den Quantentheorien.**

Ein Licht-Spektrum (Regenbogenfarben) ergibt sich durch die verschiedenen Licht-Weglängen des Frequenz-Gemisches des weißen Lichtes durch unterschiedliche Brechungswinkel am Übergang von Dichtegrenzen im Medium Wassertropfen oder Prisma oder Spaltstreuung. Die Brechungswinkel und Laufzeiten der verschiedenen Licht-Farben sind im Medium von Glas, Kristall oder Wasser unterschiedlich, von daher erfolgt eine Trennung der Farben an Dichtegrenzen. Absorption der Energie benötigt Resonanz-Bedingungen (Fraunhofer-Linien im Spektrum) und hängt von der Schalen-Besetzung und dem Schwingungsverhalten der Elektronen in den Atomen ab.

## 4.20 Das Feld der Raum-Energie transportiert und leitet das Licht

Da die Raum-Energie im Energiefeld selbst ohne Masse und damit auch ohne Beschleunigungs- und Reibungsverluste ist, kann das Licht und die Radiostrahlung fast verlustlos mit der Anstoßgeschwindigkeit im Potentialfeld der Raum-Energie übertragen werden. Diese Anstoßgeschwindigkeit im Potentialfeld der Raum-Energie ist die Lichtgeschwindigkeit.

Dieser Effekt ist vergleichbar zu den Schallwellen in Luft oder Wasser, die auch durch Druckwellen im Medium weitergeleitet und gerichtet werden. Das setzt auch eine Elastizität des Feldes der Raum-Energie voraus, denn die Druckwellen müssen sich auf- und abbauen können, ohne eine örtliche Eigenbewegung des Potentialfeldes hervorzurufen. Es ändert sich örtlich nur das jeweilige Energiepotential im Takt der zu übertragenden Energie-Druckwellen.

Unterschiedliche Potentialdruck- und Felddichte-Bereiche der Raum-Energie im Weltraum beugen das Licht durch Reflexion an den Dichtegrenzen wie an einem Spiegel, oder vergleichbar zu Schallwellen an Grenzflächen unterschiedlicher Luftdichte (Donnerhall). Es entsteht ein diffuser Lichtleiter-Effekt mit Einfallswinkel gleich Ausfallswinkel. Das Licht läuft somit auch im Bogen, es wird aus der Geraden umgeleitet und folgt dem gekrümmten Raum infolge von diffuser Totalreflexion an Dichtegrenzen. Diesen Effekt sieht man dem Licht vorerst nicht an, denn es bewegt sich in Bereichen gleicher energetischer Potentiale im Feld der Raum-Energie, in Äquipotential-Bereichen mit gleicher Feld-Dichte.

Kommt das Licht in andere Medien, wie Luft oder Wasser, wird die Lichtgeschwindigkeit herabgesetzt. Für die gleiche Strecke benötigt das Licht eine längere Zeit, oder in der gleichen Zeit legt das Licht eine kleinere Strecke zurück, als im luftleeren Weltraum. Zusätzlich treten bei Lichteinfall unter einem Winkel an den Dichtegrenzen Lichtbrechung und Lichtreflexionen auf, bis hin zur Zerlegung der Strahlung in ihr Frequenz-Spektrum.

Diese Effekte der Ablenkung der Strahlung sind auch im Universum anzunehmen, denn unterschiedliche Dichtegrenzen im Feld der Raum-Energie sind in der unmittelbaren Umgebung von Objekten mit großen Gravitations-Senken zu erwarten und ebenso an Übergängen zwischen Bereichen mit anderem Potential-Druck im Feld der Raum-Energie. Die Strahlung bewegt sich dabei, so weit wie möglich, in den Äquipotential-Bereichen mit gleicher energetischer Dichte der Raum-Energie fort und wird von daher auch im Bogen abgelenkt, wenn dieser Raum gekrümmt ist.

Die im Universum von der Materie abgegebene Strahlung muss ja erhalten bleiben, da Energie nicht verloren geht. Diese Energie benötigt somit einen Speicher. Ein absolut leerer Raum, ein Vakuum, kann kein Speicher sein. Folglich ist das Feld der Raum-Energie der Speicher, in dem die Strahlung von der zerstörten Materie zurückgeht, woher die Materie selber gekommen ist.

Nach Einstein krümmt die Raum-Zeit den Raum, was sich aus den mathematischen Gleichungen für die Gravitation ableitet. Es gilt aber auch die Frage nach der Kausalität zu stellen, denn es kann ja auch der Weg gekrümmt sein und die Raum-Zeit ist gleichförmig linear.

## 4.21  Einsteinsche Fata Morgana

Als in Verbindung mit einer Sonnenfinsternis im Jahr 1919 von A. S. Eddington in Afrika bewiesen wurde, dass ein Stern am Rande der Sonne noch sichtbar war, obgleich er hätte an dieser Position von der Sonne verdeckt sein müssen, und nahe zur Sonne hin stehende Sterne ihre Position änderten, wurde daraus gefolgert: Die Sonne lenkt mit ihrer „Massen-Anziehungskraft" das aus Photonen bestehende Licht aus seiner Bahn ab und krümmt somit die Lichtbahn. Damit wurde die Gravitation, interpretiert als Massenanziehungskraft auf Licht, und diese Eigenschaft des Lichtes als Beweis abgeleitet und die von Albert Einstein vorhergesagte Relativitätstheorien als bewiesen anerkannt, dass die Gravitation über die gekrümmte Raum-Zeit ursächlich zusammenhängt.

**Gegendarstellung:**
Angebliche Ablenkeffekte von Licht nach der Theorie von der Massenanziehungskraft der Himmelskörper, bedingt durch die nicht näher definierte Photonen-Eigenschaft der Lichtquanten, müsste es somit auch in Verbindung mit dem Mond bei Neumond oder den Planeten geben. Dieses ist aber bis heute noch nicht bekannt geworden, denn

deren Gravitationskräfte sind im Verhältnis zur Sonne auch sehr viel geringer.

Aus dem von mir beschriebenen System von Raum-Energie und Licht als Druckwellen in diesem Potentialfeld ist der Vorgang der Lichtumlenkung als eine Fata Morgana zu interpretieren. Hinter der durch Sonnenfinsternis verdeckten Sonne stehende Sterne können noch gesehen werden, weil es Reflexionen an Dichtegrenzen im Feld der Raum-Energie in der Nähe der Sonnenoberfläche gibt. Das Gleiche gilt auch für nahe bei der Sonne stehende Sterne während der Sonnenfinsternis, die eine andere Position einnehmen. Allerdings ist bei den Aussagen Vorsicht geboten, denn die hell leuchtende Corona bei Sonnenfinsternis nimmt ein erhebliches Sicht-Feld in Anspruch, wodurch die übliche Strahlungsstärke der Sterne überlagert wird. Die Corona selbst ist schon ein Reflexionsfeld der Sonnenstrahlung an dem Partikel- und Strahlungs-Strom aus der Sonne heraus.

Die Sonne mit ihrer großen Masse hat über ihren Gravitationseinfluss erhebliche Rückwirkungen auf das Feld der Raum-Energie und verzerrt das Potentialfeld durch ihre Gravitation. Zusätzlich kommt bei Sonnen, und somit auch bei Sternen und Galaxienzentren ein erheblicher Strahlungsdruck aus einer Vielzahl von Strahlungsarten hinzu. Diese Abstrahlung von Energiewellen verzerrt ebenfalls das Potentialfeld der Raum-Energie schichtweise. In den näheren Bereichen wird somit die Dichte-Schichtung im Potentialfeld der Raum-Energie erhöht, was zusätzliche Dichtegrenzen hervorbringt.

Diese Vorgänge führen im näheren Umfeld der Sonnenoberfläche zu sehr erhöhten Druck-Schichtungen im Potentialfeld der Raum-Energie. An diesen Grenzen unterschiedlicher Dichte wird das Licht bogenartig reflektiert, sodass auch hinter der Sonne stehende Sterne sichtbar werden können. Ebenso werden nahe der Sonne im Umkreis stehende Sterne in ihrer Position durch die gekrümmten Lichtwege ringsherum verschoben. Das Licht läuft in dieser Nähe zu einem Masse- oder Strahlungs-Objekt, welches das Feld der Raum-Energie verzerrt, auf einer gebogenen Teilstrecke auf sogenannten Äquipotential-Linien mit gleicher Dichte im Potentialfeld der Raum-Energie. Erst dadurch erfährt das Licht eine Umlenkung. Es läuft somit in einem Bogen gemäß den kugelförmigen Äquipotential-Linien. Dabei kann aber einiges an Strahlungskraft durch Streuung gemäß den Quantentheorien verloren gehen, oder es bilden sich sogar linsenähnliche Verstärkereffekte aus. Diese Effekte sind natürlich nur schwer festzustellen, welcher Lichtstrom geht in den Bereich hinein und welcher Teil des Lichtstromes kommt nach der Umlenkung heraus. Das Licht nimmt im Potentialfeld der Raum-Energie zum Teil den Weg mit dem gleichen Energiepotential, das ist die Äquipotential-Linie und wird somit aus der geraden Bahn im Bogen umgelenkt. Die Umlenkung findet nur in den Bereichen statt, wo die entsprechende gravitative Feldverzerrung im Potentialfeld die Energiedruckwellen des Lichtes umlenken kann. Bei der Sonne ist das nur ein sehr schmaler Bereich in der Nähe der Sonnenoberfläche.

Es darf ja auch mal die Frage gestellt werden: Warum ist die auf- und untergehende Sonne für uns sichtbar größer als tagsüber, oval verzerrt und sogar im Lichtspektrum zum Rot hin verschoben? Es könnten die genannten Effekte aus der hier aufgezeigten Energiefeld-Theorie ihre Einflüsse haben, aber hier im Medium der Luft. Frequenzfilterung, Frequenzalterung, Lichtspiegelung mit Verzerrungs- und Lupeneffekten wirken sich aus.

Diese Vorgänge ergeben sich auch im Medium der Luft und sind als Fata Morgana bekannt. Bei großer Hitze, wo bodennahe erhitzte, und somit in der Dichte veränderte Luftschicht einen Spiegeleffekt verursacht, können vorausliegende oder sogar bei höherer Lage der Spiegelschicht hinter dem Horizont vorhandene Dinge sichtbar werden, allerdings spiegelverkehrt umgeleitet.

Es gibt auch Spiegeleffekte an Dichtegrenzen im Medium Wasser, je nach Einfallswinkel bis hin zur Totalreflexion bei Sonnenuntergang. Ein Taucher unter Wasser sieht an der Grenze zwischen Wasser und Luft eine silbrige

Schicht, an der Licht reflektiert wird, ebenso an Luftblasen im Wasser. Im Medium Luft ist der Donnerhall ein Beweis für Spiegelungen von Schall-Druckwellen an Dichtegrenzen der Luftschichten mit unterschiedlichen Dichten, bedingt durch die jeweilige Temperatur oder dem Luftdruck der Bereiche.

**Strahlung aller Art wird an Dichtegrenzen im Potentialfeld der Raum-Energie oder an Dichtegrenzen in den Medien von Luft und Wasser in ihrer Richtung umgeleitet und gestreut.**

Diese Verzerrungen und Spiegelungen in der Nähe von großräumigen Energiedichte-Grenzen sind im Weltraum an verschiedenen Stellen mit Fotos belegbar. Es gibt sogenannte Linseneffekte, wodurch fernere Galaxien im Bogen verzerrt oder kreisförmig angeordnet erscheinen. Eine Galaxie oder ein weit entfernter Quasar hinter einem Strudel im Potentialfeld der Raum-Energie erscheint mit zwei spiegelgleichen Bildern rechts und links neben dieser Gravitationslinse, bedingt durch Druckgrenzen im Potentialfeld der Raum-Energie. Das Licht dieser Galaxien geht durch Gebiete mit vielleicht von vielen Schwarzen Löchern oder massedichten Neutronensternen verursachten Dichte-Grenzen der Raum-Energie.

Bei weiträumig ringförmigen Linseneffekten, bei denen dahinterliegende Galaxien zu Halbbögen verzerrt sichtbar sind, müssen demnach entsprechend große Bereiche im Feld der Raum-Energie durch gravitative Einflüsse verzerrt werden. Diese Bereiche können einen Durchmesser von mehreren Millionen Lichtjahren im Feld der Raum-Energie annehmen. In diesen Bereichen gibt es sehr große Strudel von Ausgleichströmungen im Feld der Raum-Energie zum Ausgleich von Druckunterschieden. Diese Strömungsbereiche sind vergleichbar zu den Weißen Löchern, die ein Galaxienzentrum ausbilden. Diese Strudel sind aber sehr großflächig und bilden keine Galaxie aus, verzerren aber ebenfalls das Feld der Raum-Energie in diesen Bereichen zu ring- oder ellipsenförmigen Gravitationslinsen. Dadurch bilden sich Druckgrenzen aus, die Reflexionsbereiche darstellen, sofern sie von ihrer Lage her von der Erde aus eingesehen werden können.

Diese Gravitationslinsen können sich aus den Überresten jeweils untergegangener Galaxien oder nicht mehr Materie generierenden Galaxien gebildet haben. Die ehemalige Strömung durch das Weiße Loch einer Galaxie hat nachgelassen, die Galaxie hat die Generierung von Materie eingestellt. Die Schweife der Materie haben sich in den umliegenden Weltraum fein verteilt und sind für uns nicht mehr sichtbar. Durch das Weiße Loch der untergegangenen Galaxie fließt aber weiterhin eine strudelförmige Ausgleichsströmung zwischen unterschiedlichen Druckbereichen im Feld der Raum-Energie. Der ehemals eng begrenzte Strömungsstrudel weitet sich laufend aus, generiert aber keine Materie mehr und wirkt weiterhin im Feld der Raum-Energie als ein feldverzerrendes Objekt und bildet diese Gravitationslinsen aus. An diesen Bereichen mit unterschiedlichem Druck im Feld der Raum-Energie wird durch diese Bereiche hindurchgehende Strahlung an deren Dichtegrenzen, je nach Einfallswinkel gleich Ausfallswinkel, umgelenkt und somit gespiegelt. Es gibt sogar ringförmige Schichtungen und somit mehrere Ringe von Spiegelungen von für uns dahinter liegenden strahlenden Galaxien, die wir sonst ohne diese linsenartigen Vergrößerungseffekte nicht sehen würden (siehe auch Kapitel 5.1).

Durch diese Dichtegrenzen werden Ablenkungen der Lichtwellen hervorgerufen, die dem allgemein bekannten Effekt einer Fata Morgana gleichen. Daraus könnte auch der Druck und die Felddichte im Feld der Raum-Energie abgeleitet werden, wie hoch er an der Stelle sein müsste (Hinweis Quelle 6, S 93 ff). Ein weiteres Beispiel ist das Einsteinkreuz und der Einsteinring, die ein Mehrfach-Bild oder Ringbilder von Quasaren zeigen, die hinter stark gravitativen Objekten stehen (Hinweis Quelle 10).

**Mit der hier aufgestellten logischen Ableitung ist die Theorie vom Feld der Raum-Energie und das Vorhandensein von Licht als Dichteschwingung in diesem Energiefeld als möglicher Beweis gegeben.** Eine Gravitation oder Massenanziehungskraft auf das Licht ist somit für den Effekt der Lichtablenkung im Weltraum nicht erforderlich. Das Licht wird an Dichtegrenzen durch die Bereiche mit gleichem Druck, dem gleichen Energie-Potential im Feld der Raum-Energie geleitet. Ist der Raum oder der Bereich gleichen Druckes und Felddichte gekrümmt, läuft auch das Licht zum Teil innerhalb des gekrümmten Raumes auf einer Äquipotential-Linie, ähnlich dem Licht in Lichtleitern oder den Satelliten um den Planeten Erde.

Damit ist der Gegenbeweis zu der Theorie der bisherigen Wissenschaft gegeben, die besagt: Es gibt die Kräfte der Massenanziehung auch auf das Licht, und dadurch unterliegt das Licht, bestehend aus Teilchen, den Photonen, den Bedingungen von Massenanziehungskräften. Umgekehrt wird daraus gefolgert, es gibt diese Massenanziehungskraft zwischen den Himmelskörpern. Es werden dafür verschiedene Gravitonen als Teilchen definiert und von Seiten der Forschung als Higgs-Teilchen gesucht, die für die Massenanziehungskraft, auch im Atom, verantwortlich sein sollen.

Diese Theorien sind gemäß der hier aufgezeigten Energiefeld-Theorie aufzugeben und neu zu interpretieren. Es gibt keine Massenanziehungskraft auf das Licht und sonstige Strahlung. Die Ablenkungen kommen aus den Potential-Schichtungen im Feld der Raum-Energie, die man auch als Bereiche mit unterschiedlicher Energiedichte bezeichnen kann. Das gilt auch bis hin zu den Bereichen, aus der die Hintergrundstrahlung kommt.

### 4.22 Das Feld der Raum-Energie verstärkt und lenkt die Lichtdurchleitung

Das Licht weit entfernter Sterne würden wir auf Grund ihres geringen berechenbaren Abstrahlwinkels und dem zur Verfügung stehenden Durchmesser der menschlichen Pupille oder der Teleskope nicht sehen können.

Die einfallende Lichtmenge wäre gemäß linearer Winkelberechnung zu gering, um merklich wahrgenommen zu werden.

Das Licht der uns zugewandten Seite der jeweiligen sichtbaren Sterne wird aber wie in einem Rohr auf Grund des Energiedruckes der Raum-Energie laufend durch eine diffuse Totalreflexion, wie in einem Lichtleiter, in einem Trichter gehalten und somit in Richtung des Empfängers erheblich verstärkt und gerichtet. Es findet eine Art Totalreflexion statt, wie der Schall in einem Rohr, z.B. die Verstärkung durch Stehwellen in Blasinstrumenten oder das Licht in einem Lichtleiter. Das Feld der Raum-Energie bildet bei der Durchleitung des Lichtes über tausende von Lichtjahre entfernter Objekte einen sogenannten Fresnellinsen-Effekt auf das Lichtbündel aus. Das ist aber für jeden Standort um das kugelförmig lichtabstrahlende Objekt herum gleich, es findet jedoch damit in Summe um das Objekt herum keine Verstärkung der Gesamtstrahlung statt, da es sich um eine diffuse Reflexion handelt. Ist das Universum in sich, wie angenommen, ein gekrümmter Raum, dann läuft auch das Licht auf einer gekrümmten Bahn, überwiegend der Äquipotential-Ebene vom gleichen Druck und energetischer Felddichte im Feld der Raum-Energie. Somit sind weit entfernte Objekte im Universum an einer anderen Stelle zu positionieren, als die quasi lineare Lichtinformation. Der Effekt kann auch mit der Quantentheorie über das Licht des Richard P. Feynman erklärt werden, wenn die Reflexionen im Feld der Raum-Energie mit eingebunden würden (Hinweis Quelle 4).

Es ergeben sich bei weit entfernten, aber starken Lichtquellen, auch Interferenzen im sichtbaren Lichtbündel, z.B. die Kreuzfahnen auf Sternbildfotos und ringförmige Lichthöfe um die Sterne herum in Verbindung mit Brechungseffekten in optischen Instrumenten. Die Brechungseffekte treten bekanntlich in Übertragungs-Medien an Grenzen auf, an denen sich die Materiedichte ändert. Das ist gleichbedeutend, als würde sich die Energiedichte im Feld der Raum-Energie ändern. Die Atome an den Oberflächen der Glaslinsen oder Spiegel nehmen die Strahlung auf und senden diese wiederum kugelförmig weiter. Das gilt auch für die berühmten Doppelspalt-Versuche. Daraus ergeben sich Interferenzen innerhalb der Lichtbündel. Die Kreuzfahnen der stärker strahlenden Sterne in Sternbildfotos, die man auch als überbelichtet bezeichnet, entstehen je nach Phasenverschiebung gegenüber Null von 180 oder 360 Grad durch die Lissajous-Figuren als Kreuzfahnen. Lissajous-Ringe ergeben sich bei Phasenverschiebungen von 90 oder 270 Grad. Der Effekt der Strahlenkreuze mit den farbigen Interferenzen ist auch auf einem Flachbild-Fernsehgerät zu sehen, wenn sich z.B. die Kerzen des Weihnachtsbaumes darin spiegeln. Weil das Licht infolge der Totalreflexion aus dem Lichtbündel wie in einem Trichter geleitet auf den Betrachter zukommt, ergeben sich mehrere Ebenen von Strahlen und Ringen, die zu den äußeren Bereichen um das Objekt herum in der Intensität abnehmen. Somit ist auch erklärlich, dass mit den Sternbildfotos, mögen die Auflösungen auch noch so hoch sein, Einzelheiten der Oberflächen an den strahlenden Objekten nicht sichtbar gemacht werden können. Die Fotos sind und bleiben für uns nur Zerrbilder.

**Die Rotverschiebung des Lichtes als Beweis für die Ausdehnung des Universums:**
Kosmologische Rotverschiebungen ergeben sich über besonders große Entfernungen über Milliarden von Lichtjahren nach der Energiefeld-Theorie aufgrund von Interferenzen und Signalschwächung an den Druck- und Dichtegrenzen im Feld der Raum-Energie. Lichtanteile mit höheren Frequenzen, den violetten- und den blauen Lichtanteilen, gehen durch Interferenzen und Amplitudenschwäche verloren. Sie verlieren über lange Laufwege die Energie, das Feld der Raum-Energie noch merklich zu beeinflussen. Die Wellenanteile werden in ihrer Frequenz herabgesetzt und treten im Lichtspektrum in Farben geringerer Strahlungsenergie auf, ebenso die Spektrallinien der Elemente, die sich damit auch verschieben. Es ist also nicht alleine der Effekt der Ausdehnung des Universums für die Rotverschiebung der energetischen Strahlung aller Arten, also die kosmologische Rotverschiebung, verantwortlich zu machen für das, was wir sehen können. Oder anders herum interpretiert: Die kosmologische

Rotverschiebung ist kein Wert, der die Ausdehnung des weiten Universums alleine belegt. Es gibt zusätzliche energetische Veränderungen auf die Strahlung aller Arten über diese kosmologischen Entfernungen. Die Strahlung erleidet über intergalaktische Entfernungen auch energetische Verluste, die als degenerative Rotverschiebung bezeichnet werden muss. Damit ist die Entfernungsmessung allein aus der kosmologischen Rotverschiebung abgeleitet eine Fehlmessung. Die Verschiebung der Spektrallinien des Wasserstoffs im Frequenzband kann ebenfalls mit der Alterung der Strahlung belegt werden, denn nichts hält ewig.

Das Postulat hat insbesondere Auswirkungen auf das heutige kosmologische Standardmodell in Bezug auf die Urknall-Theorie. Neuere Messungen und Berechnungen aus der kosmologischen Rotverschiebung belegen vorhandene Galaxien in einer Entfernung von 12,91 Milliarden Lichtjahren (Quelle NAOJ, Katalog Nr. SXDF-NB1006-2), und somit nur weniger als eine Milliarde von Jahren nach dem postulierten Urknall vor 13,7 Milliarden Jahren. In diesem Zeitraum sollen somit schon fertige Galaxien durch Gravitationseffekte aus der vorhandenen Urmaterie entstanden sein. Diese Modelle vom Urknall bedürfen deshalb erneuter Überprüfung. Das Licht aus dem Urknall hat die bisher angenommene Größe des für uns einsehbaren Universums noch nicht erreichen können. Da hilft auch kein Inflations-Modell. Es würde auch an dem Feld zur Übertragung der Strahlung fehlen, weil sich dieses Feld oder der Raum für die Photonen erst in der Zeit in sich selbst entwickeln musste. Das Alter, und somit die mögliche Entfernung der Hintergrundstrahlung, wird aus der Rotverschiebung und der Hubble-Konstante errechnet, die für sich schon problematisch ist und eine rein relativistische und somit keine direkte Betrachtungsweise ist.

Gemäß heutiger Theorien und Erkenntnissen ist das Licht auch den Effekten aus der Fluchtgeschwindigkeit infolge der Ausdehnung des Universums in Richtung Rotverschiebung unterworfen. Diese Rotverschiebung ergibt sich aus der bisher allgemein postulierten Ausdehnung des Universums, das von uns aus gesehen hin zu den äußeren Bereichen sich mit zunehmender

Geschwindigkeit ausdehnt. Doppelte Entfernung hat eine Verdoppelung der Rotverschiebung zur Folge. Dieser Effekt der Rotverschiebung kann aber auch, oder zusätzlich, mit der Alterung des Lichtes durch Frequenz-Transformation über Milliarden von Lichtjahren interpretiert werden. Doppelte Entfernung, doppelter Einfluss der Alterung auf das Licht. Deshalb ist die Ableitung der Ausdehnung des Universums aufgrund der Rotverschiebung auch anders zu interpretieren. Unser Sonnensystem ist nicht der Mittelpunkt des Universums, von dem aus sich alles mit zunehmender Geschwindigkeit in alle Richtungen wegbewegt. Das ist ein zentralistisches Denken wie vor über 400 Jahren als die Erde gemäß der Religionsdoktrin noch der Mittelpunkt des Sonnensystems war. Diese Effekte der Alterung der Strahlung jeglicher Art im Feld der Raum-Energie, Frequenz-Transformation hin zur Mikrowellen-Strahlung, sind auch für die Frequenzbereiche der Hintergrundstrahlung mit verantwortlich, deren Quelle ursprünglich aus der Lichtstrahlung hervorging, angeblich dem Urknall. Es kann aber auch die laufende Hintergrund-Reflexion der Strahlung aller Arten sein, die sich an dem fein verteilten, intergalaktischen Staub diffus spiegelt. Freie Atome haben beim absoluten Nullpunkt von $-273$ Grad immer noch eine Eigenschwingung. Ebenso gibt es Reflexionen der Strahlung aller Arten an den unterschiedlichen Druck- und Dichtebereichen im Feld der Raum-Energie, an denen sich die Strahlung, aus der für uns einsehbaren strahlenden Materie aus den Galaxien, diffus spiegelt und in der Frequenz transformiert wird. Die Strahlung ist eine Mikrowellen-Strahlung, die sich auch als weiche Totalreflexion an Dichtegrenzen unseres Universums interpretieren lässt (siehe Kapitel 4.11).

Albert Einstein hat den Dopplereffekt auf Licht verworfen und die Lichtgeschwindigkeit und auch die der Gravitations-Wellen in ihrer Ausbreitungs-Geschwindigkeit als absolut konstant erklärt und damit die Äther-Theorie verworfen, nach der ein Dopplereffekt möglich gewesen wäre. Er hatte aber auch nach den damaligen Erkenntnissen keine Hinweise auf die Hubble-Theorie aus dem Jahr 1929 von der Ausdehnung des Universums. Seitdem hat sich keiner mehr an das Thema gewagt und es wird weiter um den heißen Brei herum geforscht. Mit der Quastschen Energiefeld-Theorie werden in dieser Richtung neue Türen geöffnet.

Trotzdem wird aber der Dopplereffekt des Lichtes dafür genutzt, die Bewegungen der Sterne in der Milchstraße und den entfernten Galaxien für deren Eigenbewegung in Bezug zu unserem Sonnensystem zu bestimmen. Sterne und Galaxien kommen auf uns zu, wenn sich das Licht in Richtung Blau verschiebt oder entfernen sich, wenn sich das Licht in Richtung Rot verschiebt. So wird festgestellt, dass sich die Andromeda-Galaxie auf unsere Milchstraße zu bewegt mit der Möglichkeit, dass sich diese Galaxien in ferner Zukunft durchdringen könnten. Aus den Messungen der Rotverschiebung wurden auch die Bewegungen der Satellitengalaxien der Andromeda-Galaxie als ein System interpretiert, das in der Richtung der Rotation der Muttergalaxie um diese herum ihre Bahnen zieht (Internet-Suchwort: Neil Ibata). Das gilt somit auch für die äußeren Sternsysteme der Milchstraße, den Kugelhaufen und den vielen Zwerggalaxien, die Muttergalaxien begleiten.

Der Dopplereffekt auf das Licht wird sogar bis hin zur Interpretation der Hintergrundstrahlung angewendet und dabei auch die Eigenbewegung unseres Sonnsystems mit über 1,3 Millionen km/h in Bezug zu intergalaktischen Objekten und dem Raum berücksichtigt. Somit gibt es diesen von der Wissenschaft anerkannten und angewendeten Dopplereffekt aus der Relativbewegung der Objekte auch für das Licht. Das Licht und ähnliche Strahlungsarten haben keine Ausnahmefunktion und Absolutheit in der Ausbreitung in Bezug auf die Lichtgeschwindigkeit.

**Das Potentialfeld der Raum-Energie verhält sich bei der Übertragung von energetischer Strahlung aller Art somit auch vergleichbar wie ein Medium von Luft oder Wasser bei der Übertragung von Druckwellen.**

**Das Blinken der Fixsterne:**
Das Licht der Fix-Sterne mit ihren sehr kleinen Strahldurchmessern ist

zusätzlich auch von den Dichteschwankungen und Wegveränderungen, infolge thermischer Turbulenzen beim Durchgang in der Atmosphäre unserer Erde, starken Ablenkungen ausgesetzt. Von daher kommen das optische Funkeln, die Farbzerlegung und das Zittern in der Lichtstärke der Fix-Sterne. Auch dieses sind Spiegeleffekte an Dichtegrenzen und Laufzeitunterschiede mit Interferenz-Erscheinungen. Es ergeben sich dadurch unscharfe Fotos aus dem Weltraum. Teleskope werden deshalb auf höchsten Bergen in kalter Luft aufgestellt, um die Zittereffekte und Interferenzen mit Langzeitbelichtung zu verringern. Bei neuester Technologie durch Doppelspiegel und weitere Maßnahmen von gesteuerter Reflektor-Krümmung können die Störungen zum Teil kompensiert werden.

Bei größeren Objekten, wie Monde und Planeten, treten diese Effekte nicht merklich in Erscheinung, weil die Abstrahlfelder gegenüber den Fixsternen wesentlich größer sind und sich die Lichtablenkungen nicht auf das Gesamtobjekt auswirken. Diese Effekte treten beim Raumteleskop Hubble im luftleeren Raum natürlich nicht derart auf, was die Auflösung der Fotos erheblich verbessert, dafür ist aber der Spiegel raumfahrttechnisch bedingt recht klein im Durchmesser und somit lichtschwach im Vergleich zu irdischen Teleskopen. Trotzdem werden wegen der fehlenden Einflüsse aus der Erdatmosphäre aus dem Weltraum bessere Bilder aufgenommen als mit großen Teleskopen mit den wenigen, nächtlich bedingten Belichtungsstunden von der Erdoberfläche aus. Leider ist die Wartung des Hubble-Teleskopes nun nicht mehr gesichert, wenn die Raumfähren ausgemustert werden.

Weiter zu untersuchen sind auch Effekte von Brechungserscheinungen an Dichtegrenzen von Linsen und Spiegeln, die bei Fotos aus dem Weltraum die helleren Sterne mit Interferenz-Kreuzen und Lichthöfen überlagern. Das hat auch mit der Frage zu tun, in welcher Art und Zusammensetzung kommt der Lichtstrom von den Sternen zu uns.

## 4.23 Das Potentialfeld der Raum-Energie schwächt die Frequenz der Strahlungen in Richtung Rotverschiebung

Nur mit steigender Entfernung über Milliarden von Lichtjahren Abstand wird die nachlassende Impulskraft der Druckschwankungen bemerkbar in Richtung Rotverschiebung der Schwingungsfrequenzen bis hin zu der hochfrequenten Radio- und Mikrowellenstrahlung (Hintergrundstrahlung). Bei so weit entfernten Objekten muss man davon ausgehen, dass auch das Licht und die Radiostrahlung nicht nur gedämpft, in der Frequenz zu niederen Bandbreiten verschoben und zusätzlich auch noch im Bogen, entsprechend den Dichteverhältnissen im Potentialfeld der Raum-Energie, abgelenkt wird. Von daher ist die Position weit entfernter Objekte in der Richtung als nicht gerade linear voraus zu sehen, sondern infolge der Umlenkung der Strahlung an Dichtegrenzen im Feld der Raum-Energie innerhalb des Bereiches mit gleichem Innendruck an einer anderen Stelle im Raum zu positionieren. Beim gekrümmten Welt-Raum wird das Licht somit im Bogen von diffusen Dichtegrenzen im Feld der Raum-Energie abgelenkt, wenn es in einer Art Kugelform äußere und innere Bereiche mit unterschiedlichem Druck der Energiefelder gibt, die sich aus dem unterschiedlichen Potentialdruck der Raum-Energie gemäß ihrer Entwicklung ergeben.

Durch die im gekrümmten Raum im Bogen über diffuse Totalreflexion abgelenkten Licht- und Strahlungs-Druckwellen ergeben sich auch Interferenzen, indem es durch verschiedene Weglängen zu Überlagerungen und damit zu Frequenz-Verzerrungen und Modulationen kommen kann. Die Effekte können die Rotverschiebung mit verursachen.

Rotverschiebungen im Spektrum der Lichtwellen ergeben sich auch infolge der Ausdehnung des Raumes durch aktive Dehnung der Abstände der Objekte zueinander im Gesamt-Universum infolge von Expansion. Das ist aber von daher kein Dopplereffekt. Verschiebungen im Lichtspektrum hin zum Blau würden sich infolge von Schrumpfungen des Raumes ergeben, und somit der Verringerung der Abstände im Gesamt-Universum, was aber zu unserer Zeit nicht festgestellt wurde. Diese hier genannten Effekte treten aber erst in kosmologischen Dimensionen von Milliarden von Lichtjahren merklich auf.

Dichtegrenzen im Raum sind nicht dünne Grenzen, sondern haben einen Bereich. In diesen Bereichen oder Schichtungen (zwiebelartiger Aufbau des Potentialfeldes der Raum-Energie) gibt es an unterschiedlichen Stellen diffuse Reflexionen, die für den Empfangsort unterschiedliche Abstände haben und es zu unterschiedlich langen Laufwegen kommt. Daraus ergeben sich Interferenzen durch Überlagerung der Wellenbewegungen und Frequenztransformationen, wodurch auch das Licht zu niederfrequenten Radiostrahlungen herunter transformiert werden kann.

Dieser Effekt ist z.B. beim Donnerhall zu erkennen, denn die mehrfachen Reflexionen des harten Blitzknalles, es ist auch ein Überschall-Knall, klingen nach der Reflexion an den diffusen Dichtegrenzen im Medium der Luft recht niederfrequent wummernd und von daher in der Ursprungsfrequenz herunter transformiert. Der Effekt kommt aus Interferenzen der Schallwellen und hier zusätzlich der Massenträgheit und der hohen Elastizität der Gasmoleküle im Medium der Luft. Es findet somit bei Übertragung von Druckwellen über lange Wege neben der Druckabschwächung auch eine Dämpfung in der Frequenz statt, somit auch für das Licht im Feld der Raum-Energie. Die Lichtwellen können auf ihrem langen Weg über Milliarden von Lichtjahren altern.

Licht unterliegt ähnlichen Effekten wie Druckwellen in den Medien Luft oder Wasser und wird daher durch Druckwellen übertragen und hier im Potentialfeld der Raum-Energie. Da aber im Weltraum auf dem Weg der Strahlung keine der Massenträgheit unterliegenden und zu bewegenden und sich reibenden Materie- oder Äther-Teilchen die Energie der Strahlung entziehen, wird die Strahlung in weiten Bereichen nicht gedämpft. Trotzdem geht aber Intensität verloren, weil sich die Strahlung kugelförmig ausbreitet. Dadurch tritt eine Schwächung in der Intensität ein. Der nachlassende Strahlungsdruck hat zur Folge, dass die Fähigkeit, das unter hohem Innendruck stehende Potentialfeld der Raum-Energie im Takte der Schwingungsfrequenz noch zu beeinflussen, nachlässt. Mit steigender Entfernung vom Ausstrahlungsort lässt der Strahlungsdruck wegen der Ausbreitung in einem kugelförmigen Raum nach. Irgendwann lässt dann diese Fähigkeit derart nach, dass für uns ein Nachweis der Strahlung nicht mehr möglich ist, wie es sich bei immer weiter entfernten Galaxien ergibt, egal wie groß diese Objekte vor Ort sind.

In Glas-Prismen und Wassertropfen oder Seifenblasen findet an Dichtegrenzen auch die Umlenkung bis hin zur Zerlegung in das Spektrum des Lichtes statt, der bekannten Lichtbrechung zu den Regenbogenfarben. Hier wirken, wie bereits erwähnt, auch Laufzeitunterschiede und Interferenzen der Frequenzanteile des Lichtes in den durchsichtigen Medien mit, die das Licht in ihre Farben zerlegen (Prismen-Effekt). Aus den Spektrallinien der Sterne lassen sich Rückschlüsse auf die lichtaussendenden Elemente und Moleküle ziehen. Aus Überlagerungen, Absorptionen, Additionen oder Interferenzen im Lichtspektrum ergeben sich die Fraunhofer-Linien. Diese Informationen ermöglichen bekannter Weise erst die wertvollen Rückschlüsse auf die Art der Elemente, von denen die Strahlung kommt.

Wäre das Universum der Raum-Energie eine nicht allzu große Kugel, oder das für uns einsehbare Universum eine Kugelschicht, auch als Zwiebelschicht mit eigenem Bereich von spezifischen Energiedruck zu verstehen, müssten wir aufgrund der Totalreflexion der Strahlung an Dichtegrenzen unsere Galaxie, unsere Milchstraße und ihre Begleiter, aus ihrer Entstehungsphase vor einigen 13,5 bis 30 Milliarden Jahren theoretisch rückwärts um die Kugel herum sehen können. Das Licht läuft theoretisch im Kreis in Bereichen von gleichem Potentialdruck innerhalb des für uns einsehbaren Universums herum. Aber auch ohne Ablenkung an Dichteschichten im Feld der Raum-Energie stehen die über Milliarden von Lichtjahren entfernten Galaxien schon längst nicht mehr in der ursprünglichen Richtung, aus der uns das Licht heutzutage erreicht, sondern die Objekte sind schon längst weiter gewandert und haben sich weiter entwickelt. Der tatsächliche Lichtweg beschreibt somit einen Bogen durch das Universum zu deren heutigen Position.

Die von allen und weit entfernten Objekten abgegebene Strahlung verschiebt sich im Universum der Raum-Energie über weite Entfernungen von hochfrequenter in niederfrequente Strahlung und vermischt sich durch die vielfältigen Umlenkungen an Dichtegrenzen der Raum-Energie zu einem Frequenzsalat, den man als Hintergrundstrahlung im Mikrowellenbereich feststellen kann. Energie geht dabei nicht verloren, sondern wird nur umgeformt in andere Energiearten oder Energieniveaus. Die Interferenzen sind ein Maß für die Weglängen und somit für die Raumausdehnung sowie der Fluchtgeschwindigkeit oder Frequenz-Alterung des Lichtes über große Entfernungen.

**Für die Ausbreitung von Strahlung im Universum mit dem Feld der Raum-Energie sind auch die Effekte der Hintergrundstrahlung eine Erklärungsbasis. Die Hintergrundstrahlung ist eine Nebel-Reflexion der allgemeinen Strahlung aus den Galaxien mit der Rotverschiebung z = 1089 und der energetischen Temperatur von + 2,725 K. Die Energie aus der Strahlung der Galaxien geht dorthin zurück, woher sie gekommen ist. Energie geht nach dem Erhaltungssatz gemäß Helmholtz nicht verloren. Nach der Quastschen Energiefeld-Theorie bildet die abgeklungene Strahlung im Ruhezustand das Feld der Raum-Energie aus und steht für die Ausbildung neuer Galaxien wieder zur Verfügung.**

Die Aussage der Wissenschaftler, die Hintergrundstrahlung sei der Nachhall des Urknalles, ist somit nur eine von vielen Interpretationen aus der heutigen Kosmologie. Es werden sogar Landkarten der Verteilung der Strahlung in der Literatur dargestellt, als wäre für uns das gesamte Universum kugelförmig einsehbar. Wir sehen aber aus unserer Milchstraße wegen deren Abschirmung für alle Art von Strahlung nur einige wenige Teilbereiche des uns umgebenden Universums. Deshalb sind diese Darstellungen mit Vorbehalt zu interpretieren oder diese Art von Mikrowellen-Strahlung im 21 cm Bereich kommt auch aus der Milchstraße. Inzwischen sind über die Forschungssatelliten vielfältige interstellare und intergalaktische Strahlungsarten nachgewiesen worden, die weitergehende Rückschlüsse auf die Vorgänge im Universum ermöglichen, und auch die Verdeckung der Strahlung durch unsere Milchstraße berücksichtigen.

## 4.24 Die Lichtgeschwindigkeit bildet eine Übertragungs-Grenze

Licht und sonstige energetische Strahlung sind eine Anstoß-Schwingung im Potentialfeld der Raum-Energie. Sie übertragen gekoppelt mit der Zeit Energie in der Form von Arbeitsvermögen. Es sind Druckschwingungen mit Verdichtung und Entlastung im Potentialfeld, wobei das Feld an Ort und Stelle bleibt und nur durch die Anstoßenergie mit den Schwingungen verzerrt wird. Das ist vergleichbar zu Schallwellen im Medium der Luft oder Hubwellen auf dem Medium Wasser. Allerdings steht das Feld der Raum-Energie, im Gegensatz zu den Medien Luft oder Wasser, unter einem immensen Innendruck und hat nur eine sehr geringe Elastizität und keine innere Reibung, die daher die Weiterleitung der Energiedruck-Wellen mit der Lichtgeschwindigkeit ermöglicht. Dieser hohe Innendruck der Raum-Energie ist für alle Lebewesen nicht spürbar und nicht messbar. Ein Tiefseefisch in 5000 m Wassertiefe merkt auch nichts von dem hohen Wasserdruck seines Lebensbereiches in diesen Tiefen. Das Leben hat sich an diese Bedingungen angepasst.

Materie wird auf den möglichst kleinsten Raum im Feld der Raum-Energie zusammengehalten, denn die Materie verdrängt für sich die Raum-Energie und erhält deshalb Gegendruck. Der Druck der Raum-Energie hält sogar die Atomkerne zusammen, deren gleichnamig positiv geladene Protonen eine erhebliche Abstoßkraft gegeneinander ausüben und somit in einem möglichst kleinen energetischen Raum schwingen, der das Gleichgewicht zwischen Druck und Abstoßkraft stabil hält. Hieraus könnte der Druck der Raum-Energie berechnet werden, wenn man die Abstoß-Kräfte und Raumverhältnisse im Atomkern kennt. Das ist ein Beitrag zur Erklärung der starken Wechselwirkung, der Fusion von Materie. Umgekehrt können bei nachlassendem Druck der Raum-Energie durch ewige Expansion des Universums die Fusionen erlöschen und die Materie mit ihren Atomkernen auseinanderfliegen und wieder zurück in Raum-Energie übergehen. Das wäre dann der Rückgang des Universums über den Big-Ripp bis hin zum Neuanfang.

**Licht ist energetische Strahlung ohne Masseneigenschaften in Form von Druckwellen im Potentialfeld der Raum-Energie. Die Wellen-Theorien und die Quantenfeldtheorien sind hier mit einzubinden. Diese Theorien sind um die hier dargestellte Quastsche Energiefeld-Theorie zu erweitern.**

Beim Licht und sonstigen vergleichbaren massefreien energetischen Strahlungen, von der Langwelle bis zur Gamma-Strahlung, ist die Anstoßgeschwindigkeit im Feld der Raum-Energie die Lichtgeschwindigkeit. Es ist der Übergang, wo sich beschleunigte Materie mit dieser Geschwindigkeit wieder zu Energie auflösen würde. Somit kann das Licht und sonstige Strahlung auch nicht aus masseähnlichen oder sogar einer Massenanziehungskraft unterliegenden Teilchen, den Photonen bestehen. Der Urknall müsste sogar in Verbindung mit dem Inflations-Modell in der Ausdehnung die Lichtgeschwindigkeit bei weitem überschritten und dabei schon sich gebildete Materie mitgerissen haben. Daraus soll sich dann die Hintergrundstrahlung ableiten, die aber eine Mikrowellen-Strahlung ist und der Lichtgeschwindigkeit unterliegt. Also irgendetwas kann an diesen Modellen nicht stimmen (Hinweis Quelle 2).

Vergleichbare physikalische Verhältnisse sind allgemein auch beim Schall in den Medien Luft oder Wasser bekannt. Der Schall ist eine Druckwelle im Medium und hat mit seiner Anstoßgeschwindigkeit seine Fortpflanzungsgrenze, hier mit der durch die Trägheit und Komprimierbarkeit der Masse im Medium bedingten Schallgeschwindigkeit in Luft, Wasser oder Druckwellen im Erdreich. Das Medium bestimmt das Frequenzverhalten und aus dem Frequenzverhalten lassen sich umgekehrt Analysen zu dem Medium machen. Daraus ist zu folgern:

**Weil das Feld der Raum-Energie keine Masseneigenschaft besitzt und die Komprimierbarkeit des Potentialfeldes der Raum-Energie sehr gering ist, muss die Raum-Energie unter einem sehr hohen Eigendruck stehen, um die Druckwellen von energetischer Strahlung mit Lichtgeschwindigkeit fast verlustfrei weitergeben zu können. In Schichten im Universum mit höheren oder niedrigeren Energiedruck-Bereichen, und somit dem jeweiligen Druck im Potentialfeld der Raum-Energie, wird die Lichtgeschwindigkeit einen anderen Wert haben können. Die Ausdehnung des Universums dehnt den Weg für das Licht und bewirkt einen Teil der Rot-Verschiebung.**

Das Feld der Raum-Energie ist in sich ohne Masse, steht unter einem sehr hohen Druck und ist kaum komprimierbar. Die Raum-Energie durchdringt alles, auch die Materie, aber nur bis hin zu ihren jeweiligen Atomkernen und überträgt alle Schwingungs-Veränderungen aus diesen Materie-Teilchen der Atomkerne direkt und unmittelbar. Somit ist das Energiefeld in der Lage, Druckwellen mit sehr geringer Dämpfung mit Lichtgeschwindigkeit zu übertragen. Damit ist es physikalisch überhaupt erst erklärbar, dass Licht und sonstige Strahlungen von einem Ort gesendet und zu einem anderen Ort übertragen werden können.

Von nichts kommt nichts!

## 4.25 Licht und Radio-Strahlungen sind Energie-Druckwellen im Feld der Raum-Energie

Licht ist keine Strahlung mittels Teilchen irgendwelcher Art, auch als Lichtquanten oder Photonen bezeichnet, die evtl. der Massenanziehungskraft unterliegen könnten. Licht ist auch keine elektromagnetische Welle, wie es immer wieder gesagt wird (siehe Kapitel 4.17).

Ebenso ist die elektromagnetische Radio-Strahlung keine Feldstrahlung mit magnetischen und elektrischen Feldern über weite Entfernungen hinweg. Diese Antennen-Felder sind nur die Erreger für die Atom-Schwingungen im elektrisch leitenden Material der Sendeantenne, die elektrisch als offener oder geschlossener Dipol aufgebaut ist. Diese elektrisch angeregten Schwingungen der Atome beeinflussen das umgebende Potentialfeld der Raum-Energie genauso wie das Licht durch Energie-Druckwellen in den jeweiligen Frequenzen. Die Übertragung zum Empfänger erfolgt mit Lichtgeschwindigkeit über das Potentialfeld der Raum-Energie. Im Empfänger werden wiederum im elektrisch leitenden Material der zweipolig als Dipol aufgebauten, und auf das Frequenzband abgestimmten Antenne, Schwingungen der Atomkerne und in Folge dessen Schwingungen bei den freien Elektronen angeregt. Die Antenne ist ein vorgespannter Schwingkreis, der auf Schwingungs-Änderungen seiner in der Antenne vorhandenen Atomkerne und damit auch auf Bewegungen der gebundenen und freien Elektronen reagiert.

**Radiostrahlungen sind Energiedruck-Wellen im Feld der Raum-Energie. Die sogenannten elektromagnetischen Felder zur Übertragung von Radio-Informationen gibt es nur im näheren Umkreis von Sender und Empfänger. Der offene Schwingkreis sorgt für die Bewegung der freien Elektronen im Leiter der Antenne, die ihrerseits wiederum die Atomkerne im Leiter der Antenne in Schwingungen versetzen. Das gilt für Aussendung und umgekehrt auch für den Empfang von Radiostrahlungen.**

Radiostrahlung ist somit keine „Elektromagnetische Strahlung" über weiteste Entfernungen und Lichtjahre hinweg. Die elektromagnetischen Felder und Effekte treten nur in unmittelbarer Nähe der Sende- oder Empfangsantenne auf und werden in elektrischen Schaltkreisen erzeugt und gesendet oder empfangen und zu Informationen weiterverarbeitet.

Um die Schwingungen der Atomkerne in der Sende-Antenne anzuregen, sind die elektrischen Wechsel-Felder als Erreger für Schwingungen der Atomkerne in der Sendeantenne erforderlich. Freie Elektronen werden im leitenden Metall der Sendeantenne mit ihren Schwingungen auch die Elektronenbahnen der Atome beeinflussen und somit die Atomkerne in gleichresonante Schwingungen versetzen. Erst diese Schwingungen der Atomkerne werden an das Feld der Raum-Energie weitergegeben und somit abgesendet.

In der auf die Frequenzen abgestimmten Empfangsantenne werden die Atomkerne im elektrisch leitenden Metall durch die Energie-Druckwellen in Schwingungen versetzt und damit auch die Elektronenbahnen der Atome in dem Metall der Empfangsantenne beeinflusst. Diese Schwingungen im Wechsel der Sendefrequenzen, Amplituden- oder frequenzmoduliert, werden dann vom vorgespannten elektromagnetischen Feld der abgestimmten Antenne und deren Schwingkreis über den Fluss der wiederum beeinflussten freien Elektronen an den Verstärker weitergeleitet. Die elektrischen Signale werden über Demodulatoren in die für unsere Sinne erforderlichen Signalarten für Hören und Sehen umgesetzt. Diese Radiostrahlungen werden auch an metallischen Gegenständen (Reflektoren) gespiegelt und umgelenkt oder an ionisierten Schichten in der Atmosphäre je nach Frequenzspektrum umgelenkt.

**Diese Theorie sollten sich die Physiker einmal genauer ansehen und ihre bisherigen Erklärungen über die elektromagnetischen Wellen in Verbindung mit der Quastschen Energiefeld-Theorie überprüfen, wie und warum sie kabellos über den Horizont hinaus und bis in die Ferne des Weltraums senden und empfangen können.**

Die Übertragungsarten sind aber immer wieder Energie-Druckwellen im Potentialfeld der Raum-Energie. Sie werden durch Schwingungen der Atomkerne des Senders an das Potentialfeld der Raum-Energie nahezu verlustfrei induziert, mit Lichtgeschwindigkeit als Anstoßimpulse kugelförmig oder gerichtet zu anderen Atomkernen über das Feld der Raum-Energie durch Energie-Druckwellen weitergeleitet, bis sie einen geeigneten Empfänger erreichen. Das ist physikalisch vergleichbar zur Übertragung von Schallwellen in den Medien Luft, Wasser oder Materiemassen. Druckwellen im Feld der Raum-Energie sind eine Feldverzerrung und bestehen aus einem Abschnitt mit ansteigender Druckamplitude und einem Abschnitt mit ansteigender kinetischer Bewegung im Takt einer Hin- und Her-Schwingung, wie ein Pendel. Das Feld selber bleibt an seiner Stelle, nur die Feldverzerrung wird mit Lichtgeschwindigkeit kugelförmig oder gerichtet weitergegeben.

Auch die Energieübertragung in sonstigen Frequenzbereichen von der Mikrowelle über die Wärmestrahlung bis hin zu gepulsten Frequenzpaketen von Radar- und Röntgenstrahlungen erfolgt über Druckwellen im Feld der Raum-Energie durch multiformatige Wellen. Die Wellen können Amplituden- oder frequenzmoduliert sein und verschiedenste Schwingungsmuster annehmen. Die Druckwellen gehen aus von Kugelschwingungen der Atomkerne, aus Atomgittern oder gerichteten Antennen heraus, auch speziell gerichtet oder polarisiert und aufgepumpt, wie z.B. beim Laser und LED-Sender und Empfänger.

**Für die Energie- und Informations-Übertragung ist eine Anregung als Druckschwankung im Feld der Raum-Energie erforderlich und ein Empfänger, der auf diese Druckschwankungen im Feld der Raum-Energie reagiert und zur Verarbeitung der Information demoduliert.** Dafür gibt es Radioteleskope, Spiegelantennen, elektrisch vorgespannte Antennen mit Verstärker und Demodulator in Rundfunk- und Fernsehgeräten und Anderes. Die Übertragung der Rundfunk, Fernseh- und Mobilfunkwellen erfolgt somit auch mittels der Druckwellen im Potentialfeld der Raum-Energie.

Die leitungsgebundene Informations- und Energieübertragung ist ein eigener Bereich:
Die drahtgebundene Informations-Übertragung (z.b. Festnetz-Telefon, Kabelfernsehen) erfolgt im Gegensatz dazu durch die Anstoßgeschwindigkeit von freien Elektronen im elektrischen Leiter, die abhängig von den Leitungskonstanten, auch annähernd Lichtgeschwindigkeit erreichen kann. Hier erfolgt die Übertragung aber wegen der sich ausrichtenden atomgebundenen Elektronenhüllen und sich bewegenden freien Elektronen im metallischen Leiter. Das erfolgt auch mit den bekannten physikalischen Begleiterscheinungen aus elektrischen und magnetischen Feldern aus der Wechselwirkung von sich bewegenden elektrischen Ladungen um die Leitungen herum und ohmschen Wärme-Verlusten in den Leitungen. Diese Wechselwirkungen kosten Übertragungsenergie und Laufzeiten.

**Ohmsche Verluste sind Wärmeverluste über die Atome der Leitungen:**
Bei der Durchleitung von Elektroenergie in metallischen Leitungen und leitenden Gasen treten bekanntlich Wärmeverluste auf. Die freien Elektronen sind aber in den physikalischen Zusammenhängen im elektrischen Leiter nicht so frei, wie man vermuten könnte. Die Elektronen werden von Atomhülle zu Atomhülle im elektrischen Leiter weitergeleitet. Dabei werden die Elektronenhüllen in Schwingungen versetzt, die sich innerhalb der Atome auch auf den Atomkern auswirken. Ein erheblicher Anteil dieser Schwingungs-Energien wird in den Atomkern induziert und der Atomkern gibt diese Schwingungen wieder in Form von Wärmestrahlung an das Feld der Raum-Energie ab. Somit geht ein Teil der zu übertragenden Elektroenergie in Form von Wärmeenergie in den Leitungen verloren.

Andererseits wird die Wärmeenergie durch ohmsche Widerstände in elektrischen Leitern aber technisch genutzt, um Elektroheizungen aufzuwärmen und Glühlampen und Gasentladungslampen zum Leuchten zu bringen. Durch die ohmschen Verluste im Widerstand der Leitung, hochohmiger Glühfaden oder leitende Gase, werden die Atomkerne über die Vorgänge in ihren Elektronen-Hüllen über die von der elektrischen Spannung durchgedrückten freien Elektronen derart in Schwingungen versetzt, dass sie ein umfangreiches Spektrum an Strahlung in Form von Wärme bis hin zum Ultraviolett und sogar bis hin zur Röntgenstrahlung aussenden können. Diese Strahlungs-Energien werden dann wiederum vom Feld der Raum-Energie weitergeleitet.

Bei der leitungsgebundenen Energie- und Informations-Übertragung werden freie Elektronen am Anfang der Leitung in Schwingungen versetzt, die sich aber körperlich wesentlich langsamer bewegen, als die Anstoßgeschwindigkeit bis hin zum Ende der Leitung. Diese Anstoßgeschwindigkeit von Atom zu Atom mit den daran leitungsgebundenen freien Elektronen kann annähernd Lichtgeschwindigkeit erreichen. Das ist vergleichbar zu einem mit Wasser gefüllten Gartenschlauch, bei dem sofort Wasser am Ende austritt, wenn am anderen Ende der Wasseranschluss aufgedreht wird oder umgekehrt, am Ende ein Ventil geöffnet wird, wenn am Anfang ein Wasserdruck ansteht, der dann gemäß den Druck- und Strömungs-Verhältnissen Wasser nachliefert. Das neu eingespeiste Wasser kommt körperlich aber erst nach der Durchlaufzeit an.

Bei der zweipolig leitungsgebundenen elektrischen Übertragung stammt die Sendeenergie von einem elektronischen Schaltkreis, bei dem eine entsprechend gesteuerte elektrische Spannung einen entsprechenden Strom nach den ohmschen und elektrodynamischen Gesetzen zur Folge hat. Beim Empfänger kommen aber infolge von Leitungskonstanten und Leitungsverlusten erheblich veränderte Energiemengen und mitunter gestörte Informationsinhalte bis hin zum undefinierbaren Rauschen an. Zwischenverstärker werden erforderlich.

Die Begleiterscheinungen durch ohmsche und elektrodynamische Feldrückwirkung treten bei Informationsübertragung über Licht-Strahlung durch einpolige Lichtwellenleiter derart nicht auf. Bei dieser Art der Übertragung sind es somit Energie-Druckwellen in Form von Licht, die dank der Totalreflexion im Lichtwellenleiter sehr verlustarm über weiteste Entfernungen im amorphen Glas übertragen werden können.

Hier ist auch der Unterschied zu sehen, denn elektromagnetische Felder nach der geltenden Wellentheorie erfordern Zweipoligkeit, die aber im Weltraum nicht vorhanden ist. Energiedruck-Wellen in Lichtleitern oder Strahlung aller Frequenzen mit Aussendung und Empfang im Weltraum benötigen nur die Einpoligkeit für Sender und Empfänger.

Nach den bisherigen Theorien besteht die energetische Strahlung aller Art aus elektromagnetischen Wellen, die sich in energetischen Paketen, den Photonen, mit Lichtgeschwindigkeit im Universum ungehindert ausbreiten können. Sie hätten somit einen elektrischen Feldanteil und einen magnetischen Feldanteil, der sich pulsierend wechselseitig in Schwingung hält. Diese Feldanteile würden auf dem Übertragungsweg nach der uns bekannten Physik unausweichlich Rückwirkungen mit den vorhandenen statischen und dynamischen elektrischen Feldern im Weltraum haben. Das Erdmagnetfeld oder elektrostatische Felder in der Atmosphäre würden Verzerrungen der Strahlung zur Folge haben, ganz zu schweigen von den möglichen Einflüssen der starken magnetischen Felder und elektrostatischen Plasmafelder in der Corona nahe der Sonnenoberfläche. Es ist aber möglich, das Licht der Sterne bei Sonnenfinsternis durch diese turbulenten Bereiche der Sonne hindurch, merklich wenig beeinflusst, zu sehen. Als einziger Einfluss wurde nur die Ablenkung der Lichtstrahlung ferner Sterne infolge der gravitativen Ablenkung durch die Sonne festgestellt.

**Warum hat das noch kein Wissenschaftler bisher untersucht, warum es keine Rückwirkungen der postulierten elektromagnetischen Strahlung mit den magnetischen und elektrischen Feldern gibt? Der Grund ist, es gibt diese elektromagnetischen Schwingungen im Bereich der energetischen Strahlung über weiteste Entfernungen nicht, sondern die nach der Quastschen Energiefeld-Theorie vorhandenen Druckwellen im Feld**

der Raum-Energie, die keine Rückwirkungen zu den statischen oder dynamischen magnetischen und elektrischen Feldern haben.

## 4.26 Licht wirkt auf die Atome der Materie unterschiedlich ein und induziert auch Energiesprünge, die Grundlage der Quantentheorie

Die Quantentheorie beschreibt die Vorgänge in den Atomen und deren Elektronenhüllen. Die Elektronenhüllen und die Atomkerne sind auch energetische Schwingungs-Felder, die Energie aufnehmen und abgeben und somit speichern können. Diese Vorgänge entziehen sich den klassischen physikalischen Gesetzen, es sind statistische Schwingungs- und Resonanz-Vorgänge mit der Folge von sogenannten Quantensprüngen. Ein Quantensprung ist die äußere Reaktion der Atome auf Energieeintrag oder Energieabgabe in Energie-Paketen. Das vielfältige Schwingungsmuster in den Atomen ist dafür ausschlaggebend. Somit wirken die Energieeinträge von z.B. Lichtwellen auf die Atomkerne ein und bringen diese und ihre Elektronen in Schwingungen. Aufgrund der Schwingungen reagieren die Atome mit sprunghaftem Verhalten, indem z.B. Teilchenstrahlung spontan abgegeben wird oder Elektronen auf ein anderes Schalen-Potential angehoben werden oder sogar als freie Elektronen in der Materie freigesetzt oder aus der Materie ausgeschlagen werden. Das führte in den 1920er Jahren zur Wissenschaft der Quantentheorien. Eine praktische Nutzung dieses Effektes findet z.B. in den elektrischen Solarzellen Anwendung.

## 4.27 Einsteins Quantensprung: Die Kräfte im Atom sind vielfältig

Albert Einstein folgerte im Jahr 1905 aus den spontanen Verhalten der Atome bei Energieeintrag durch Licht, dass auch das Licht Quanteneigenschaften besitzen müsste und als Teilchen oder Photonen oder sogar als Partikel-Strahlung somit auf Beziehungen zu Massenanziehungskräften reagieren würde. Die Einwirkung wurde insbesondere auf die Elektronen-Hüllen der Atome bezogen, ebenso die Abgabe von Photonen. Daraus wurde die Theorie der Quantenmechanik entwickelt, dass die Lichtquanten sowohl Teilchen- als auch Wellencharakter haben. Für die physikalische Erklärung des photoelektrischen Effektes erhielt Albert Einstein im Jahr 1921 den Nobelpreis. Dieses muss bezüglich der gefolgerten Ursache und Wirkung widerlegt werden! Albert Einstein hatte aber auch erkannt und postuliert, dass ein Photon ein Energieimpuls ist.

Gegendarstellung: Nach der Quastschen Energiefeld-Theorie liegt das Licht als Energie-Druckwellen im Feld der Raum-Energie vor und wirkt in Wechselwirkung unmittelbar und zunächst auf die Atom-Kerne der Materie ein. Da die unterschiedlichen Wellenlängen der Lichtfrequenzen räumlich länger sind als die Atomkerne räumliche Ausdehnung haben, sind erst eine Reihe von Stößen über Lichtwellen erforderlich, bis das Atom in größere Resonanz-Schwingungen und damit in ein sich aufschaukelndes Energiepotential versetzt worden ist.

**Das Atom mit dem Atomkern und seinen Elektronen-Hüllen hat mit seinem Schwingungsverhalten ein Speichervermögen für Energie.**

Der Atomkern des Heliums hat eine Ausdehnung von einem bis zwei Femto-Meter ( $1 * 10^{-15}$ m ). Das Licht hat aber eine mittlere Wellenlänge von 0,5 Mikro-Meter ( $0,5 * 15^{-7}$ m ). Somit müssen erst sehr viele Stöße von Lichtwellen auf den Atomkern einwirken, bis dieser auf Resonanz kommt. Umgekehrt müssen sehr viele Atome gleichzeitiges Schwingungsverhalten ausführen, um merkliches Licht als Energiedruckwelle im Feld der Raum-Energie zu induzieren. Die räumlich eng gelagerten Atome beeinflussen sich dabei auch gegenseitig und nehmen durch Strahlungsaustausch gleichgerichtete Schwingungsmuster an, wie rotglühend, hellglühend oder weißglühend.

Es findet ein Aufschaukeleffekt statt, der erst eine Reihe von Lichtwellen oder sonstigen ähnlichen Strahlungswellen benötigt, die auch Resonanzbedingungen erfüllen müssen, um eine Reaktion auf die Atomkerne und deren Elektronenhüllen-Potentiale auszulösen. Erst dann werden auch Elektronen sprunghaft auf höhere Bahnen im energetischen Schwingungsmuster in der Elektronenhülle geschoben oder freie Elektronen abgegeben und es findet auch Ionisation statt. Dieser Energieeintrag von Stoßwellen über eine Zeiteinheit im Feld der Raum-Energie ist somit auch als Photon zu bezeichnen. Es ist ein Energieeintrag über ein Zeitintervall und kann als Photon bezeichnet werden, wenn der Energieeintrag eine merkliche Reaktion im Atom induziert.

Erst nach Erreichen eines bestimmten Eintrages an Energie kommt es zu spontanen Reaktionen im Atom durch Schwingungs-Änderungen und Spinverhalten von Atomkern und Elektronenhülle oder Teilchenabgabe in Form von freien Elektronen. Daraus wurde der Begriff des Quantensprunges abgeleitet. Das ist aber nicht eine Eigenschaft des Lichtes, sondern der Aufschaukeleffekte in den Atomen auf einen bestimmten Betrag an Energieeintrag durch Licht-Druckwellen aus dem Feld der Raum-Energie über einen bestimmten Zeitraum, bis eine Reaktion, der Quantensprung einsetzt.

**Der Quantensprung ist eine spontane Änderung des Energieniveaus der Atome mit äußeren Begleiterscheinungen in Folge von Energieeintrag oder Energieabgabe. Das Atom kann Energie speichern und auch wieder abgeben.**

Die spontanen Reaktionen, die energetischen Quantensprünge, ergeben sich aus dem Schwingungsverhalten der Elektronen auf ihren Bahnen um den Atomkern herum. Die Elektronen umkreisen den Atomkern nicht auf einer reinen Kreisbahn, was ein äußeres Magnetfeld zur Folge hätte, sondern auf vielfältigen, verschlungenen Vektorbahnen. Jedes bewegte, elektrisch geladene Elementarteilchen hat ein Magnetfeld zur Folge! Das

Elektron beim einfachsten Element, dem Wasserstoffatom, umkreist den Atomkern in seinem mittleren Bahnumfang spiralförmig. Es ergibt sich ein Hohlschlauch, der sich aber nach mehreren Umkreisungen des Elektrons um den Atomkern herum schließen muss. Diese Bewegung der Ladung des Elektrons bildet ein inneres Magnetfeld, einen Toroid innerhalb des Spiralschlauches aus, der aber wie in einem Ring am Ende wieder in sich selbst übergeht. Es gibt aber auch ein Keulenmodell, bei dem die Aufenthalts-Wahrscheinlichkeit des Elektrons laufend die Position wechselt und einmal nahe am Atomkern ist, und damit hohe kinetische Energie annimmt und dann wieder nach außen schwingt und eine hohe potentielle Energie hat und danach wieder zurückschwingt. Das Elektron wechselt laufend die Bahnebene und auch den Spin in einer Art verdrehter Schleifenbahn. Auch damit kann das Magnetfeld in sich durch innere Schließung neutralisiert werden. Der wechselnde Spin ist auch der Grund für die wechselnde Polarität der statischen Ladung des Elektrons. Somit kann das Elektron auch auf seiner Bahn um den Atomkern herum zwischendurch zu einem Positron umgepolt werden. Der wechselnde Spin ist auch der Grund für die wechselnde Polarität der statischen Ladung des Elektrons. Dadurch kann das Elektron auch auf seiner Bahn um den Atomkern herum als wechselpoliges Valenzelektron wirken.

Bei höherwertigen Atomen bilden sich die bekannten $2*n^2$ - Schalenbesetzungen mit mehreren Elektronen aus. Die Aufenthalts-Wahrscheinlichkeit der Elektronen bilden sehr komplexe Orbitale. Demzufolge kann das Elektron mit dem Spin ½ auch seine Polarität ändern, es kann sich die Richtung des Spin, relativ zu den benachbarten Elektronen und in Bezug auf die Protonen, in rechtsdrehend oder linksdrehend ändern. Der energetische und massebehaftete Drehimpuls des Elektrons ändert sich dabei nicht, nur die Drehachse kippt um 180 Grad und das bewirkt eine Umpolung im elektrodynamischen Verhalten. Das ist mit dem Verhalten des Stehauf-Kreisels zu erklären (weitere Ableitung siehe Kapitel 5.9.4). Ohne Energieeintrag kann sich der innere Spin des rotierenden Masseballes, des Elektrons ändern, von linksdrehend auf rechtsdrehend, indem die Drehachse um 180 Grad spontan kippt, wenn der Präzessions-Punkt durch Kippen der Drehachse über 90 Grad hinaus überschritten wird. Auf seiner Schwingungsbahn kommt das Elektron in die Nähe des Atomkernes, um dann mit neuem Schwung um diesen herum eine weiter entfernte Orbital-Position zu erreichen, an dem es dann umkehrt und zurück nahe am Atomkern auf der anderen Seite vorbeifliegt. Dabei wird der Spin zurück in die vorherige Drehrichtung geändert. Bei diesem Vorbeiflug ändert das Elektron seine Polarität und wird vorübergehend zu einem positiv geladenen Positron und beim Rückflug nahe am Atomkern vorbei wieder zum negativ geladenen Elektron.

Aus der Spinor-Theorie geht hervor, dass ein Proton als Boson einen ganzzahligen Spin besitzt und das Elektron als Fermion einen halbzahligen Spin hat (siehe Wikipedia Spinor). Das Elektron muss auf seinen Bahnen also den Atomkern zweimal umkreisen, um infolge der Spin-Orientierung wieder an der gleichen Stelle anzukommen. Die Spin-Orientierung des Elektrons wechselt somit bei der Umrundung des Atomkernes viermal, um an der Ausgangsposition gleichorientiert zurückzukommen. Beim Vorbeiflug des Elektrons nahe am Protonenkern orientiert sich die Achse des Elektrons in die neutrale Position und zeigt dem Proton keine negativ orientierte Ladung. Somit entstehen auch keine anziehenden elektrostatischen Kräfte, trotz der Nähe zum Atomkern auf diesen Schwingungsbahnen, die eine Achterbahn-Form haben. Diese Elektronen sind dann auch die stark wirkenden Valenz-Elektronen, weil sie mal negativ orientiert sind und auf der anderen Seite des Atoms positiv orientiert sein können. Diese wechselnde Orientierung von Schwingungswinkel der Elektronenbahnen und der Polarität bestimmt wesentlich das kristalline, das chemische und das biologische Verhalten in der DNA. Elektronen auf weiter außen liegenden Bahnen bleiben immer negativ orientiert geladen, sind in ihren Bahnen aber über die induzierten elektrodynamischen Eigen-Felder gegenseitig orientiert. Hat das Atom weniger Elektronen als Protonen, wirkt das Atom als Ion entsprechend dem Überangebot an Protonen mit positivem Ladungsverhalten.

Normalerwiese wirken zwei Elektronen als Paar im Geleichtakt zusammen, denn die Coulomb-Kräfte treiben das alles mit abwechselnden anziehenden und abstoßenden Kräften an und regeln die Bahnen. Ein Elektron wechselt auf positive Ladung und das zweite gleichzeitig auf negative Ladungswirkung. Damit heben sich ihre gegenseitig induzierten Magnetfelder und elektrostatischen Felder auf. Sie wirken als Doppelpendel zwischen maximaler kinetischer Energie und maximalem, potentiellen Energieniveau mit annähernder Lichtgeschwindigkeit hin und her. Das Wesentliche an diesen laufenden Änderungen des Spins, und damit der Polarität von sich bewegenden Elektronen und Protonen, ist die Neutralisation von Magnetfeldern und elektrostatischen Momenten im Atom selbst und aus dem Atom nach außen hin. Da auf den Schwingungs-Schalen zwei, oder gemäß den Regeln für mögliche Schalenbesetzungen, bestimmte Anzahlen von Elektronen ihre Bahnen ziehen, können sich die Elektronen auch wechselseitig im Spin ändern, sodass sich ihre Magnetfelder gegenseitig aufheben (Pauli-Prinzip). Es handelt sich also um eine echte, vom Inneren des Elektrons heraus begründete Spin-Umkehr. Durch die Wechselbeziehung der Elektronen untereinander kompensiert sich auch die Synchrotron-Strahlung, aus einer Kreisbahn heraus entstehend, denn ein Atom weist nur unter besonderen Bedingungen nach dem „Außen" hin eine Bremsstrahlung auf.

Obgleich der Durchmesser des Atomkernes um den Faktor 2500 kleiner ist als der Durchmesser seiner durchschnittlichen Elektronenhülle, wirkt der Atomkern bei Elektronenmangel in der Elektronenhülle als positiv geladenes Ion. Die Wirkung entspricht eins zu eins der Anzahl der Ladungsunterschiede gegenüber den Ladungen in der Elektronenhülle. Somit hat der Atomkern eine gleichberechtigte Außenwirkung wie die Anzahl der Elektronen im Verhältnis zu der Anzahl der Protonen. Trotz der Kleinheit des Atomkernes in Bezug zur Elektronenhülle müssen die Vorgänge im Atomkern somit gleichgestellt werden zu den Vorgängen in der Elektronenhülle. Wenn es energetische Potentialsprünge in der Elektronenhülle gibt, dann muss es auch gleichermaßen energetische Potential-Niveaus im Verbund der Protonen mit den Neutronen geben. Die Atomkerne können somit Energie speichern und auch wieder abgeben. Änderungen in der Rotation ergeben Fliehkräfte und somit Ausdehnung und stärkere Magnetfelder des Atomkernes. Die Protonen können zusammen mit den Neutronen vielfältige Schwingungsmuster ausführen, die unterschiedlichen Energieniveaus entsprechen. Die inneren elektrodynamischen Felder gleichen sich entsprechend aus. Die Massewirkung kommt aber immer überwiegend aus dem Atomkern, ebenso der Wirkungsquerschnitt gegenüber dem Feld der Raum-Energie.

Somit gibt es keine erkennbare Außenwirkung von den inneren Magnetfeldern dieser Spiral- oder Schleifen-Bahnen aus den Elektronenbahnen und den Schwingungen und Rotationen der Protonen in dem Atomkern. Diese sind in sich im Normalzustand, also keine Isotope oder Ionen, neutralisiert. Die Felder haben aber über die äußeren Schalenbesetzungen bei den unterschiedlichen Elementen im Nahbereich erheblichen Einfluss auf die chemischen Wertigkeiten zur Bildung von Molekülen und Kristallen, die aus der räumlichen Struktur der Elektronenbahnen heraus bedingt sind. Dabei können Elektronen auch um zwei oder mehrere Atomkerne herum ihre Schwingungsschalen haben und unterschiedliche Valenzpotentiale annehmen (siehe auch Kapitel 5.9.4).

Die Weglängen der Rotationswege der Elektronen um den Atomkern herum sind aber nicht beliebig lang, sondern unterliegen, je nach Radius der elliptischen, spiralen oder schleifenförmigen Bahnen, einem ganzzahligen Vielfachen, gebunden an die Plank-Konstante. Das Elektron muss nach mehreren Umkreisungen wieder genau an die Ausgangsstelle zurückkommen. Daraus ergibt sich der Bohr`sche Radius, der nur bestimmte Werte, gebunden an die Plank-Konstante, annehmen kann. Energetische Werte dazwischen führen zu spontanen Sprüngen, dem Quantensprung und somit zu Energieabgabe oder Energieaufnahme. Die entsprechende energetische Beziehung ergibt sich aus der Ryberg-Energie, die somit von der Plank-Konstante abhängt und nur bestimmte stabile Zustände annehmen kann (siehe Quelle 16, S. 68 ff).

Bei den verschiedensten Atomarten bilden die Bahnen der Elektronen ihre spezifischen Ausrichtungen und Schalen-Abstände untereinander über ihre elektrostatischen und magnetischen Felder so aus, dass eine Außenwirkung der inneren elektromagnetischen Felder aus den sich bewegenden Ladungen neutralisiert wird. Alles strebt zum geringsten energetischen Potential. Es bilden sich aber Wirkungsquerschnitte der Atome gegenüber dem Feld der Raum-Energie aus. Jede energetische Änderung im Atom hat Rückwirkungen zum Energiefeld der Raum-Energie. Umgekehrt haben Druckschwingungen aus dem Feld der Raum-Energie ihrerseits Änderungen im Schwingungsverhalten der Atome zur Folge, und das mit Lichtgeschwindigkeit.

Die energetischen Impulse aus Änderungen der Elektronenbahnen im Atom wirken auch auf den Atomkern ein, bringen diesen ebenfalls in spezifische Kugel-Schwingungen und beeinflussen das Feld der Raum-Energie mit den entsprechenden, atomspezifischen Druckwellen, auch Photonen genannt, um dann mit Lichtgeschwindigkeit kugelförmig abgestrahlt zu werden. Ebenso können aus dem Feld der Raum-Energie kommende Photonen, also Druckwellen im Feld der Raum-Energie, die Schwingungen der Atomkerne und Elektronenbahnen energetisch beeinflussen und entsprechende Reaktionen an Energieaufnahme und Resonanz-Verhalten hervorrufen. Die Quanten-Sprünge der Elektronen zwischen den Schwingungs-Schalen sind die Ursache für die energetischen Strahlungs-Vorgänge. Damit wird Strahlung aller Arten zwischen der Materie ausgetauscht, insbesondere das für uns sichtbare Licht in all seiner lebensnotwendigen Schönheit.

Bei einem Dauermagneten umkreisen einige Elektronen den Atomkern in einer stabilen Kreisbahn, indem durch äußere magnetische Einflüsse über ein Fremdmagnetfeld der innere Spiral- oder Schleifen-Bahnimpuls dieser Elektronen für einen bestimmten Bahnumfang schwingungslos sein kann, somit keine Wellenlänge hat und eine saubere schwingungslose Kreisbahn beschreiben kann und keine Paarbildung mit einem anderen Elektron in seiner Schale hat. Eine Paarbildung kompensiert allgemein die magnetischen Felder der Elektronen auf ihren Bahnen. Dadurch bildet sich ein äußeres Magnetfeld aus. Das ausgerichtete Magnetfeld überträgt sich auch auf den Atomkern, der mit seinen positiv geladenen Protonen ebenfalls rotiert und sich in seinem magnetisch neutralisierenden Schwingungsverhalten beruhigt und seine Drehrichtung dem Magnetfeld anpasst. Dadurch wird das Magnetfeld zusätzlich verstärkt und wird bei ferromagnetischem Eisen zu einem Dauermagneten. Der Atomkern rotiert dabei entgegengesetzt zur Drehrichtung der Elektronen auf ihren Kreisbahnen. Die Pole richten sich gleichsinnig aus. Diese Außenwirkung parallelisiert das Verhalten aller Atome im Atomgitter des Dauermagneten. Die Atome bestimmter Elemente, vordringlich ferromagnetisches Material, haben dann ein äußeres gleichgerichtetes sehr stabiles Dauermagnetfeld. Schon durch mechanischen Schlag kann das Dauermagnetfeld wieder verloren gehen, ebenso durch hohen Temperatureinfluss.

**Im Atom wirken elektromagnetische und elektrostatische Felder:**
Im Gegensatz zu den Elektronen stellt der Atomkern eine rotierende, statisch positiv aufgeladene massereiche Kugel dar. Positive Ladungen, die Protonen, rotieren um die mittlere Achse des Atomkernes und bilden somit von Natur aus ein Magnetfeld aus. Das Atom verschiedenster Elemente weist aber im Normalfall kein äußeres Magnetfeld aus, außer beim Dauermagneten. Somit muss der Atomkern neben den inneren Kugelschwingungen laufend seine Rotationsachse im Raum wechselseitig zum Nachbaratom kippen lassen, damit sich die Magnetfelder paralleler Atome gegenseitig zu dem „Außen" hin aufheben. Die rotierenden Atomkerne sind jeder für sich kleine Elektromagnete, deren magnetische Felder außerhalb der Atome nur schwach vorhanden sind. Diese schwachen Felder durchdringen sich von Atom zu Atom gegenseitig. Das Magnetfeld eines Atoms mit Nordpol nach oben weisend schaltet sich mit dem benachbarten Atom in Reihe, weil der Atomkern im benachbarten Atom entgegengesetzt rotiert und dessen Nordpol nach unten ausgerichtet ist. Diese Wechselbeziehung setzt sich in allen Raumdimensionen immer weiter fort. Das Magnetfeld eines Atomkernes verteilt sich dabei auch auf mehrere

Atomkerne und verstärkt damit die magnetischen Bindungen erheblich. Diese magnetischen Beziehungen werden immer gleichgewichtig ausgetauscht, denn nach dem „Außen" hin sind sie nicht feststellbar, weil sie sich gegenseitig neutralisieren. Die internen Beziehungen der Atome in der Materie bilden somit ihre Struktur über diese magnetischen Bindungskräfte aus und bilden die Textur für Kristallbildung und Kettenbildung. Das geschieht zusätzlich zu den Bindungskräften von den Elektronenbahnen. Den Zusammenhalt der Nukleonen und der Atomkerne bewirkt wiederum die Starke Kernkraft aus den energetischen Torkado-Feldern der Quarks (siehe Kapitel 5.9).

Die inneren, nahe um den Atomkern ausgebildeten magnetischen Felder sind stark und weisen auch eindringende Elektronen ab. Eindringende Elektronen spulen um die Feldlinien herum und werden somit abgelenkt. Das ist zu vergleichen mit der Ablenkung der ionisierten Teilchen aus dem Sonnenwind durch das Erdmagnetfeld. Einige auf den Feldlinien des Atomkernes eingefangene Elektronen spulen durch die Mitte des Atomkernes hindurch und setzen auf der anderen Seite ihre Flugbahn der Umrundung aus Schleifenbahnen fort. Dabei kann, wie bereits dargestellt, auch der Spin eines Elektrons umkippen und das Elektron für die nächste Hälfte seiner Umkreisung des Atomkernes zu einem Positron werden. Nach dem Rückflug wird es wieder umgepolt zu dem Negatron, dem negativ geladenen Elektron, um die zweite Hälfte der Schwingungsbahn zu beginnen. Dadurch kompensieren sich die internen elektromagnetischen Felder aus der Flugbahn des Elektrons. Diese vielfältigen Möglichkeiten der Elektronenbahnen erklären auch die unterschiedlichsten Orbitale der Aufenthalts-Wahrscheinlichkeiten der Elektronen um den Atomkern herum (siehe Wikipedia: Orbitale).

Das Atom der verschiedensten Elemente hat somit einen komplizierten Aufbau, der sich nicht aus gravitativen Kräften über Gravitonen zusammensetzt, sondern überwiegend von sich bewegenden und schwingenden Ladungsträgern bestimmt wird. Die Neutronen sind in der Rotations-

Energie der Atomkerne mit eingebunden, denn die Neutronen bilden mit den Protonen auch Paarbildungen aus. Die Neutronen sind leicht paramagnetisch und werden in die Schwungmasse mit eingebunden, erzeugen aber kein zusätzliches Magnetfeld. Die Kräfte im Zusammenhalt der Atome untereinander sind gewaltig und ergeben sich nicht allein aus der Gravitation durch den Druck aus dem Feld der Raum-Energie, sondern aus den Feldern von strömender Energie aus den Quarks (siehe Kapitel 5.9.1) und aus den elektrodynamischen Regeln der Bindungselektronen.

Die Abstände der Atome bestimmen den Aggregatzustand und das ist wiederum abhängig von der Energie aus dem Skalarfeld der Temperatur. Die Energie steckt in der Rotations-Energie der Atomkerne. Aufgeheizte, schnell rotierende Atomkerne dehnen sich räumlich aus und bringen darüber die Wärmedehnung in die Materie ein bis zur Schmelze oder bis zur Vergasung. Das Einspeichern von Rotations-Energie in den Atomkern hinein und das Kippen zur Drehrichtungsumkehr und damit der schnellen Umkehr des Magnetfeldes aus dem Atomkern heraus, ist am Beispiel des Gyrotwisters zu erklären (siehe auch Kapitel 3.2).

Die mit kinetischer Energie aufgeladenen Elektronen sind in ihren Schwingungsmustern um den Atomkern herum dermaßen schnell, dass sich kein Elektron mit einem Proton im Atomkern vereinigen kann und damit Raum-Energie freisetzen würde. Der Atomkern rotiert seinerseits und bevor es zu einem Kontakt aufgrund der anziehenden Coulomb-Kraft kommen könnte, ist die Oberfläche des Protons schon an einer anderen Stelle. Das innere Magnetfeld des Atomkernens verhindert den Kontakt zum Elektron, oder es wechselwirkt mit dem nahen Elektron zu einer vorübergehenden Spin-Umkehr, der verdrehten Schleifenbahn. Aus diesem Grund können im Normalfall auch keine Fremdelektronen zu dem Atomkern vordringen und sich mit der positiven Ladung eines Protons vereinen und sich somit energetisch auflösen. Dieser Vorgang ist erst unter den Bedingungen in einer Supernova möglich, wenn ein Stern innerlich kollabiert, die Atome zerstört werden und Protonen unter dem exorbitanten Druck mit den

Elektronen wechselwirken und auch zu Neutronen neutralisiert werden. Dabei wird die Masse der Nukleonen immer noch erhalten, aber es wird aufgrund des Kollapses des Atomvolumens und der Kompression zu einem Neutronenstern Raumenergie freigegeben, und es werden immense Energiemengen explosionsartig abgestrahlt. Somit verdrängt das Atom über seinen Wirkungsquerschnitt das Feld der Raum-Energie.

Diese magnetischen und elektrostatischen Beziehungen der Atomkerne untereinander führen auch zur schnellen Weitergabe von Schwingungen innerhalb der Atomverbände. Das gilt für die Weiterleitung von Energie aus Strahlung aller Arten, insbesondere der Wärmestrahlung oder mechanischen Stößen aller Arten. Das gilt neben der Übertragung von Energie durch Energiedruckwellen im Feld der Raum-Energie auch für die Weiterleitung von Energie aller Arten von Atomkern zu Atomkern. Die Kräfte im Atom wirken nicht kontinuierlich, sondern verhalten sich gemäß den Regeln aus der Quantenfeld-Theorie. Das gilt für den Kernspin ebenso wie für den Wechsel der Bahnebenen der Elektronen auf ihren Schwingungsschalen. Es gibt in den bereits bestehenden Theorien Quantensprünge und Felder, die in Beziehung stehen, um Strahlung übertragen zu können (siehe Wikipedia: Quantenfeldtheorie).

## 4.28 Vorgänge in der Chemie und Biologie stehen im engen Zusammenhang zu dem Feld der Raum-Energie

Chemische und biologische Reaktionen sowie Kristallisationen und Veränderungen des Aggregatzustandes sind immer mit energetischen Vorgängen verbunden, endotherm oder exotherm. Hier wirken die Atomhüllen mit ihrer Vielfalt an Schwingungsformen der Elektronen und damit den chemischen Eigenschaften über die Wertigkeiten und Bindungskräfte ursächlich mit.

Die Schwingungsformen der Atomhüllen wirken sich linear und unmittelbar auch auf die Form und das Schwingungsverhalten der Atomkerne aus. Das innere energetische Potential der Atome ist somit veränderbar und jede Bahnänderung bei den negativ geladenen Elektronen hat Feld-Rückwirkungen auf die Lage der positiv geladenen Protonen. Die Formveränderungen der Atomkerne haben ihrerseits wieder direkten Kontakt zu dem Feld der Raum-Energie und geben Schwingungen in Form von Energie-Druckwellen ab, weil der Atomkern in seiner Gesamtstruktur die Raum-Energie an dieser Stelle verdrängt und in direktem Kontakt zu diesem Energiefeld steht.

Umgekehrt werden Energie-Druckwellen vom Atomkern übernommen und auf die Elektronenbahnen rückwirkend übertragen. Die Hitze- und Kälte-Reaktionen der Materie sind allgemein bekannt. Somit können die Atome mit ihrem inneren Schwingungsverhalten Energiepotentiale aufnehmen und speichern und ebenso auch wieder abgeben. In den meisten Fällen ist es die Wärmestrahlung.

Da die Elektronenbahnen für jedes Element dessen eigene chemischen Wertigkeiten begründen, haben chemische Reaktionen Formveränderungen der Elektronenbahnen in ihrem Schwingungsmuster zur Folge. Es sind die Elektronen auf ihren spezifischen Bahnen um den Atomkern herum, die mit ihren vielgestaltigen Schwingungs-Mustern die chemischen Wertigkeiten und Bindungskräfte begründen. Bei chemischen Reaktionen oder Kristallisationen verschränken sich die Felder der äußeren Elektronenbahnen benachbarter Atome und es findet eine Änderung im Schwingungsverhalten statt, das exotherm oder endotherm über das Schwingungsverhalten der Atomkerne abläuft und somit die Raum-Energie in die Reaktion mit einbindet.

Umgekehrt ergeben sich chemische Reaktionen der Atomhüllen zu anderen Atomen, wenn über dem Atomkern Energieeintrag oder Energieentnahmen zum Feld der Raum-Energie stattfindet und somit die Elektronenbahnen angeregt werden, Verbindung mit anderen Atomen aufzunehmen oder aufzulösen. Diese Vorgänge lösen auch Bewegungen im Atomverbund der Moleküle aus und sind somit für den Aufbau, Abbau oder Veränderungen der chemischen oder biologischen Reaktionen ursächlich.

Das Verhalten der Atome in ihren Schwingungs-Zuständen bewirken auch die Aggregatzustände der Materie. Wird der Energieeintrag recht hoch, also hohe Temperatur, bewirkt das Schwingungsverhalten der Atome eine Auflösung der elektrodynamischen Verbindungen. Die Materie wird immer flüssiger mit steigender Temperatur bis hin zur Verdampfung bei entsprechend hohen Energieeinträgen. Gerichtete Magnetfelder und elektrostatische Beziehungen lösen sich auf. Bei sehr niedrigen Temperaturen ab minus 150 Grad Celsius verstärken sich aber im Gegensatz dazu die magmatischen Eigenschaften bis hin zur Supraleitung. Besonders niedrige Temperaturen unter minus 270 Grad Celsius werden nur erreicht, wenn die Magnetfelder der Atome gleichgerichtet sind. Die energetischen Schwingungen werden gedämpft. Es sind somit die elektrodynamischen Kräfte der Atome untereinander für die Energiespeicherung und die Bindungen in der Materie mit verantwortlich.

Diese Vorgänge von Energieeintrag und Energieabgabe in den Atomen finden auch in Sprüngen statt, auch als Quanten bezeichnet. Es muss sich erst ein gewisser Energieeintrag über die Zeit aufbauen, bis Bahn- oder Schwingungsänderungen der Elektronen ausgelöst werden und chemische Reaktionen oder Veränderungen im Aggregatzustand stattfinden können.

Diese chemischen Reaktionen bewegen sich überwiegend in gemäßigten Temperaturbereichen, begründet durch Wärmestrahlung. Biologische Prozesse sind fast nur in gemäßigten Temperaturbereichen von Null bis zu 50 Grad Celsius möglich. Deshalb ist Leben nur unter diesen, im Universum absolut recht seltenen Bedingungen gegeben. Die Wahrscheinlichkeit einer zweiten Erde in der Milchstraße ist unmessbar gering. Es könnte mit den Voraussetzungen, gemäßigter Abstand zum Stern mit ausreichender Lichtstrahlung, ein stabilisierender Mond, ein starkes Magnetfeld zum Schutz gegen Partikel-Raumstrahlung, genügend Wasser und eine wärmeisolierende Atmosphäre, etwa zwei bis fünf erdähnliche Planeten in der Milchstraße geben. Nun gibt es im Universum aber über eine Milliarde Galaxien, also Milchstraßen, und somit mindestens über eine Milliarde von Erden, wie unsere. Hallo Nachbar!

Das mechanische Schwingen der Atomkerne in ihrem Verbund zu Molekülen ist optisch an der Lichtmühle (siehe Wikipedia: Lichtmühle) zu erkennen. Das spiegelnde Plättchen reflektiert die Lichtstrahlung und das geschwärzte Plättchen absorbiert die Lichtstrahlung und heizt sich auf. Im Glaskolben ist eine sehr dünne Gasfüllung mit Unterdruck. Somit haben die Gasmoleküle freien Raum zum Beschleunigen. Kommen die Gasmoleküle mit den schwingenden Molekülen des schwarzen Plättchens in Kontakt, werden diese mit Rückstoß schlagartig hinweg geschleudert. Dieser Rückstoß treibt die Lichtmühle an. Somit ist die temperaturabhängige Schwingung der Atome nachweisbar. Das Gleiche gilt für die Braunsche Molekularbewegung in Flüssigkeiten. Aber das Schwingen der Moleküle stammt aus den temperaturabhängigen Eigenschwingungen der Atome dieser Moleküle!

## 4.29 Teilchenstrahlung ist ein eigener Bereich der Energieübertragung

Energie wird aber auch als beschleunigte Teilchenstrahlung übertragen, insbesondere bei atomaren Umwandlungs-Vorgängen. Das können Alpha und Beta-Strahlung, Sonnenwinde und andere Teilchenstrahlung aus einer Galaxie oder Supernova sein. Diese sind dann aber den Gesetzen der Energiepotentiale für Massen oder bei geladenen Teilchen, den Ionen und Elektronen, den Bedingungen der elektromagnetischen Felder unterworfen. Entsprechendes gilt auch für Neutronen- und Protonenstrahlung sowie Elektronen und den Partikeln der Höhenstrahlung. Es treten Wechselwirkungen durch Kollisionen mit anderen Materieteilchen auf, die auch Strahlungsimpulse und Ionisation zur Folge haben.

Zum Glück hat der Planet Erde ein Magnetfeld und eine Atmosphäre, die diese energiereichen Partikel-Ströme von der Sonne und aus der Galaxie weitestgehend abschirmen. Anderenfalls wäre die Entwicklung von biologischem Leben auf der Erde unmöglich oder wird bei zu großer Partikel-Strahlung, insbesondere bei ungewöhnlichen Vorgängen in der Sonne, ausgelöscht. Trotzdem war und ist die Raum-Strahlung wiederum, ob Energie- oder Partikel-Strahlung, ursächlich für die Evolution in den biologischen Lebens-Bereichen wirksam. Diese Strahlungsarten brachten die Vielfalt des biologischen Lebens mit hervor. Dazu kommt als Einfluss aber auch die terrestrische atomare Strahlung, die Evolution mit bewirken kann. Die terrestrische Strahlung des Planeten Erde ist aber über die Jahrmilliarden bis zur heutigen Zeit schon sehr weit abgeklungen.

**Das Leben der Biosphäre konnte sich Dank der Evolution, auch hervorgerufen durch Strahlung aller Arten, über vielfältige Mutationen den laufend ändernden Lebensbedingungen anpassen.**

Bei den aus Materie bestehenden Partikeln sind die Fortbewegungs-Geschwindigkeiten aber sehr viel geringer und erreichen bei weitem nicht die Lichtgeschwindigkeit. Anders gesehen, Materie auf Lichtgeschwindigkeit zu beschleunigen, würde unendlich große Energiemengen erfordern und damit würde die Materie in Energie übergehen und somit zu einem Potential werden und zum Feld der Raum-Energie zurückgehen. Massen, die auf Lichtgeschwindigkeit beschleunigt werden sollen, speichern in sich immer mehr Energie. Diese induzierte Energie verzerrt zusätzlich das Feld der Raum-Energie, als würde die Masse immer schwerer geworden sein. Das erfordert noch mehr Energie, um die Masse weiter auf den Betrag der Lichtgeschwindigkeit zu bringen. Um die Lichtgeschwindigkeit zu erreichen, würde die zu induzierende Beschleunigungs-Energie unendlich hoch, gemäß der ART von Albert Einstein. Energetisch aufgeladene strahlende Materie, wie Sterne und die Sonne, verzerren das Feld der Raum-Energie wesentlich stärker und sie haben eine zusätzliche Masse und demzufolge eine höhere Gravitations-Beschleunigung. Würde die gleiche Masse der

Sterne nur aus abgekühlter, nicht strahlender Materie wie Planeten oder Monde bestehen, wäre die Gravitations-Beschleunigung wesentlich kleiner.

## 4.30 In Atomen gespeicherte Raum-Energie aus der Entstehungsphase der Atome wird auch wieder freigesetzt

Gamma-Strahlen sind von Atomvorgängen ausgehende hochfrequente Energiedruck-Schwankungen und wegen atomarer Vorgänge von Fusion oder Zerfall zum entsprechenden Teil freigesetzte Raum-Energie. Das sind die Kernfusion und weitere atomare Kern-Vorgänge an Umformung und Zerfall. In den Sternen und Sonnen werden diese hochfrequenten Energie-Druckwellen aus der Kernfusion in den äußeren umgebenden Materie-Schichten in niederfrequente Licht- und Wärmestrahlungen transformiert und von der Oberfläche über das Feld der Raum-Energie in den Weltraum abgestrahlt. Somit geht gespeicherte Kern-Energie wieder an den Weltraum mit dessen Feld der Raum-Energie zurück, da diese Energie aus den Zentren der Galaxien der Materie mitgegeben wurde.

Abgegebene Strahlung leitet sich ab aus dem Grundsatz, Energie geht nicht verloren, sondern geht zurück in das Feld der Raum-Energie. Wohin soll die Strahlungs-Energie denn sonst gehen und gespeichert werden? Darauf hat bisher die Wissenschaft noch keine Antwort gegeben. Die Quastsche Energiefeld-Theorie gibt diese Antwort.

Explodierende Sterne, auch als Supernovae bezeichnet, geben neben den Lichtblitzen auch hochenergetische Gamma-Blitze ab, die unter ungünstigen Umständen auch das Leben auf dem Planet Erde gefährden können, was wohl auch schon vorgekommen ist. Diese Blitze sind die ungebremsten und nicht abgeschirmten weiteren Fusions-Vorgänge in dem explodierenden Stern. Wegen fehlender Turbulenz und Gegendruck im Roten Riesen kommen plötzlich ungeheure Mengen an restlicher Materie zur Fusion. Die Schrumpfung des Sternes zu einem Neutronenstern oder Weißen Zwerg setzt in einem kurzen Zeitraum Strahlungs-Energie und alle Arten von Materie aus dem ausgebrannten Stern, überwiegend aus den gewaltigen Rotationsdrehzahlen bedingt, in zwei entgegengesetzte, stark gebündelten Strahlen frei. Die dabei entstehenden superstarken Magnetfelder beeinflussen auch die Strahlungsrichtungen und es kommt zu den sichtbaren Formen der Supernovae.

Neben der Fusions-Energie kommt noch die Energie aus den Atomen selbst, die infolge des Druckes der Raum-Energie zu Energie und ionisierten Restpartikeln zerfallen und nur noch die Neutronen übrig bleiben und auf kleinstem Raum im Feld der Raum-Energie zu Neutronensternen zusammengedrängt werden. Den Neutronen fehlt die statische Ladung der Protonen, die sie auf Abstand halten könnte. Der Rest des explodierten Sternes hat sich somit zum Neutronen-Stern oder Quasar-System entwickelt, das hohe Rotationsgeschwindigkeit annehmen kann oder sogar Schwarze Löcher infolge seiner hohen Energiedichte darstellen kann. Aus diesen Schwarzen Löchern entkommt keine Licht-Strahlung, da infolge der Gravitations-Senke im Feld der Raum-Energie das Licht nicht entweichen kann, im inneren Kreis läuft, und das Objekt somit von außen her schwarz erscheint. Diese Objekte sind aber auch Quellen von starker Gamma- oder Radiostrahlung, die weniger stark von den Dichtegrenzen abgeschirmt werden. Interne Licht-Strahlung wird an den Dichtegrenzen des Potentialfeldes der Raum-Energie durch Totalreflexion im Kreis herum abgeleitet. Das Licht, von für uns dahinter liegenden Lichtquellen, wird über den Gravitationseinfluss auf das Feld der Raum-Energie vom geraden Weg abgelenkt und es ergeben sich, wie zuvor erwähnt, verzerrte Objekte.

Bei Neutronensternen, als den Rest von Supernova-Vorgängen, und Weißen Löchern in den Zentren der Galaxien, muss man aber davon ausgehen, dass diese Objekte keine Licht-Strahlung aussenden, sondern wenn überhaupt, niederfrequente Infrarot- oder Radiostrahlung. Die Objekte bestehen nicht aus den üblichen Atomen, die von Elektronenbahnen umgeben sind und ein Lichtspektrum aussenden könnten. Die Nukleonen in einem Neutronenstern sind auf engstem Raum zusammengepackt, bilden die höchste vorstellbare Materiedichte und schwingen somit in größeren Verbänden unter dem exorbitant hohen Druck im Feld der Raum-Energie. Nur was auf ihrer Oberfläche passiert, zum Beispiel das gravitative Einfangen von Materie, kann Strahlung aussenden. Das führt somit zu sehr schwachen, niederfrequenten Schwingungen, die wir mit unseren Licht-Teleskopen nicht sehen können, eher mit Infrarot oder Radioteleskopen. Von daher der Begriff „Das Schwarze Loch".

Aus den Resten des explodierten Sternes oder auch kollidierter Sterne können sich wieder kleinere Sterne und Sternsysteme bilden. Sonnen entstehen aus den Plasma- und Wasserstoffresten und Planetensysteme aus der Asche des explodierten Altsternes, den höherwertigen Elementen. Diese Explosionen bilden auch Wirbel aus, die zum Beispiel auch die kinetische Rotationsenergie eines Planetensystems in seiner Akkretions-Ebene bereitstellen kann.

### 4.31 Zusammenhänge von Energie-Feld und elektrischen Feldern

Gibt es einen Zusammenhang von dem hier postulierten Raum-Energiefeld und dem uns bekannten elektromagnetischen Feld und dem elektrostatischen Feld? Ja, es gibt einen Zusammenhang, weil es sich um Energiefelder handelt. Die elektrischen Felder werden durch energetische Potentialtrennung hervorgerufen, hier von sich bewegenden oder getrennten elektrostatisch nicht neutralisierten Atomteilchen wie Elektronen und Ionen. Diese Atomteilchen sind energetisch nicht ausgeglichen und haben somit ein energetisches Potential. Die Ladung der Teilchen ist zwar an Masseteilchen gebunden, stellt aber für sich nur eine Eigenschaft dar, ebenso wie auch das jeweilige Beharrungsvermögen einer Masse in Bezug zum Raum eine Eigenschaft ist.

Diese elektrischen Ladungen und deren Felder haben aber in sich keine Masse und verdrängen auch keine Raum-Energie. Es gibt aber das Grundprinzip mit dem Bestreben zum Ausgleich der Energiepotentiale. Das ist im elektrischen Feld der Ausgleich zwischen Elektronen-Überschuss und Elektronen-Mangel und im Feld der Raum-Energie das Bestreben zum kleinsten energetischen Potential. Sind diese nicht ausgeglichen, gibt es Spannungen und Kräfte. Handelt es sich um Massen, gibt es die Gravitation. Handelt es sich um masselose Ladungen, gibt es elektrische Energiefelder, die diese Energie speichern. Die elektrischen Felder sind die Gegenkraft zu sich bewegenden oder voneinander entfernten Ladungen durch Energieeintrag. Somit können diese elektrischen Felder auch Energie speichern, austauschen, transformieren, induzieren und Energie übertragen. Der leitungsgebundene elektrische Strom ist auch eine Energieübertragung mittels Ladungsträger mit seinen vielfältigen praktischen Anwendungen aufgrund einer Potentialtrennung mit Energieeintrag.

**Der Blitz:**
Warme Luftmoleküle haben Elektronenmangel aufgrund der Wärmeschwingungen, freie Elektronen werden ausgegrenzt. Kalte Luftmoleküle in großen Höhen über der Erde haben Elektronenüberschuss, insbesondere in Form von Eiskristallen in den oberen Luftschichten der Atmosphäre, die aufgetaut als Regen zur Erde fallen. Warme Luft unter einer Gewitterwolke steigt schnell auf und kalte Luft aus großen Höhen fällt am Rand der Wolke zum Druckausgleich hinunter zur Erde. Auch der Regen kommt aus großen Höhen und gibt seinen Elektronenüberschuss an die Erdoberfläche ab. Dadurch ergibt sich eine sich verstärkende Ladungstrennung zwischen Elektronenmangel in der Wolke und Elektronenüberschuss auf der Erdoberfläche und erdnahen Luftschichten. Die Spannung steigt immer höher, bis zu einigen Millionen Volt.

Der Blitz mit seiner gegebenen Spannung von einigen Millionen Volt kann die großen Abstände zwischen den statisch positiv aufgeladenen Wolken und der negativ aufgeladenen Erdoberfläche aufgrund der Durchschlagsfestigkeit der Luft nicht überwinden, höchstens über 500 m. Der Blitz folgt somit den durch Teilchenschauer aus der Raum-Strahlung vorgegebenen ionisierten Kanälen in der Luft. Ein Entladungsfächer, dem Teilchenschauer folgend, nähert sich der Erdoberfläche, bis durch Selbstionisation infolge der Durchschlagsfestigkeit der Luft der eigentliche Blitz zündet. Deshalb fließt der Elektronenstrom auch von der Erdoberfläche zur Wolke. Es müsste für den erdnahen Teil des Blitzes eigentlich gesagt werden, der Blitz schlägt aus, und nicht der Blitz schlägt ein. Wenn bei einem Gewitter über einen längeren Zeitraum kein Teilchenschauer aus dem Weltraum zur Verfügung steht und die Spannung der Ladungstrennung über einige Milliarden Volt angestiegen ist, kann sich der Blitz auch selbständig von der Erde aus hin zur Wolke auslösen. Der Blitz bohrt sich von Entladungsregion zu Ladungsregion seinen Weg durch die vorgespannte Luft und sorgt für den Ladungsausgleich von der Erde aus. Das ist auch ein Beweis für den Weg der Elektronen, von der Erde hin zur Wolke.

Der Auslöser für die Blitze ist die Raum-Strahlung (siehe Kapitel 5.9.1), oder auch stark beschleunigte Teilchenschauer aus dem Sonnenwind. Die Blitze folgen den durch die Teilchenstrahlung ionisierten Zickzackkanälen, und damit den niederohmigen Kanälen. Die Teilchenschauer können auch horizontal zur Erdoberfläche verlaufen, je nach intergalaktischer Herkunft, somit auch in der Nacht, wenn die Teilchen-Strahlung von der Sonne abgeschirmt ist. Erst ein Teilchenschauer löst den Blitz aus. Kommen keine geeigneten Teilchenschauer, gibt es solange auch keine Blitze, oder die seltenen Blitze von der Erde hin zur Wolke. Teilchenschauerkanäle sind auch manchmal gleichzeitig zu den Blitzen in der Ionosphäre und darüber hinaus als Kobolde, Elfen oder Blue-Jets sichtbar und strahlen auch Röntgen- und Gamma-Strahlung aus. Die Elektronen im Blitz sind dermaßen in Richtung Wolke beschleunigt, dass sie über die Entladungsfelder in der Gewitterwolke, den ionisierten Kanälen folgend, in die Stratosphäre hinausschießen und diese Leuchterscheinung von Kobolden und Blue-Jets in den Höhen von 30 km und höher hervorrufen. Die emporschießenden Elektronen werden in der Ionosphäre abgebremst, was die Bremsstrahlung hervorruft.

**Bewegte Energie hat eine Feldrückwirkung:**
Elektroenergie wird üblicherweise über gut leitende metallische Kabel übertragen. Die zu übertragende leitungsgebundene elektrische Energie hat einen Wirkanteil und einen Blindanteil. Der Wirkanteil stellt die nutzbare Energie dar und geht bei der Übertragung zum Teil am ohmschen Widerstand der Leitung und bei der praktischen Nutzung in Wärme über. Der Blindanteil geht durch die Rückwirkung von Feldaufbau und Feldabbau verloren. Der Stromfluss bei Wechselstrom hat über die ständigen Änderungen durch die Frequenz und Amplitude eine Feldrückwirkung, den Blindwiderstand zur Folge. Bei konstant fließendem Gleichstrom ist dieser Blindanteil nicht wirksam, das Feld ist aufgebaut. Somit haben die sich bewegenden Elektronen im elektrischen Leiter durch ihre Ladung, die eine Eigenschaft ist, eine Feld-Rückwirkung aus ihrer Bewegung bei Energieübertragung.

Im Vergleich zu den Verhältnissen im elektrischen Stromkreis, wo sich die Felder erst bei energetischen Vorgängen aufbauen, ist im Potentialfeld der Raum-Energie das Feld schon vorhanden. Wird nun Materie im Feld der Raum-Energie beschleunigt oder abgebremst, gibt es aus dem Beharrungsvermögen der Masse einen Widerstand gegen diese Veränderung zum vorherigen Energiepotential. Dieser Widerstand ermöglicht erst den Energieeintrag oder Energieentzug, und ist in sich somit eine Feld-Rückwirkung.

**Energetisch aufgeladene Massen verdrängen die Raum-Energie und bilden das Beharrungsvermögen aus. Die Masse hat, vergleichbar zu den Elektronen und Ionen im elektrischen Feld, eine Feld-Rückwirkung bei Energieeintrag oder Energieentzug über das jeweilige Energiepotential im Feld der Raum-Energie zur Folge.**

Das kennt jeder Zweiradfahrer, wie stabilisierend die schneller werdende Fortbewegung der Masse durch Energieeintrag ist. Das gilt auch für Kreiselsysteme, bei denen sich durch Energieeintrag ein Beharrungsvermögen entwickelt. Dieser Trägheits-Widerstand kann auch als Blindwiderstand gegenüber Bewegungsänderungen bei Massen angesehen werden und wird bei Energieaustauch wirksam.

Ist eine Masse beschleunigt und befindet sich im Universum weit ab von Gravitationsfeldern der Sterne, Sonnen und Planeten, hält sie ihre Geschwindigkeit und Richtung ohne weiteren Energieeintrag. Das Gleiche gilt, wenn sich die schon beschleunigte Masse auf einer Äquipotential-Linie um größere Massen herum befindet, wie Planeten und Kometen um die Sonne und Monde um die Planeten. Das ist mit der Situation des Gleichstromes zu vergleichen, weil keine energetisch bedingte Potentialänderung stattfindet und somit keine Wechselwirkung zum Potentialfeld der Raum-Energie. Der Blindwiderstand bei Massenbeschleunigung ist erst wieder wirksam bei Energieeintrag oder Energieentzug (weitere Ableitung siehe Kapitel 5.9.4)

# Kapitel 5:
# Allgemeine Ableitungen, Folgerungen und Erklärungen zu den Vorgängen in dem uns einsehbaren Universum

Der Urknall findet in den Galaxien laufend statt, aus Energie wird Materie. Der Vorgang ist über sehr hohen Energiedruck oder Beschleunigung der Materie auf Lichtgeschwindigkeit oder Neutralisation mit der Antimaterie aus dem Antienergie-Universum zum Nichts reversibel. Der Zustand des Nichts ist zum Glück nicht stabil, die Zeit schreitet voran und es kann sich wieder etwas Neues entwickeln. Damit gibt es in der Energiefeld-Theorie auch die Unendlichkeit!

Die allgemein veröffentlichte Variante vom Urknall beinhaltet die Entstehung der Materie auch nicht von Anfang an, erst ein paar Sekunden nach dem Urknall. Davor müsste es somit einen Zustand von reiner Energie gegeben haben. Es werden Berechnungen angegeben, die Materie mit der Eigenschaft der gegenseitigen Massen-Anziehungskraft voraussetzen, aber umgekehrt auch inflatorische Expansionen angenommen werden, die eigentlich eine gravitative Abstoßung der Urmaterie erfordern würde. Ungereimtheiten in den kosmologischen Berechnungen werden mit der Annahme von „Dunkler Materie" oder „Dunkler Energie" als Korrekturgrößen mit eingebunden. Im Grunde genommen, und von Albert Einstein auch berechnet, müsste es auch eine negative Gravitation, also eine gravitative Abstoßung geben. Woher sollte sonst die Ausdehnung nach dem Urknall erfolgt sein? Ebenso soll die für uns sichtbare Materie von Anfang an mit entstanden sein und sich in den Raum des Nichts ausgedehnt und zu dem uns sichtbaren, doch sehr fein und unterschiedlich strukturierten Gebilden der Galaxien und sonstigen Materieansammlungen, entwickelt haben. Das kann doch für alle denkenden und die Fotos der Astronomie offenen Auges sehenden Menschen so nicht der Aufbau des Universums gewesen sein. Hinzu kommt noch, welches Medium soll eigentlich diesen „Urknall" übertragen haben und wer soll ihn gehört haben?

Das Szenarion ist allgemein nicht zu akzeptieren, auch nicht zum Jahr der Astronomie 2009. Diese offensichtlichen Widersprüche haben auch mich schon seit Jahren veranlasst, weitergehende Überlegungen anzustellen und diese nach dem Jahr der Astronomie nun auch schriftlich aufzuzeichnen.

Die hier genannten Postulate sind die Grundlage, eine verbesserte und logisch begründete Ableitung und Sichtweise aufzustellen und wenn gegeben, mathematisch und mit Beweisen zu erhärten.

**Die Wissenschaft muss nach weiteren Erklärungen, als zu dem bisher Vorgegebenen, forschen!**

Die für die Menschen sichtbaren vielfältigen Strukturen und Varianten der Materie im Universum können doch nicht von einer einzigen chaotischen Explosion, dem Urknall, kommen. Unser heutiges Wissen um die Form der Zusammensetzung und Lebensdauer der Sterne und Nebelausbildung zeigen doch andere Tatsachen. Es muss eine kontinuierliche Entwicklung der Entstehung der Galaxien geben, die sich zu unserer Zeit doch noch laufend in Weiterentwicklung befinden. Die vielfältigen Strukturen sind sichtbar und somit auch erklärbar und unterliegen einem langandauernden Entwicklungs- und Veränderungs-Prozess von Entstehung, Alterung, Untergang und Neuentstehung.

## 5.1 Wie entsteht eine Galaxie im Potentialfeld der Raum-Energie?

Soweit die Menschheit das Universum versteht und gedanklich darstellen kann, sind in großen räumlichen Abständen unsystematisch verteilt erheblich viele unterschiedliche Galaxien vorhanden. Diese Galaxien sind die Geburtsstätten der Materie in ihrer gesamten Vielfalt und Ausformung. In ihrem Inneren wird ein Teil vom umgebenden Energiefeld, der Raum-Energie, in Materie transformiert. Dabei bleibt die Gesamtbilanz der Energie erhalten, denn Materie ist somit nur eine andere Form von Raum-Energie. Materie ist kondensierte Raum-Energie und kann somit auch wieder zu Raum-Energie zurückgewandelt werden. Auch Albert Einstein setzte in seinen Theorien Energie mit Materie gleich, die durch ihre Wirkung mit Masse, Druck und Energie den Raum über die Raum-Zeit verzerren. Hinweis Quelle 3, Seite 318.

Im Inneren einer Galaxie, in den meisten Fällen dem Schwarzen Loch, wird wahrscheinlich in einem gewaltigen Wirbelsystem ein Unterdruck im Energiefeld erzeugt, der Energie zu Materie kondensieren lässt. Dieses Kondensat hat damit seinen Ursprung im Zentrum der Galaxie und trägt neben der Masse die hineingegebene Impuls-Energie und Kern-Energie mit sich. Vom Zentrum strömt die Materie in Form von Wasserstoffatomen und anderen Begleitteilchen in zwei gegensätzlichen Strahlen oder auch scheibenartig in den umgebenden Raum als Materie-Strahlung aus.

Das Wasserstoffatom entsteht durch Energieeintrag aus einer Potentialtrennung in das positiv geladene und vom Atomgewicht massebehaftete Proton und das weit weniger massebehaftete gleichwertig negativ geladene Elektron. Die Zwischenstufen der Umwandlung von Raum-Energie in Materie über Quarks und Co und die physikalischen Vorgänge in den Zentren von Galaxien, in denen die ausgeworfenen Materie-Teilchen entstehen, sind noch weitgehend ungeklärt. Die bisherigen Ableitungen, wie ausgehend vom Urknall Materie entstanden sein könnte, sind in den verschiedensten Theorien aufgezeichnet (eine Erklärung gemäß der Energiefeld-Theorie und der Nukleonen-Theorie siehe Kapitel 5.9.1). Das wären die Vorgänge, die im Inneren der Galaxien laufend stattfinden, wie aus dem Feld der Raum-Energie Materie entsteht. Hier gibt es die verschiedensten Erklärungsmodelle und könnten statt in den singulären Urknall in das Innere der verschiedensten und fast unzähligen Galaxien übertragen werden. In den Galaxien entstehen die Bausteine der uns bekannten Materie, der ursprüngliche Wasserstoff und dessen Isotope, laufend neu und wandeln sich durch Fusion in den Sternen in die unterschiedlichsten

Elemente um und bilden die Materie. Diese Materieansammlungen bilden dann die gewaltigen Systeme der Feuerräder und die Formen und Arten von Galaxien aus.

Nun wird bei diesen Urknall-Theorien auch die Entstehung von Antimaterie mit einbezogen, die dann aber irgendwie verschwindet und nicht weiter beachtet wird. Das ist bei der Quastschen Energiefeld-Theorie nicht der Fall. Hier gibt es gemäß dem Grundgesetz der Symmetrie ein eigenes Universum aus Antimaterie mit seinem Energiefeld aus Antienergie, wie in vorigen Kapiteln dargestellt. Eine CP-Verletzung gemäß der Standard-Theorie ist somit nicht gegeben.

Das Feuerrad-Modell stimmt mit dem Bild der Balkengalaxie überein. Der innerlich rotierende Unterdruck-Strudel (Weißes Loch) stößt zwei gegensätzliche Materie-Strahlen aus, die aber infolge der langsamen Rotation des äußeren Gesamtsystems nach außen hin einen Kreis im umgebenden Raum beschreiben. Der innere Strudel kann wesentlich höhere Rotations-Geschwindigkeiten haben, als das äußere Gesamtsystem. Es bilden sich die „Kondensstreifen" der aus den Zentren der Galaxien ausströmenden Materieteilchen. Die ausströmende Materie wird infolge von Clusterbildung verdichtet. Der ursprüngliche Wasserstoff und sonstiges Plasma kann sich bei den Ausstoß-Geschwindigkeiten zum Teil auch schon ohne eine Sonnenaktivität im inneren Bereich der Galaxie mit anderen Wasserstoff-Atomen und Plasma-Ionen zu Deuterium, Tritium und Helium und Lithium fusionieren. Das erklärt auch die starke diffuse Strahlung aus den inneren Bereichen der Galaxien. Das ist der Schneefalleffekt von kleinsten Flocken hin zu immer größeren Flocken auf dem Weg der Teilchen. Es finden Wegkollisionen statt, die erheblichen Einfluss auf die jeweilige Weg- und Flucht-Geschwindigkeit der Teilchen haben, weil Bewegungs-Energie abgegeben wird und die Teilchen langsamer werden. Es bilden sich Cluster aus.

Die Cluster werden damit immer größer und in ihrer Weggeschwindigkeit langsamer und streben aber infolge ihrer aus dem Zentrum mitgegebenen

Impuls-Energie weiter nach außen. Sie finden sich mit der Verlangsamung durch Masseansammlung zu dem Schweif zusammen, der sich nur noch sehr langsam nach außen bewegt und somit einer Spiralform folgt. Der Schweif folgt, aber aus der weiteren Massen-Kumulierung auch etwas langsamer werdend, fortlaufend weiter in Richtung der Rotation des inneren Galaxienbalkens infolge der Anfangsgeschwindigkeit aus der Rotation des Zentrums. Zusätzlich strebt es nach außen in den Raum aufgrund der Ausstoßgeschwindigkeit aus dem Zentrum der Galaxie und bildet somit die sichtbaren Spiralformen, die „Feuerräder" der Galaxien aus. Die Wege für die aus dem Zentrum der Galaxie ausgestoßenen Materieteilchen werden in den äußeren Bereichen der Schweife immer länger, als die Wege der inneren Schweife aus dem Galaxie-Zentrum, denn die Anfangs-Geschwindigkeit bleibt ja gleich, solange noch keine Kollisionen stattgefunden haben. Von daher gibt es immer ein Gemisch aus schnelleren und langsameren Masseansammlungen. Da aus dem Zentrum der Galaxie zwei entgegengesetzte Materie-Strahlen in der Ebene der Galaxie ausgestoßen werden, bilden sich im Allgemeinen zwei aufgewickelte Schweife aus. Es gibt aber auch andere Formen.

Nachdem sich das Balkenzentrum in seiner Rotation in der Galaxien-Ebene einmal um die eigene Achse gedreht hat, ist der vorherige ältere Schweif schon wesentlich weiter in den Raum gewandert mit der immer kleiner werdenden Fluchtgeschwindigkeit und Folgegeschwindigkeit aus der Rotation zu dem Anfangsstrahl des Zentrums. So wird in dem inneren Zwischenraum die Spirale auf der inneren Bahn weiter gebildet (siehe NGC 2997).

Die aus dem Zentrum der Galaxie zu zwei Seiten hin ausgestoßenen Materiestrahlen überholen nun auch die einhalb, eine oder zwei Rotationen zuvor ausgestoßenen Galaxienschweife, in den sich schon Sterne und Sternsysteme bilden konnten. Die nicht im inneren Kumulations-Streifen abgefangenen Materieteilchen stoßen somit nach einiger Zeit auch in die älteren äußeren Schweife vor und zerstören schon gebildete Sterne oder füllen noch nicht mit Kernfusion gezündete Bereiche hochenergetisch auf, sodass auch erstmals Sterne zünden können. Diese Clusterbildungen sind in den Fotos verschiedenster Galaxien ersichtlich. Im jungen Schweif sind die Cluster noch klein, werden aber in älteren Teilen des Schweifes immer größer und bilden örtlich verteilt erhebliche Konzentrations-Kerne bis hin in die ältesten Teile der Schweife im äußersten Rand. Da sich die Materie schon auf ihren langen Flugwegen in den älteren Teilen der Schweife vorverdichtet hat, nimmt die Cluster- und Sternbildung verstärkt zu.

Die aus dem Zentrum ausgestoßenen Materieströme, die nicht in den inneren Teilen der Schweife abgefangen werden, strömen weiter hinaus in schon in der Rotation des Zentrums überholte ältere Teile der Galaxienarme. Dabei wird die bereits kumulierte Materie, zum Teil schon gezündete Sterne, erheblich aufgemischt. Das hat kosmische Katastrophen in den jeweiligen Bereichen zur Folge. Sterne werden zerstört oder auch neu gebildet. Dazu sind in dem Stadium keine Supernova-Explosionen erforderlich, sondern eher Wegkollisionen und instabile Sterne aus Überschuss an eingesammelter Materie und schnelle Materieströme aus dem Zentrum der Galaxie. Die näheren Zentren um das Schwarze Loch der Galaxien herum und die jungen Schweife der Galaxien sind Quellen von intensiver Radio-Strahlung. Diese Bereiche sind die Geburtsstätten von höherwertiger Materie und nicht der Urknall.

Galaktischer Staub, bestehend aus in den Vorsternen erbrüteten höherwertigen Elementen, bildet lange Schweife innerhalb und zwischen den Spiralarmen. Es bilden sich aufgrund der sehr schnellen und noch nicht kollidierten Materieströme aus dem Zentrum der Galaxie zusätzliche Zwischenarme. Sterne werden wieder zerstört und neu gebildet. Diese Staubwolken entstehen in gewaltigen Mengen und dringen in andere Bereiche der Spiralarme vor, die dann die vielfältigsten Staubwolken in den Galaxien ausfüllen. Es gibt dafür genügend Beispiele in unserer Galaxie vom Adlernebel bis zum Pferdekopf-Nebel, die aus großen Materieansammlungen bestehen und Stoff für neue Sterne und somit auch Sonnensysteme mit Planeten bereitstellen.

In den Lichtbildern der Galaxien, zum Beispiel M51, sind diese aus den Galaxien-Schweifen nach außen gekrümmt gerichteten Wolkenbildungen aus Materie als Schleier verschiedenster Formen zu sehen. Diese Kollisionen der Materiestrahlen aus dem Zentrum der Galaxien mit der schon kumulierten älteren Materie ergibt auch die Streuung der Materiestrahlung in die Dicke der Galaxie, die ja gewaltige Räume ausfüllen. Diese Staubschichten enthalten wesentlich mehr Materie als die aktuell gezündeten Sterne und ermöglichen aber auch in den älteren, außenliegenden Schweif-Teilen immer aufs Neue die Zündung von Sternen.

**In einem außenliegenden Schweif unserer Galaxie, der Milchstraße, ist unser Sonnensystem selbst ein winzig kleiner Teil davon. Unser Sonnensystem stammt mit seinem gesamten Energiepotential letztendlich aus dem Zentrum unserer Galaxie.**

Diese Vorgänge können auch die Entstehung unseres Sonnensystems hervorgebracht haben, denn das Sonnensystem liegt innerhalb der noch jüngeren Teile der Schweife und hat wohl erst zwei Rotationen aus dem Zentrum der Milchstraße miterlebt und somit drei oder vier Bestrahlungen aus dem Materiestrom aus dem Zentrum der Milchstraße. Mit diesen, für unser Sonnensystem durch inzwischen vorgelagerte interstellare Staubwolken geschwächten Materieströme, sind erhebliche Rückwirkungen verbunden. Aus dem Zentrum könnte Wasserstoff und in geringerem Maße auch Helium und Lithium auf die Erde gelangt sein. Der Partikel-Strom von ionisierten Gasanteilen wird überwiegend vom Magnetfeld der Sterne, Sonnen und Planeten eingefangen und auch über lineare Kollision und Gravitation. Das kann auch die Gasplaneten, wie Jupiter, Saturn und Uranus aufgebläht haben. Ein Modell unserer Milchstraße mit der möglichen Position unseres Sonnensystems ist unter Quelle 11 aufgezeigt.

Durch sporadische Partikel-Ströme aus dem Zentrum unserer Galaxie, vorwiegend ionisierte Wasserstoffatome, wurde auch die Sonnenaktivität verändert und wohl auch verstärkt. Einträge von Wasserstoff in die Erdatmosphäre hatten auch Knallgas-Explosionen aus der Reaktion mit dem Sauerstoff und der Bildung von Wasser sowie Methanbildung in Zusammenhang über Wasserstoff mit $CO_2$ – Reaktionen aus der Atmosphäre zur Folge. Diese Vorgänge waren insbesondere bei den Strahldurchgängen vor drei und zwei Milliarden von Jahren aus der Milchstraße für die Entstehung des Wassers, neben den Kometeneinschlägen, wohl eine Ursache. Spätere Strahldurchgänge vor etwa 250 Millionen Jahren reduzierten den Sauerstoff in der Erdatmosphäre derart, dass biologisches Leben abstarb, sich unter Sauerstoffmangel ablagerte und mit zur Entstehung von Kohle- und Erdölablagerungen aus dieser Urzeit beitrug. Die erforschten lebensfeindlichen Veränderungen im Erdzeitalter zwischen Karbon, Perm und Trias wären damit in Zusammenhang zu bringen.

Es gibt Galaxien, die noch nicht einmal eine Rotation des Balkenzentrums abgeschlossen haben und solche, die schon die zweite und dritte Rotation zurückgelegt haben. Es wurden gewaltige Spiralen ausgebildet, wie unsere Milchstraße. Das hängt aber auch mit der jeweiligen Drehgeschwindigkeit des Balkens im Zentrum der Galaxie zusammen. Manche haben kaum einen Eigendrehimpuls ausgebildet oder taumeln und bilden gewindeartig gestufte Schweife aus, andere drehen schneller und andere haben kaum einen inneren Drehimpuls oder ihr Zentrum strahlt die Materie scheibenförmig aus.

Es bilden sich auch außerhalb der Rotationsebene Masseansammlungen aus, die eine Art Materie-Nebel um das Zentrum der Galaxie bilden, aber in der Materie-Dichte viel geringer sind als in den Schweifen. Diese Wegabweichungen bilden sich ebenfalls aus Kollisionen der Materieteilchen und bilden auch größere Masseansammlungen bis hin zu gezündeten Sternen. Die Wegabweichungen ergeben sich aus Kollisionen und gravitativer Umlenkung mit vorhandener Materie mit Einfallswinkel gleich Ausfallswinkel, die somit die Rotationsebene verlassen und die „nebelartige" Umgebung der Zentren hervorrufen. Dadurch können auch Kugelhaufen und Nebengalaxien entstehen, die oft außerhalb der Rotationsebene positioniert sind, und über einen längeren Zeitraum aus einem durch große Masseansammlungen abgelenkten Partikel-Strahl aus dem Zentrum der Galaxie entstehen könnten. Innerhalb der recht durchsichtigen Kugelhaufen sind galaktische Staubansammlungen in die Objekte integriert oder ansonsten durch den Strahlungsdruck der vielen eng versammelten Sterne mit ihrer Energie- und Materiestrahlung ausgegrenzt.

Es gibt somit noch viele andere Formen von Galaxien bis hin zu Eiformen, die auch Raum-Energie in Materie umwandeln und solche, die keine Schweife ausbilden, weil sie unsystematisch rotieren und es nicht zu Kumulierungen von Materie kommt und nur Dichtegrenzen im Universum ausbilden, den sogenannten Schwarzen Löchern.

Diese unsichtbaren oder durchsichtigen Galaxien erscheinen dann aber als Gravitationslinsen, wie zum Beispiel im Bereich des Galaxienhaufens Abell 2218 sowie Abell 383, und bilden in ihrer Nähe Bereiche mit unterschiedlichem Energiedruck der Raum-Energie aus, an deren Dichtegrenzen Reflexionen von Licht und anderen hochenergetischen Strahlungen stattfinden können. Es bilden sich Linsen-Effekte aus. Die üblichen Galaxie-Zentren haben auch diese Eigenschaften, nur wird alle sie durchdringende Strahlung aus anderen Quellen infolge ihrer dichten interstellaren Materieansammlungen verschluckt und abgeschirmt. Somit können wir dahinter liegende Objekte nicht über ihre Strahlung alle Arten erkennen.

## 5.2 In dem uns bekannten Universum entstanden schon unzählige Galaxien

Das jeweilige Alter der Galaxie spielt auch eine Rolle, denn es ist anzunehmen, dass laufend neue Galaxien-Zentren entstehen, die durch einen irgendwie gestalteten Impuls, vielleicht einem Gamma-Strahl eines explodierenden Sternes aus einer anderen Galaxie, im Feld der Raum-Energie gezündet werden. An den Stellen müsste das Potentialfeld der Raum-Energie eine Schichtung mit unterschiedlichen Energiedruck-Bereichen haben, damit sich ein Ausgleichs-Strudel für die Energie zwischen Bereichen mit unterschiedlichem Druck oder auch Potential im Potentialfeld der Raum-Energie entwickeln kann.

Die Galaxien und andere Objekte, an denen Raum-Energie in Materie umgewandelt wird, sind im uns bekannten Universum weiträumig ungeordnet verteilt und haben dazu auch jeweils noch eine Eigenbewegung im Gesamtsystem und somit in dem Universum. Die Eigenbewegung der Galaxien ist auch eine Bewegung des Feldes der Raum-Energie für sich und damit auch bei Expansion des Universums. Die Materie wird dabei ohne Energieeintrag mitgerissen, wenn sich das Energiefeld in sich aufspannt, ähnlich wie Massen auf Äquipotential-Linien umeinander herum, wenn die Hauptmasse einen Wegimpuls in sich hat, zum Beispiel das System Erde / Mond / Sonne / Milchstraße.

Die Anzahl in dem für die Menschheit sichtbaren Universum geht in die 100 Milliarden Galaxien-Systeme. Es kommt auch zu Kollisionen, die aber nur eine Durchdringung zur Folge haben. Es gibt dabei keine sogenannte Massenanziehung der Massen, sondern nur Wegekollisionen mit Austausch der Impuls-Energie bei den jeweiligen Masse-Objekten und gravitative Wegumlenkungen infolge der jeweiligen hohen Vorbeiflug-Geschwindigkeiten. Die Objekte haben keinen eigenen Bezug zu einem gemeinsamen Entstehungsort und somit keine Gravitation in der Gesamtheit. So kommen die kollidierten Galaxien in ihrer vorherigen Form und Struktur nur wenig verändert auf der anderen Seite wieder heraus.

Es findet aber eine Unzahl von Weg-Kollisionen statt, die die jeweilige Impulsenergie mit den kollidierten Objekten austauschen und sich entweder zu größeren Objekten durch Adhäsion vereinigen oder auch durch gravitative Umlenkbeziehungen wie Billardbälle in alle Richtungen auf neue Bewegungsbahnen gelenkt werden. Somit sind die Galaxien nach der Durchdringung vom intergalaktischen Staub gesäubert und sehen in ihrer Grundstruktur erhalten und aufgeräumt aus.

Gäbe es die sogenannte Massenanziehungskraft der Materie untereinander, würden sich ganz andere Verschmelzungen ereignen, eigentlich fast bis zur Verklumpung zu immer größeren Objekten, eigentlich des gesamten Systems. Das ist aber sichtbar nicht der Fall! Deshalb hatte Albert Einstein auch eine kosmologische Konstante in seine Gravitations-Gesetze eingearbeitet, um das konstante Universum zu ermöglichen. Nach der Energiefeld-Theorie sind diese Konstanten nicht erforderlich und es werden nur die energetischen Unterschiede ausgetauscht, die aber verhältnismäßig gering sind, weil sich die Galaxien im gleichen Potentialfeld der Raum-Energie befinden und nur ihre kinetische Energien aufgrund Eigengeschwindigkeit und Strahlung miteinander austauschen.

Die zusammenstoßenden Galaxien haben von ihren Zentren her bezüglich ihres Geburtsortes keinen großen energetischen Potentialfeld-Unterschied im Feld der Raum-Energie. Es bilden sich somit keine erheblichen Gravitationen aus, somit auch nicht zwischen den einzelnen Materieobjekten der sich durchdringenden Galaxien. Besondere wirre Verhältnisse ergeben sich aber, wenn sich die Schwarzen Löcher der kollidierenden Galaxien auf ihrem Weg durchdringen und vereinen müssten. Aber auch das ist möglich und bietet eine Verstärkung zum Ausgleich der Druckverhältnisse im Bereich zwischen den Schichten im Feld der Raum-Energie.

**Materie hat gegenüber seinem Entstehungspunkt (Geburtsort) eine vielfältige kinetische Energie und atomgebundene Energie mitbekommen. Die Impuls-Energie summiert sich zusammen, wenn Clusterbildung durch Adhäsion oder Wegkollision der Materie erfolgt. Die Objekte bilden ihr eigenes Summen-Energiepotential und somit ihre Gravitations-Beziehung relativ zum Raum je nach Inertialsystem untereinander aus.**

Von daher hat Materie aus einer Galaxie keinen Bezug zur Materie aus einer anderen Galaxie, weil sie kein gemeinsames Energiepotential und damit keine Gravitations-Beziehung haben. Das ändert sich aber, wenn bei Kollisionen von Galaxien die kinetischen Energien der auf ihrem Weg kollidierenden Materie ausgetauscht werden. Erst dann bilden sich gemeinsame Gravitations-Beziehungen aus. Aufgrund der großen Abstände der Materie im Raum kollidieren nur wenige Groß-Objekte wirklich und gehen gemeinsam neue Wege. Die Wege sind auch bestimmt durch die Strömung der Raum-Energiefelder aufgrund der Expansion und Schichtung des Universums.

Nach der Energiefeld-Theorie entstehen die Galaxien, ausgehend von einem langsam rotierenden, elliptischen Zentrum, das immer neue Materie über Quarks und Co aus dem Energiefeld der Raum-Energie generiert. Die Materie wird in Richtung der inneren Anfänge der Spiralen über die inneren Balken der Galaxie ausgeschleudert. Das Balkensystem fängt langsam an zu drehen. Die Schweife folgen der Drehrichtung des Balkensystems, aber immer langsamer werdend und in der Flugrichtung nach dem „Außen" hin strebend. Die Spiralen wickeln sich somit ab, die Galaxie dehnt sich immer mehr aus. Die junge Materie entwickelt sich also in den inneren Anfängen der Spiralen. Die ältere Materie aus der Zeit der Zündung der Galaxie ist somit in den Enden der Schweife zu finden. Die Drehrichtung ist für beide Theorien die gleiche, Energiefeld-Theorie oder Standardmodell-Theorie.

**Dem Standardmodell wird mit der hier aufgezeigten Energiefeld-Theorie widersprochen!**

Nach dem Standardmodell soll sich die Materie, entstanden aus dem Urknall, zu den sichtbaren Galaxien verdichtet haben. Die Materieströme müssten sich also in Richtung Zentrum der Galaxie bewegen. Die Schweife sollen sich somit immer enger aufwickeln. Die Materie wird demgemäß an den Enden der Schweife einer Galaxie aus dem Intergalaktischen Raum eingesammelt und müsste in den äußeren Bereichen der Schweife jung sein. Jungfräuliche Materie aus dem Urknall, also reiner Wasserstoff, soll den Intergalaktischen Raum vorher ausgefüllt haben! Die Materie verschwindet dann über den Flugweg in den Schweifen und zentralen Balkensystemen im Zentrum der Galaxie ins Nirwana, dem Schwarzen Loch. Im Schwarzen Loch soll dann die Raum-Zeit zu Null werden. Des Weiteren sollen sich die heute sichtbaren Galaxien aus der laufenden Kollision von kleineren Galaxien über eine unendlich weit wirkende Massenanziehungskraft gebildet haben. Warum sich aber nur Gravitations-Scheiben um das postulierte, im Allgemeinen gravitativ kugelförmig wirkende „Schwarzes Loch" zu Galaxien in Spiralformen ausbilden, wird nicht erklärt.

## 5.3 Wie entstehen Sonnen bzw. leuchtende Sterne in den Schweifen der Galaxien?

Über die durch Impuls-Energie bestimmten Flugstrecken im Raum kollidieren die Atome und Ionen auf ihrem Weg miteinander, werden damit durch Abgabe der Impuls-Energie langsamer und nehmen immer mehr Teilchenströme bei zunehmendem Volumen aus dem Strahlstrom auf und bilden Cluster durch Adhäsion. Diese Gebilde ziehen sich unter dem Zwang im Feld der Raum-Energie zu immer kompakteren Gebilden kugelförmig zusammen. Das Zusammenziehen hat aber den Pirouetten-Effekt zur Folge, der eine Rotation zu immer höheren Drehzahlen bewirkt. Da es sich bei den kumulierten Teilchen um Plasma handelt, haben die Rotationen sehr starke Magnetfelder und auch elektrostatische Felder zur Folge, die weitere Teilchen direkt in die Masseansammlung hineinziehen, siehe Polarlicht-Effekte. Daraus bilden sich dann die ersten Stern- und Sonnen-Systeme, die immer größer werden.

Die kompakten Massenansammlungen haben Rückwirkungen auf die Raum-Energie. Das Potentialfeld der Raum-Energie wird durch diese Gravitations-Senken verzerrt, was eine Massenanziehungs-Kraft simuliert. Es ist aber nicht eine Massenanziehungs-Kraft, die hier wirkt, sondern das Bestreben der Materie den kleinsten energetischen Raum im Beziehungssystem einzunehmen. Hier wirkt der Potential-Druck der Raum-Energie auf die Massen, die das Potentialfeld der Raum-Energie trichterförmig verzerren und Materie einsammeln.

Wenn diese Materieansammlungen aus Plasma und Wasserstoff groß genug sind, setzt wiederum unter dem hohen Druck der Materie auf die inneren Schichten in einer Schicht die Kernfusion ein, und ein Stern ist gezündet.

Bei der Kernfusion verschmelzen vier Wasserstroff-Atome zu einem Helium-Atom. Das Helium-Atom nimmt aber weniger Raum ein, als die zur Kernfusion erforderlichen vier Wasserstroff-Atome. Zwei Protonen werden zu Neutronen, dabei wird auch Energie und Masse abgegeben und in Raum-Energie zurück transformiert. Das neu entstandene Helium-Atom verdrängt somit weniger Raum-Energie und es wird bei der Kernfusion Energie abgeben.

Bei der Kernfusion wird Raum-Energie freigesetzt, die Grundlage der Sonnenstrahlung!

Diese Energie wird nach Frequenz-Transformation der bei der Fusion entstehenden hochenergetischen Strahlung (Gammastrahlung) durch die umgebende, unter hohem Druck stehende Materieschicht überwiegend in Form von Licht- und Wärme-Strahlung von der Oberfläche der Sterne bzw. Sonne abgestrahlt. Die Strahlung wird durch Energie-Druckwellen in den umliegenden Raum abgegeben. Hinzu kommt noch ein erheblicher Anteil an Partikel-Auswurf in Form von Plasma, dem sogenannten Sonnenwind. Bei der Sternenexplosion, einer Supernovae-Explosion, entsteht auch ein Gammastrahlen-Blitz, der aus den inneren Fusions-Schichten des Sternes stammt und somit sofort freigesetzt wird. Energie wird wieder an den Raum zurückgegeben, übrig bleibt die Asche aus dem Inneren des Sternes. Diese Asche beinhaltet Materie aus der gesamten Elementen-Reihe, aus denen sich wiederum Planeten, wie unser Planet Erde, bilden können.

Gravitation ist das Energiepotential mit dem Bestreben, den kleinsten Raum einzunehmen.

Materie hat in sich selbst ihr Energie-Potential durch Impuls-Energie, der kinetischen Energie. Die Massenanziehung der Materie gegeneinander ist nicht erforderlich, um die vorhandenen Gebilde und Konstellationen hervorzubringen. Es reichen zunächst Weg-Kollisionen und bei größeren Masseansammlungen auch Gravitations-Effekte durch die trichterförmige Verzerrung des Potentialfeldes der Raum-Energie sowie Magnetfeld-Systeme, um Kumulierung zu noch größeren Massen hervorzubringen. Der Potential-Druck der Raum-Energie sorgt dafür, dass diese Gebilde gezwungen werden, in Summe den kleinsten energetischen Raum einzunehmen, möglichst die Kugelform. Dazu sind aber sehr große Masseansammlungen erforderlich, die auch in der Lage sind, das Feld der Raum-Energie im entsprechenden Sinne zu verzerren.

**Bei Kumulierung der Materie muss die Gesamtsumme in ihrer Einheit weniger Raum-Energie verdrängen, als in dem Zustand der Einzelobjekte. Materie wird sozusagen ausgefällt. Das ist schon mit der Adhäsion von Materie gegeben. Die nächsthöhere Stufe der Raum-Freigabe ist die chemische Verbindung, die Kristallisation und die Fusion von Materie.**

Als indirektes Beispiel sind sich anziehende Magnete zu nennen, deren Magnetfeld bei Kontakt der Gegenpole das räumlich kleinste Gesamtpotential anstrebt. Um sie auseinanderzubringen, muss wieder Energie über Kraft mal Weg über ein Zeitintervall eingebracht werden.

Als indirektes Beispiel ist das physikalische Bestreben, den möglichst kleinsten Raum einzunehmen, vergleichbar mit einem Wassertropfen unter dem Einfluss des Luftdrucks, auch zu sehen im schwerelosen Zustand in einer auf Wohntemperatur beheizten Raumstation. Der Wassertropfen hat eine Art Oberflächenspannung, die ihn zur Kugelform zwingt und dabei auch vielfältige Kugelschwingungen ausführen lässt und weitere Tropfen durch Adhäsion integrieren kann. Ähnliche Vorgänge sind symbolisch auch auf den Atomkern zu übertragen, der fusionieren und in allen möglichen Frequenzbändern schwingen kann.

Wird der Luftdruck zum Vakuum hin abgesenkt, zerstiebt der Wassertropfen durch die temperaturbedingte Molekular-Bewegung in seine Moleküle auseinander und bildet sich bei Wiederaufbau des Luftdruckes ohne Kondensationskern so schnell nicht von Neuem. Ist die Temperatur bei Wasser unter dem Gefrierpunkt von Null Grad Celsius abgesenkt, bilden sich bekanntlich Eis-Kristalle. Ähnliche Vorgänge sind auch auf die Materie im Feld der Raum-Energie sinngemäß zu übertragen.

Das Bild der Kugelschwingung oder in die Fläche projiziert, das Schwingen einer angeschlagenen Glocke, wäre auch ein Beispiel dafür, wie Atomkerne im Potentialfeld der Raum-Energie schwingen können und damit Energie durch Strahlung aufnehmen und auch wieder abgeben können. Die Strahlung wird als ein Frequenzgemisch isotrop und kugelförmig ausgestrahlt. An der Strahlung wirkt immer eine Unzahl von Atomen mit, sodass ein isotropes Verhalten gegeben ist und monochromatisches Richtungsverhalten nur in sehr begrenzten Fällen bei Kristallstruktur, z. B. beim Laser oder LED vorkommen kann.

**Materie ist mit einem jeweils individuellen Energiepotential behaftet. Die kinetischen Energiepotentiale aus verschiedenen Objekten summieren oder verringern sich, je nach Energieeintrag. Das Energiepotential der zusammenhängenden oder in Beziehung stehenden Materie ist eine individuelle Eigenschaft, ein Energie-Potential in Bezug zu anderen Materieansammlungen in einem Inertialsystem.**

Die Materie in einer Galaxie hat ihre Impuls-Energie in Bezug zu ihrem Entstehungs-Zentrum, dem Geburtsort. Die Materie innerhalb einer Galaxie, die sich zu Sternen zusammengefunden hat, hat wiederum keine Energie-Potentiale gegenüber gleichartig entstandenen Sternen, sondern nur aus der Differenz zum gemeinsamen Entstehungsort. Es gibt somit keine sogenannte Massenanziehungskraft zwischen den selbständig entstandenen Objekten, außer dem individuell zugehörigen Potentialunterschied, dem mitgegebenen Energie-Potential, gegenüber dem Entstehungsort. Somit haben wiederum Objekte, die ihren Entstehungsort in einem Stern oder einer Sonne oder dem gemeinsamen Vorobjekt haben, auch nur wesentliche Impuls-Energie gegenüber diesen Entstehungs-Zentren.

Daraus folgt: Gravitation ist ein individuelles Energiepotential der Materie. Die Massenanziehung zwischen Materiegebilden in der allgemein eingeführten Newtonschen Form gibt es demzufolge so nicht! Die Gravitation wirkt nur über die trichterförmige Verzerrung des Potentialfeldes aufgrund größerer Massenansammlungen in seiner näheren Umgebung. Dadurch ergeben sich Äquipotential-Linien, die energetisch aufgeladen sind und somit bewegten Massen eine Potential-Bahn vorgeben.

## 5.4 Energiepotentiale im Umfeld unseres Planeten Erde

Ein in die Umlaufbahn um die Erde geschossener Satellit hat seine Impuls-Energie und sein Energie-Potential gegenüber der Erde durch den Energieeintrag aus dem Raketenantrieb erfahren. Das Energiepotential ist der Masse aller im Objekt zusammenhängenden Atome, die von der Erdoberfläche stammen, über die Anhebung durch Energieeintrag auf das Bahnniveau und durch den Querimpuls parallel zur Erdoberfläche in eine Umlaufbahn mitgegeben. Daraus ergibt sich eine elliptische, annähernd kreisrunde Bahn. Da der Planet Erde rund ist, folgt die Bahn des Satelliten zwangsläufig der Form der Erdoberfläche oder genauer gesagt, in einem konstanten Abstand zum energetischen Schwerpunkt, der Äquipotential-Ebene. Solange keine weiteren Energieimpulse das Höhenniveau durch die mitgegebene Eigengeschwindigkeit beeinflussen, bleibt das Energiepotential und damit die Flugbahn konstant.

Fliehkraft aus der Eigengeschwindigkeit auf der gekrümmten Flugbahn und Gewichtskraft, die den Zwang des Rückfalls zum kleinsten Energieniveau ausübt, heben sich auf. Das ist der Zustand der Schwerelosigkeit, der sich aber in der Quastschen Energiefeld-Theorie nicht als Massenanziehungs-

Kraft darstellt, sondern als ein, durch die Fliehkraft kompensiertes Energiepotential.

Die Höhe der Umlaufbahn und die Umlaufgeschwindigkeit sind durch den Energieimpuls auf die Masse des Satelliten bestimmt. Die Höhe wird nun gehalten, weil kein weiterer Energieeintrag oder Energieabgabe erfolgt. Das Gesamtsystem stellt sich auf den kleinsten Raumbedarf ein, das ist die angenäherte runde Kreisbahn. In der Flug-Bahn sind elliptische oder schraubenförmige schwingende Bahnen mit ihren Brennpunkten eher stabil in ihrer Lage als reine Kreisbahnen. Reine Kreisbahnen sind in der Lage unbestimmt und von daher unstabil, was auch schon Newton erkannt hatte. Durch die Kreisbahn ergibt sich aber auch eine Fliehkraft aus der Kreisbeschleunigung, die der Gewichts-Kraft aus dem Energiepotential entgegenwirkt. Die physikalischen Grundlagen der Fliehkraft sind aus dem Karussell-Betrieb als Zentrifugalkraft bekannt. Die laufende Richtungsänderung in einer erzwungenen Kreisbahn simuliert eine Kraft, die aus der Richtungsänderung bezogen auf die Masse und Eigengeschwindigkeit eine Fliehkraft darstellt. Das ist die Kreisbeschleunigung.

Innerhalb des Satelliten stellt sich dadurch die Schwerelosigkeit ein, da sich die Kräfte, das kleinste Energiepotential im Raum anzustreben, und die Fliehkraft aus der Richtungsänderung auf einer Kreisbahn ausgleichen, sich gegenseitig aufheben. Nachträglich auf genau die gleiche Flugbahn gebrachte Satelliten ziehen sich dort nicht an und würden auch bei kleinen Abständen keine Massenanziehungskraft ausbilden und zusammenkleben, es sei denn, die atomaren Adhäsionskräfte kommen zum Tragen. Das ist z.B. zwischen dem Raumlabor der ISS und einer anfliegenden Versorgungsstation festzustellen, sie ziehen sich gegenseitig nicht an wie z.B. zwei gegenpolige Magnetpole oder wie eine angehobene Last, die es zum Energieausgleich zur Erde hin zieht. Eine sehr kleine Anziehungskraft könnte höchstens aus der unterschiedlichen elektrostatischen Ladung bezüglich Elektronenüberschuss und Elektronenmangel kommen. Das Energiepotential der Satelliten in Bezug zur Erde ist für beide gleich. Sie kommen nur über die unterschiedliche Bahngeschwindigkeit zusammen, was eine Steuerbarkeit der Bahnparameter voraussetzt.

Bei Energie-Entzug der Impuls-Energie von Satelliten durch Abbremsung wird die Umlaufbahn im Durchmesser immer kleiner, bis die Abbremsung durch Eintritt in die Atmosphäre und Brems-Reibung an den Luftpartikeln die Rückkehr oder Zerstörung einleiten. Die einmal eingebrachte Energie wird wieder zurückgeführt und in Wärmeenergie umgewandelt.

## 5.5 Die Gravitation der Erde in Beziehung zur Sonne und dem Mond

Unser Planet Erde hat aufgrund seiner eigenen Impuls-Energie eine Umlaufbahn gegenüber der Sonne und aufgrund seiner Kreisbeschleunigung (Fliehkraft) auch für all seine Materie, inklusive dem Mond, die Schwerelosigkeit gegenüber der Sonne. Der Mond hat seine Impuls-Energie gegenüber der Erde und beide zusammen ihr Energie-Potential gegenüber der Sonne. Diese Gravitations-Beziehungen gelten auch für alle anderen Objekte aus unserem Sonnensystem.

**Ebbe, Flut und Erdabflachung sind Ausgleichskräfte aus dem Bestreben zum geringsten Energiepotential**

Das Beharrungsverhalten ist das physikalische Bestreben, das Energieniveau konstant zu halten und wenn möglich auszugleichen. Jedem fremden Energieeintrag wird eine Ausgleichskraft, die Trägheit der Masse, entgegengesetzt. Somit kann beschleunigte Masse Energie aufnehmen oder bei Abbremsung auch wieder abgeben.

Da die gemeinsamen Schwerpunkte, in denen das Energiepotential des Gesamtsystems ausgeglichen ist, nicht mit dem jeweiligen geometrischen Schwerpunkt der Einzelmassen übereinstimmt, gibt es, wenn möglich, Ausgleich vom Energiepotential und Fliehkraft. Bei flüssiger und gasförmiger Materie, wie Wasser und Luft, ergeben sich durch Reibungsverluste zeitverzögerte Strömungen zu Ebbetälern und Flutbergen, die um die Erde herum versuchen, das Energiepotential konstant zu halten oder nach Möglichkeit auszugleichen. Es ergeben sich bei der Flut zwei mit der Erddrehung umlaufende Wasserberge. Ein dem Mond zugewandter Wellenberg versucht das Energiepotential auszugleichen, da der Masse-Schwerpunkt der Erde abweicht gegenüber dem gemeinsamen energetischen Schwerpunkt aus dem System Erde zu Mond. Ein dem gemeinsamen energetischen Schwerpunkt der Achse Erde zu Mond gegenüberliegender Wellenberg bildet sich aufgrund der Fliehkraft aus der Rotation um den gemeinsamen energetischen Schwerpunkt des Systems Erde zu Mond. Da das Energiepotential gegenüber der Sonne auch mit einwirkt, ergeben sich durch diese zusätzlichen Kräfte je nach Konstellation auch Springfluten. Der Auslöser ist die unterschiedliche Erdbeschleunigung „g" und damit das Energiepotential der Masse von Wasser und Luft in Bezug auf den jeweiligen Ort in Abstand zum energetischen Schwerpunkt des Erdballes. Dazu überlagert sich das Energiepotential aus der Fluchtgeschwindigkeit bezüglich der Bahnkrümmung der Erdbahn um die Sonne. Auch die Satelliten-Bahnen in der Ekliptik Erde zu Mond werden durch diese verzerrten Äquipotential-Linien eiförmig. Die eiförmige Verzerrung der Umlaufbahn der Satteliten folgt der Umlaufposition des Mondes und folgt somit einer Perihel-Bahn. Das ist vergleichbar zur Umlaufbahn des Merkurs um die Sonne aufgrund der Gravitation aus dem wandernden, gemeinsamen energetischen Schwerpunkt der äußeren Planeten des Sonnensystems.

Die Abflachung des halbflüssigen Planeten Erde stammt aus dem kinetischen Energieimpuls der Eigenrotation. Die Fliehkraft aufgrund der Erddrehung wirkt den Bestrebungen der Materie, den kleinsten Raum, die Kugelform, im Feld der Raum-Energie einzunehmen, entgegen. Hierdurch entsteht aber auch innere Reibung der Materie und somit Energieentzug, was Rückwirkungen auf die Rotations-Energie langfristig zur Folge hat, denn die Erde dreht sich bekanntlich immer langsamer. Rotations-Energie wird in Reibung und somit auch in Wärme-Energie transformiert.

Andererseits wird der Mond durch die Wechselbeziehungen der Energiepotentiale mit den auf der Erde durch Reibung behinderten Wasser- und Luftströmungen, und infolge der schnelleren Erddrehung gegenüber der Mondumlaufgeschwindigkeit, sogar noch in seiner Bahngeschwindigkeit angetrieben. Somit entfernt sich der Mond immer weiter von der Erde, heutzutage ca. 4 cm je Jahr.

**Das Erdmagnetfeld kann kippen:**
Aber auch im Erdinneren tut sich so einiges. Es ist anzunehmen, dass sich der innere, massereiche flüssige Teil des Erdkernes, der wohl aus positiv geladenen Eisenionen besteht, schneller dreht, als die restliche flüssige Masse in Richtung Erdoberfläche und letztendlich gegenüber dem festen Erdmantel. Die Energie für den Drehimpuls stammt noch aus der Entstehungsgeschichte des Planeten Erde. Es kann angenommen werden, dass der Einschlag eines großen Protoplaneten, genannt Theia, den Mond aus der Erde geschlagen hat (siehe Kapitel 5.7). Dieser Protoplanet war ein Eisenmeteorit, der auch einen eigenen starken Drehimpuls, also Rotationsenergie mit Kreiseleffekt, mitgebracht hat. Dieser energetische Drehimpuls hat eine eigene Drehrichtung, die bis heute erhalten geblieben ist, egal wie sich die Drehachse der üblichen Masse des Erdmantels verhält. Dieser rotierende Eisenklumpen wurde durch die Gravitation zum Mittelpunkt des Planeten Erde gezogen und mit der örtlichen hohen Schmelztemperatur verflüssigt. Im Erdinneren wird die Temperatur auch durch radioaktiven Zerfall von Uranatomen und anderen Isotopen aufrecht erhalten. Die Rotationsenergie der Masse wird in dem flüssigen Zustand erhalten und lässt diesen inneren Eisenkern der Erde schneller rotieren, als es das Innere der Erde vor diesem Einschlag tat. Die Erde hat somit einen inneren Dynamo, der noch Jahrmillionen weiter selbständig und unabhängig von dem festen Erdmantel rotiert. Der Planet Erde hat vergleichsweise zu den anderen Planeten unseres Sonnensystems, außer dem Saturn und Jupiter,

ein ungewöhnlich starkes Magnetfeld, das auch den Partikel-Strom aus dem Sonnenwind abhält und somit die lebenswichtige Atmosphäre erhält.

Der rotierende Eisenkern sorgt für ein stabiles Erd-Magnetfeld, das Partikel-Strahlung aus dem Weltraum ablenkt, aber auch energetisch abgeschwächte Teilchen einsammelt. Nachweislich gab es auch Vorgänge, in denen sich das Magnetfeld in der Polrichtung schon mehrfach umgedreht hat (siehe Wikipedia: Erdmagnetfeld). Diese Möglichkeit besteht durchaus, auch ohne wesentlichen Energieeintrag. Der in dem flüssigen Magma rotierende Erdkern kann einfach senkrecht zu seiner Drehachse, also um die Ost-Westachse in Höhe des Äquators umkippen. Diese Erscheinung ist am Gyrotwister oder Spin-Ball nachweisbar. Durch eine Reibungs-Störung, hier ein leichtes Kippen des Spin-Balls in seinem Gleichgewicht, wechselt dieser die interne Achsausrichtung der Drehachse um 180 Grad durch eigenen inneren Antrieb, auch bei kleinen Drehzahlen. Dieser Vorgang ist nicht mit dem Kreisel-Effekt bei sehr hohen Drehzahlen zu verwechseln (siehe Kapitel 5.9.5). Es sind somit Vorgänge im Atom-Modell als auch Vorgänge im Planeten Erde vergleichbar und mit dem Spin-Ball erklärbar. Dieser Effekt ist auch an einem Schwimmkugel-Wasserbrunnen nachprüfbar. Die auf einem Wasserfilm schwimmende, schwere rotierende Steinkugel ist in ihrer Rotationsrichtung mit der Hand nicht anzuhalten. Man kann aber mit der Hand die Schwimmkugel über ihre Rotationsachse mit wenig Krafteinsatz anstoßen und zum Kippen bringen. Die Achse senkrecht zur Drehachse beinhaltet keinen Kreiselimpuls, kann aber durch einen kleinen Energieeintrag einen zusätzlichen Kreiselimpuls induziert bekommen und eine Präzession ausführen, die ohne wesentliche hohe Kräfte auch bis zum Kippen der Hauptdrehachse um 180 Grad führen kann. Nicht der energetische Drehimpuls, also die Rotationsrichtung der Masse wird in seiner Richtung geändert, sondern nur die Ausrichtung der Drehachse, was aber auf strömende Ladungsteilchen eine Umkehr des elektrodynamischen Effektes bedeutet, also eine Umpolung des Magnetfeldes gegenüber dem vorhergehenden Zustand in Bezug auf den Raum zur Folge hat.

Die Magnetpole der Erde wandern dann, angetrieben von internen Strömungsverhältnissen, über etwa 9000 Jahre einmal um 180 Grad in die entgegengesetzte geographische Polrichtung. Der innere magnetische Nordpol weist zu unserer Zeit zum geographischen Südpol. Wenn der interne Spin-Ball umkippt, weist der innere magnetische Nordpol dann auf den geographischen Nordpol. Die interne Rotations-Achse ändert sich in die entgegengesetzte Ausrichtung gegenüber dem Erdmantel, nicht aber die Rotationsrichtung des Eisenkernes. Das bremst die Erde in ihrer Rotation nicht wesentlich ab, da es sich um Vorgänge in Flüssigkeiten handelt. In den vergangenen Jahrmillionen wechselte das Erdmagnetfeld alle 250.000 Jahre seine Ausrichtung. Seit etwa 780.000 Jahren dreht sich der interne Erdkern aus positiv geladenen Eisenionen in die entgegengesetzte Drehrichtung gegenüber dem Erdmantel, weil der magnetische Nordpol am geographischen Südpol liegt. Die Störung kann neben Erdinneren Strömungsanomalien aber auch durch erdferne gravitative Kräfte auf den Erdkern hervorgerufen werden. Entweder durch eine besondere Planetenkonstellation, Mond, Venus und Merkur in Reihe zur Sonne, oder einem erdnahen Durchflug eines größeren externen Exoplaneten oder sehr großen Kometen mit großer Umlaufbahn um die Sonne. Dann wird der Schwerpunkt des eisenhaltigen Erdkernes gegenüber dem Rotationsmittelpunkt der Erde verschoben, was eine Präzessions-Kraft auslöst.

**Der eisenhaltige Erdkern rotiert heutzutage somit entgegengesetzt der Erddrehung und verursacht auch die Kontinentalplatten-Verschiebung, seit einigen hunderttausend Jahren, überwiegend in Richtung Westen, mit den entsprechenden Folgen von Erdbeben und der Entstehung von Gebirgen.**

Der im Erdinneren rotierende Erdkern ist zusätzlich umgeben von zähflüssigem Magma aus Eisen und Nickel, das in verschiedenen Zonen aufsteigt und nach Abkühlung wieder zum Erdinneren zurückströmt. Der Antrieb ist thermisch bedingt und hat die gleiche Drehrichtung, wie der darunter drehende Erdkern. Auch diese Konvektions-Strömungen verstärken oder schwächen das Magnetfeld der Erde und verzerren es auch an verschiedenen Punkten, je nach internen Strömungsverhältnissen. Diese Strömungen übertragen auch die internen Rotationskräfte des Eisenkernes durch Schlupfreibung auf die Erdoberfläche. Bei Drehung des Erdmagnetfeldes um 180 Grad, und damit der Rotations-Richtung des Erdkernes in Bezug auf den vorherigen Zustand, wirken die Zerrkräfte der Kontinental-Verschiebung dann auch für einige hunderttausend Jahre in West-Ost-Richtung. Zwischendurch, in der Zeit, in welcher der Kreisel kippt und somit das Erdmagnetfeld seine Lage ändert, werden auch Zerrkräfte in Süd-Nordrichtung oder auch umgekehrt wirksam, je nach Richtung und Drehschlupf des inneren Erdmagnet-Generators gegenüber der Drehrichtung des Erdmantels. So könnten, neben den Magma-Strömungen im Erdinneren, in verschiedenen Phasen auch die Alpen und vergleichbare Schubgebirge verstärkt entstanden sein. Zusätzlich wirkt auch die Schrumpfung des Erdballes infolge Abkühlung für eine Plattenverschiebung der Kontinente und der Ausbildung von Gebirgen. Die Pazifische Platte reicht von der Westküste der USA unterhalb des Kontinentes schon bis zur Ostküste der USA. Die Schrumpfung des Erdballes erhöht den inneren Druck und hat auch Vulkan-Ausbrüche zum Druckausgleich zur Folge. Natürlich zerrt auch die Gravitation des Mondes mit den Gezeitenkräften nicht nur am Wasser, sondern auch an der Erdkruste und sorgen für Veränderungen, wie die Verteilung des Urkontinents Pangea vom Südpol aus über die Erdkugel. Es ist somit auf dem Planeten Erde viel mehr in Bewegung, als allgemein beachtet wird und das unter dem hohen Potentialdruck der Raum-Energie, der für die Materie den kleinsten Raum im Potentialfeld fordert.

Die bis zu 5000 Grad heißen Eisenionen des rotierenden Erdkernes, hier als positive Ladung angenommen, weil unter diesen Bedingungen dem Eisenatom viele Elektronen fehlen, simulieren eine Art elektrischen Stromfluss, der ein erdinternes Magnetfeld erzeugt, dessen Nordpol zur Zeit auf den geographischen Südpol ausgerichtet ist. Die Drehrichtung des Erdkernes ergibt sich aus den elektromagnetischen Feldregeln. Statt wie beim elektrischen Strom sich bewegende negativ geladene Elektronen das Magnetfeld hervorrufen, wirken hier elektrisch positiv geladene Atomkerne mit. Im groben Raster änderte sich die Nord-Süd-Ausrichtung in der Erdgeschichte alle 250.000 Jahre, dann weist zwischendurch der magnetische Nordpol zum geographischen Nordpol.

Die gleichen Erscheinungen von Umpolung des Magnetfeldes in rotierenden Himmelskörpern sind auch an der Sonne festzustellen. Alle elf Jahre wechselt die Polrichtung des Magnetfeldes der Sonne entgegen der Rotationsachse in Begleitung von vermehrter Sonnenflecken-Aktivität. Der Mond hatte in seiner flüssigen Phase nachgewiesen ein Magnetfeld, das aber wegen der fast vollständigen Erstarrung nicht mehr erzeugt wird.

Das Erdmagnetfeld hat aber in der Entstehungsphase der Erde erheblich mit dazu beigetragen, die im nahen Weltraum vorbeifliegenden Ionen der verschiedensten Fusions-Materieteilchen höherwertiger Elemente aus den Vorsonnen mit einzusammeln. Die Ionen werden von dem Magnetfeld weiträumig eingefangen, in spiralförmigen Bahnen in Richtung der magnetischen Pole umgelenkt und schlagen dort in die Planetenmaterie ein. In dieser Art können sich aus Staubwolken höherwertiger Materie im Weltraum, auch ohne Gravitation und Wegkollisionen, aus der Akkretions-Scheibe des frühen Sonnensystems größere Materieansammlungen, wie die Planeten, bilden.

Eine schwache Form dieser Vorgänge sind die Polarlichter. Es wird laufend der Sonnenwind, bestehend aus Atomteilchen, eingefangen und zu den magnetischen Polen umgelenkt. Diese Teilchen sind dann auch ein Teil der Aerosole für die Wolkenbildung auf dem Planeten Erde, denn sie stellen Kristallisationskerne für die Nebeltröpfchen zur Verfügung.

## 5.6 Die Systeme hängen durch das Energiepotential zusammen

Unser Sonnen-System hat für sich in seiner Gesamtheit seine Impuls-Energie gegenüber den Objekten aus den Vorsonnen, die wahrscheinlich eine oder mehrere Wegkollisionen oder Supernovae durchmachten. Diese Systeme haben in all ihren Massen nun letztendlich ihre kinetische Energie wiederum bezogen auf das Zentrum der Galaxie, unserer Milchstraße. Dadurch hat unser Sonnensystem auch eine Impuls-Energie aus dem Zentrum der Milchstraße und somit seine eigene Flugbahn im Gesamtsystem Galaxie, der Milchstraße.

Alle Himmelskörper unseres gesamten Sonnensystems haben als Masse jedes für sich einen Kreiselimpuls aus Konzentrationseffekten, einen Wegimpuls aus der Drehbewegung des Zentrums der Milchstraße und einen Fluchtimpuls aus dem Ausstoß der Materie aus dem Zentrum der Milchstraße. Ebenso hat die Milchstraße eine Weggeschwindigkeit im Universum. Hinzukommen Kreisel- und Wegimpulse aus weiteren Kollisionen oder Explosionen von und mit Vorläufer-Sonnen, die wiederum das Planetensystem aus der Asche von abgebrannten Vor-Sonnen generierten. Das ist die Genealogie der energetischen Entwicklung und ist der Materie als Eigenschaft in Form von Energiepotential in Bezug zu sonstigen Materie-Ansammlungen und dem Raum mitgegeben.

Es sind aber nicht nur die inkorporierten Energieimpulse für die Entwicklung der Systeme die Grundlage, sondern ursächlich auch das elektrostatische und elektromagnetische Verhalten der überwiegend ionisierten Atome und freien Ladungsträgern. Die elektrodynamischen Felder bedingen auch die Kumulation der Materie im näheren Umfeld, in dem die Felder mit recht hohen Kräften wirken können. Diese Kräfte sind weit höher, als die gravitativen Kräfte. Das pflanzt sich fort bis zum inneren Aufbau der Atome, die zu einem Teil durch elektrostatische und elektromagnetische Kräfte bestimmt sind. Des Weiteren sind im Atom die energetischen Potentiale der Elementarteilchen aus der Entstehung des Atoms vorgegeben, die durch äußere Energieeinträge nur über Strahlung oder Teilchenbeschuss beeinflusst werden können. Gravitativ wirkende Higgs-Teilchen oder Gravitonen, nach denen in Forschungseinrichtungen gesucht wird, sind somit nicht erforderlich. Die elektromagnetischen Kräfte entwickeln sich aus den Bedingungen der Coulomb-Kräfte, die für sich Felder im Feld der Raum-Energie sind. Diese Felder stammen aus energetischen Einträgen in die Elementarteilchen von Rotation und Bahnimpulsen und haben ihren Ursprung aus dem Feld der Raum-Energie. Somit besteht für Ladungen ein Kommunikations-Verhalten gegenüber dem Feld der Raum-Energie. Strömende Energie hat Feldrückwirkungen zur Folge. Das gilt für bewegte Massen ebenso wie für bewegte Ladungen und für die energetische Strahlung aller Arten (siehe Kapitel 5.9.5).

## 5.7 Das Energiepotential tauscht sich in einem Gesamtsystem aus und ist die Grundlage für die Gravitation

Die Atome im Sonnensystem haben alle für sich dasselbe ursprüngliche Energiepotential, weil sie aus demselben Ursprung stammen. Dieser Ursprung war eine gasförmige und flüssige Zusammenballung der Atome, insbesondere in Form von Vorsonnen, die untergegangen sind, aber die Elemente in ihrer Vielfalt erbrütet haben. Die Atome haben durch Adhäsion ihr Energie-Potential einander zu einem gemeinsamen System ausgetauscht und auf das gleiche Potential gebracht. Alle weiteren Formen des Systems, wie Planeten, Monde, Asteroiden, Kometen sind durch Eintrag weiterer Energieimpulse bei der Bildung der jeweiligen Himmelskörper entstanden. Somit hängt das Sonnensystem von außen her gesehen energetisch wie aus einer Masse bestehend in sich zusammen und hat ihr eigenes Gravitations-System, auch in Bezug zu sonstigen Materieansammlungen und dem Raum. Der gravitative Wirkungsbereich unseres Sonnensystems reicht mit einem Radius von etwa zwei Lichtjahren über die Oortsche Wolken hinaus, aus der auch seltene Kometen kommen. Es ist für eine erklärbare Systembetrachtung somit ein eigenes Inertialsystem zu definieren, um andere Fremdeinflüsse auszugrenzen (siehe Wikipedia: Position der Erde im Universum).

Für den Planeten Erde kommt hinzu, dass durch eine Kollision mit einem Objekt, genannt Protoplanet Theia, aus der Akkretions-Ebene in der Frühzeit ihrer Entstehungsgeschichte der Mond als Begleiter durch einen Schwingungstropfen abgetropft ist. Das Austropfen durch einen Gegentropfen ergibt sich, wenn zum Beispiel ein Wassertropfen ins Wasser fällt. Es bildet sich ein energetisches Schwingungssystem im Potentialfeld der Raum-Energie aus, das bestrebt ist, den kleinsten Raum einzunehmen, und die Störung der Verzerrung des örtlichen Energieniveaus ausgleichen will. Der auftreffende Wassertropfen wird zunächst integriert, aber das Schwingungssystem aus der Flüssigkeit bildet einen Gegentropfen und stößt beim konzentrischen Zusammenprall des Einschlagtrichters wieder Materie aus dem Gemisch tropfenförmig empor. Die Tropfenform, das kleinste Volumen anzunehmen, ist durch den Druck aus dem Feld der der Raum-Energie vorgegeben. Das Gleiche gilt auch für den damals recht flüssigen Erdball, Einschläge von Fremdkörpern haben Spritzer und Unmengen von kleineren Nachtropfen und mitgerissene Teile aus der zerschlagenen halbfesten Erdkruste zur Folge, aus denen sich dann der Mond bilden konnte. Die mitgerissenen Teile und Nachtropfen verursachten auf der uns zugewandten Seite des Mondes spätere sehr große Einschläge, welche dann die flachen, großen Mare in der schon teilweise erstarrten Oberfläche des Mondes entstehen ließen. Nach Erstarrung der Mondoberfläche schlugen noch weitere unzählige Brocken ein und verursachten die sichtbaren Einschlagkrater und in Folge davon den Mondstaub. Auf unserem Planeten Erde waren auch diese unzähligen Einschläge, wurden aber durch die noch weiche Erdkruste verschluckt und sind längst vernarbt.

Die Einschlagserien von Nachtropfen bei der Mondentstehung kann am Mond vom Mars, dem Phobos sehr gut nachvollzogen werden. Der verhältnismäßig kleine Auswurftropfen nach einem Fremdeinschlag auf dem

Mars war noch zähflüssig, als ihn ein kleiner schon härterer Nachtropfen traf und einen weichen Krater in den Phobos schlug. Es kam dann aber nicht zur Vereinigung, kann aber die Rotation geändert haben. Später nachfolgende Serien von vielen kleinen schon abgekühlten und somit harten Nachtropfen schlugen ganze Bahnen von kleineren Kratern in die Oberfläche des nun schneller rotierenden Mondes Phobos (Bildhinweis Google: Suchwort „Phobos").

Der Mond besteht, wie durch die geglückten Weltraummissionen erkundet, überwiegend aus Materie der oberen Schichten des Planeten Erde, was sich auch aus der mittleren Dichte des Mondes ergibt. Dabei hat der Mond den alten Drehimpuls des Planeten Erde mitgenommen und somit einen Teil des Gesamt-Energiepotentials der Erde aus der Vorzeit. Die Gravitation des Mondes stammt somit von der Erde. Der Mond zeigt der Erde, leicht schwankend, immer die gleiche Seite zu und hat zur Ekliptik eine Neigung von 5 Grad, was sich aus dem Einschlag eines Protoplaneten aus dieser Richtung ergeben haben kann. Das Energiepotential der Erde hat sich damit entsprechend verringert. Die Rotations-Geschwindigkeiten des Gesamtsystems haben sich angepasst und die Gravitation entsprechend energetisch aufgeteilt. Das Gesamtsystem hat zusätzlich den Energieimpuls der Kollisions-Masse des Protoplaneten Theia gemeinsam integriert.

Diese Theorie zu der Entstehung des Mondes durch den Einschlag eines Protoplaneten und damit verbundenen Ausbildung eines Schwingungstropfens stimmt auch mit weiteren Erkenntnissen durch die Vermessung der Gravitation der Oberfläche und der Form des Mondes zusammen (siehe Quelle 19). Die Vermessung des Gravitations-Feldes ergab auf der Rückseite des Mondes eine trichterförmige Dichte-Anomalie bis in eine Tiefe von über 1000 Kilometer. Das war der ehemalige Einschlagkanal des Protoplaneten Theia in den Planeten Erde, der sich bei dem Austropfen des Mondes geschlossen hat und somit von dem Durchschlag eine Struktur hat. Auf der uns zugewandten Seite des Mondes ist seine Oberfläche großräumig gewölbt. Das ist noch die Verformung des Mondes, als er während der Auskühlung und fortschreitenden Erstarrung bei den Umrundungen um die Erde über viele Millionen von Jahren den gravitativen Kräften der Erde ausgesetzt war. Das hat die Eiform des, bei der Entstehung noch halbflüssigen Mondes, in Richtung Erde hervorgebracht. Als Gravitationsfeld gesehen ähnelt der Mond einer Eiform und der Planet Erde hat die Form einer Kartoffel. Die Formen haben sich aus gegenseitiger Abhängigkeit entwickelt. Der Protoplanet selber ist nicht Bestandteil des Mondes geworden. Der wohl schnell rotierende, eisenhaltige Kern des Protoplaneten Theia wurde zum Mittelpunkt der Erde gezogen und verschmolz mit dem vorhandenen Eisen-Nickel-Kern. Zusammen bilden sie den recht schnell rotierenden, zähflüssigen und ionisierten Eisenkern. Die hohe Drehzahl sorgt für ein starkes Erdmagnetfeld durch seine strömenden, positiv geladenen Eisenionen. Die Rotations-Energie des Protoplaneten Theia ist erhalten geblieben und sorgt für die hohe Drehzahl des stark eisenhaltigen Erdkernes. Demzufolge hat der Planet Erde, im Vergleich zu den anderen ähnlichen Planeten unseres Sonnensystems, ein sehr starkes Magnetfeld, das den Einfluss von Partikeln aus dem Sonnenwind wesentlich vermindert, zum Glück (siehe Kapitel 5.5).

Die Drehgeschwindigkeit des Gesamtsystems Erde und Mond verlangsamte sich infolge des Pirouetten-Effektes im Laufe der Jahrmilliarden mit dem Abstand Mond zu Erde, was auch die Entstehung von dem heutigen Leben auf dem Planet Erde erst ermöglichte. Ohne den Mond würde sich die Erde viel zu schnell drehen und die lebenswichtigen Temperaturen nicht bieten können. Der Tag hätte dann nur acht Stunden, aber ein biologisches Leben wäre nicht unmöglich, es sähe eben nur ganz anders aus. Insofern hat der Mensch seine Existenz unter anderem dieser besonderen Gesamtkonstellation zwischen Sonne und Mond und dem Einschlag eines größeren Himmelskörpers zu verdanken. Ohne die stabilisierende Wirkung des Mondes auf die Erdrotation würde die Erdachse stark schwanken und die Pole würden laufend wandern, wie es auf dem Mars der Fall ist. Ebbe und Flut sowie Meeresströmungen würden fehlen, die eine Grundlage für die Vielfalt des Lebens auf dem Planeten Erde sind. Somit haben wir unser Leben auf Erden auch dem Mond zu verdanken.

## 5.8 Die Gravitations-Gesetze gelten nur für ein definiertes Inertialsystem

Bewegt sich eine Masse, hier als Mondfähre, von der Erde hinüber zum Mond, hat diese Masse von der Erde immer noch ein Energiepotential gegenüber dem Mond. Dieses Energiepotential ist dann als Gravitation in der entsprechenden Größenordnung vorhanden, die den früheren Masseverhältnissen entsprach. Es ist somit nicht eine Massenanziehungs-Kraft zwischen Mond und Mondfähre erforderlich, die eine Landung ermöglicht, es ist das Naturgesetz vom Ausgleich des jeweiligen Energiepotentials aus dem System Erde zu Mond.

Es wird eben nur ein Energiepotential ausgeglichen, das im Universum aufgrund des Druckes der Raum-Energie den kleinsten gemeinsamen Raum einzunehmen bestrebt ist. Dieses Energiepotential korreliert mit der Gravitation.

**Das Energiepotential einer Materieansammlung hat somit für jedes Objekt im Universum seine eigene Evolutions-Geschichte, die der jeweiligen Materieansammlung über ihre Massebeziehung mit Energieeintrag und Energieentzug mitgegeben wurde und von daher ihre Eigenschaft ist.**

Das Energiepotential jedes Bausteins der Materie hat somit seine Genealogie und Geschichte von der Entstehung aus Raum-Energie bis hin zu der momentanen Position im Universum. Die gesamten Veränderungen von Energieeinträgen und Energieentnahmen sind mit dem jeweiligen Materie-Teilchen als Eigenschaft verbunden. Bei Kumulierung zu größeren Objekten durch Kollision erfolgt Energieaustausch und es ergibt sich eine Summe an Energieeintrag für das Gesamtobjekt. Die Folge sind Änderungen der nun gemeinsamen Bewegung mit Richtung und Geschwindigkeit aus der Resultierenden von Energieeintrag oder Energieentzug an Impuls-Energie. Es ist somit zur Erklärung der sichtbaren Verhältnisse in den Galaxien keine „Dunkle Materie" oder „Dunkle Energie" erforderlich.

Gäbe es in den Galaxien eine sogenannte Massenanziehungskraft nach den bisher allgemein gültigen Theorien, würden diese in sich zusammenklumpen und nicht die oft üblichen filigranen Spiralformen annehmen können. Andere mathematischen Abhandlungen nach den Newtonschen Gesetzen gehen davon aus, die Galaxien müssten auseinanderfliegen. Deshalb sei eine „Dunkle Materie" als Gegenpol mit der Eigenschaft von erheblicher, allgemein angenommener Massenanziehungskraft erforderlich. Da das wohl nicht der Fall ist, kann gefolgert werden: Die Newtonschen Gesetze und auch die Einsteinschen Gravitations-Gesetze gelten nur für ein bestimmtes Inertialsystem im engeren Raum und können nicht auf Galaxiensysteme oder das gesamte Universum ohne Angleichungen auf erweiterte Inertialsysteme angewendet werden.

**Das System von der Massenanziehungskraft ist nicht allgemeingültig. Das System vom absolut leeren Zwischen-Raum ist nicht haltbar. Die gesuchte „Dunkle Energie" ist das Feld der Raum-Energie.**

Würde z.B. eine externe Sonne aus unserer Galaxie unser Sonnensystem auf ihrer Flugbahn durchdringen, so würde diese Sonne nur mit einer Differenz der Gravitation auf die Materie des Sonnensystems einwirken, die den Unterschied in Bezug auf das mitgebrachte Energiepotential gegenüber dem Zentrum der Galaxie beinhaltet. Nur im näheren Umfeld wirken auch die Gravitationskräfte aus der Verzerrung des Potentialfeldes der Raum-Energie durch große Massekonzentrationen in diesem Energiefeld. Bei Weg-Kollision würden sich aber die jeweils eigenen Impuls-Energien der Systeme aus ihrer Eigenbewegung zu einem gemeinsamen Energieimpuls in den daraus entstehenden Objekten zusammen addieren und einen neuen Weg mit dem gemeinsamen Energieimpuls gehen.

Beim Vorbeiflug von Objekten aus verschiedenen Regionen innerhalb von Galaxien oder auch aus zwei verschiedenen Galaxien, sind die Differenz-Geschwindigkeiten von Sternen, Sonnen oder größeren Planeten wesentlich und systemgegeben sehr hoch. Es kommt nur zu Kollisionen, wenn diese Objekte auf ihrer Flugbahn im Raum direkt zusammenstoßen. Beim Vorbeiflug, auch in geringem Abstand, wirken ihre jeweiligen Gravitations-Felder aufeinander ein und versuchen über die Senken im Feld der Raum-Energie die vorbeifliegenden Objekte einzufangen. Nun kommen aber die sehr hohen Relativ-Geschwindigkeiten zur Geltung. Übersteigen diese die jeweilige Fluchtgeschwindigkeit aus dem Gravitations-Potential der Objekte, ergibt sich kein Einfangen auf die Äquipotential-Ebenen, sondern höchstens eine Wegumlenkung der sich begegnenden Objekte entsprechend der Masseverhältnisse und Eigengeschwindigkeit und somit den kinetischen Energiepotentialen.

Aus diesem Grund fallen auch Kugelhaufen nicht in sich zusammen und bilden einen Materieklumpen, wie es nach der klassischen Theorie von der Massenanziehungskraft der Fall wäre. An der Stelle, wo ein Stern ist, kann kein zweiter sein. Kommen sich Sterne auf ihren Bahnen gravitativ nahe, bilden sie ein rotierendes Sternensystem. Schon ein Doppelsternsystem bildet ein Gravitationsfeld aus, das weitere Sterne einfangen kann, die bei entsprechender Eigengeschwindigkeit das System nicht mehr verlassen können. Immer mehr Sterne werden eingefangen und ziehen auf verschiedenen Äquipotential-Ebenen ihre Bahnen um die schon vorhandene, rotierende Sternenansammlung. Die Relativgeschwindigkeiten der Sterne in den Schweifen einer Galaxie sind nicht besonders unterschiedlich. Größere Sternansammlungen verlangsamen sich auf ihrer Flugbahn im Schweif und fangen die später entstandenen, jüngeren Sterne ein. Somit bilden sich immer aufs Neue aktive Cluster in den Schweifen der Galaxie.

Die dicht zusammenstehenden Sterne in den Kugelhaufen bilden für sich eine Art Wirkungsquerschnitt gegenüber dem Feld der Raum-Energie aus. Die Intensität der Strahlung verstärkt die Verdrängung des Feldes der Raum-Energie, als würden die Sterne zusammen eine noch größere Masse bilden, als die Sterne über ihr eigenes Raumvolumen haben. Die Strahlung führt sogar zu einer Art abstoßender Gravitation und hält somit die dichte Ansammlung der Sterne auf Abstand. Staubwolken aus explodierten Sternen werden von anderen Sternen integriert oder werden vom Strahlungsdruck aus dem System regelrecht ausgegrenzt (siehe NGC 1850 mit den zugehörigen Wolken aus Sternenstaub). Es gibt selten Sternexplosionen durch Zusammenstöße. Die Energiedichte in den Kugelsternhaufen ist höher als im Feld der Raum-Energie. Das führt gemäß dem Prinzip der Entropie zu einer abstoßenden Gravitation, weil sich die Energiedichte auf einen größeren Raum verteilen will. Dem gegenüber steht der Druck aus dem Feld der Raum-Energie, bis sich ein Gleichgewicht einstellt. Die Sterne haben ihre eigenen Bahnen auf den jeweiligen Äquipotential-Ebenen. Die Ansammlung verhält sich wie die Planeten in einem Sonnensystem, aber nicht in einer Ebene, sondern in allen möglichen Ebenen. Die verschiedenen Äquipotential-Ebenen der Sterne sorgen dafür, dass sie nicht oder nur selten zusammenstoßen. Die Sterne in einem Kugelsternhaufen können auch gegenläufige Flugrichtungen haben. Die Entstehungsgeschichte der Kugelsternhaufen ist dafür ausschlaggebend. Ebenso bildet das System eines Kugelsternhaufens ein eigenes Inertialsystem aus, ähnlich wie ein Kreiselsystem. Das System reagiert nicht mehr auf vorhandene, übergeordnete Gravitationsfelder, es kann die Gravitations-Ebene der Galaxie bei kleinster Störung verlassen und eigenständige Bahnen im Hallo der Galaxie ausführen.

Es gibt aber auch ein Beispiel dafür, dass ein Kugelhaufen kollabieren kann und einen offenen Kugelhaufen bildet. Einen offenen Kugelhaufen bildet das Schwarze Loch Sagittarius A* in der Art eines ungeordneten Planetensystems, bestehend aus jungen Sternen, in der Nähe des galaktischen Zentrums unserer Milchstraße. Ein Teil der kollabierten Sterne aus dem Kugelhaufen bilden ein Schwarzes Loch mit einem Masseäquivalent von etwa 4 Millionen Sonnenmassen, aus dem infolge der gravitativen Rotverschiebung keine messbare Strahlung als Information zu uns entkommen kann. Um das Schwarze Loch herum kreisen mit sehr hohen Geschwindigkeiten die noch nicht kollabierten oder eingefangene junge Sterne auf stark elliptischen, unterschiedlich geneigten und auch gegenläufigen Bahnen (Hinweis Quelle 15, S. 212).

Durch neuartige Infrarot- und Spektral-Auswertungen konnten die Bewegungen der Sterne auf elliptischen Bahnen und deren Alter mit erst fünf Millionen Jahren festgestellt werden, also sehr jung, und das in der Nähe vom Zentrum der Milchstraße! Dieser Kugelsternhaufen Sagittarius A* wird weiter mit Sternen versorgt werden und sich somit zu einem dichten Kugelsternhaufen entwickeln können.

Die recht alten, etwa 200 Kugelsternhaufen, die sich im Hallo um die Milchstraße herum befinden, sind zu Anfang vom Aufbau unserer Galaxie entstanden. Zu der Zeit ergaben sich noch viele Umlenkungen der Materie durch den Swing-by-Effekt aus den jungen dichten Armen der Balkengalaxie in den umliegenden Raum. Außerdem kann in der Anfangszeit der Entstehungsphase der Milchstraße Fremdmaterie von einer untergegangenen Galaxie in das Weiße Loch der Galaxie mit aufgesaugt worden sein. Die Elemente dieser Fremdmaterie wurden zwar nicht aufgelöst, aber mit großer Energie umgelenkt und in die Ebene der Galaxie geschossen. Es bilden sich dann schnell große Massenansammlungen aus, die nicht erst die Umwandlung über Kernfusion innerhalb eines Sternes durchmachen müssen, sondern neben Wasserstoff auch schon höherwertige Elemente beinhalten. Die Materie bildet schnell einzelne Sterne im nahen Umfeld aus dem Materiestrahl. Einige weit außerhalb der Rotationsebene der Milchstraße hinausgeschleuderten Kugelsternhaufen unterliegen somit nicht der Rotation aus den gravitativen Kräften der Kerr-Metrik in der Ebene der Scheibe der Milchstraße, sondern haben eigene Flugbahnen infolge der mitgegebenen kinetischen Energie.

Gleiches gilt auch für die Magellanschen Wolken und einigen anderen sogenannten Zwerggalaxien im Hallo der Milchstraße. Die Entstehung solcher Objekte kann ebenso wie bei den Kugelhaufen dadurch hervorgerufen worden sein, dass in der Anfangszeit der Milchstraße zusätzlich intergalaktische Materie aus einer kleinen untergegangenen Galaxie durch das Weiße Loch der Milchstraße eingesaugt wurde. Diese Fremdmaterie wurde in der Struktur aufgelöst, bildete aber die Grundlage für genügend

Jungmaterie zur verstärkten Entstehung neuer Sterne und Materiewolken. (siehe auch Entstehungstheorie M 87 Kapitel 5.10)

**Nach der Energiefeld-Theorie entsteht junge Materie laufend neu in den Zentren der Galaxien und nicht durch einen uralten Urknall und Akkretion bereits vollständig entstandener Wasserstoffatome zu Galaxiensystemen und Quasaren.**

Diese Messungen über das Alter von weit entfernten Materieansammlungen stehen im Gegensatz zu den Theorien vom Urknall, der die für uns sichtbare Materie vor etwa 13,7 Mrd. Jahren hervorgebracht haben soll und sich aus diesen Materiewolken irgendwie die für uns einsehbaren Galaxien in ihren vielfältigsten Formen ausgebildet haben sollen. Eine nachvollziehbare Erklärung dieses Vorganges ist von der heutigen Wissenschaft zur Kosmologie noch nicht beantwortet worden, auch nicht mit der Theorie, die Galaxien hätten sich aus Zusammenstößen vieler kleinerer Galaxien zu den heutigen Formen durch das System der dazu postulierten Massenanziehungskraft zusammengefunden. Hinzu kommt noch, das Schwarze Loch der Galaxien würde die eingesaugte Materie laufend ins Nirwana verschwinden lassen, weil dort die Raum-Zeit zu Null würde. Unser Sonnensystem müsste sich nach der Theorie vom Urknall laufend dem Zentrum unserer Galaxie annähern, aber nach heutigen Erkenntnissen ist das Gegenteil der Fall!

Diese Tatsachen sind uns Menschen aus der Astronomie inzwischen an der Entwicklung von Galaxien sichtbar bekannt und somit beweisbar. Diese Strukturen haben sich bestimmt nicht aus dem sogenannten Urknall entwickeln können, der nach der Theorie vor den Galaxien schon die erforderliche Materie und Antimaterie generiert haben soll. Das besagt auch:

**Die Entstehung der Materie ist die Umwandlung von am jeweiligen Ort der Galaxie vorhandener Raum-Energie in Materie.**

## 5.9 Die Nukleonen-Theorie, der Urknall findet laufend statt

Den Urknall gibt es so nicht. Der Urknall, der die schlagartige Entstehung der Materie zur Folge haben soll, findet kontinuierlich in den Zentren der Galaxien, den „Schwarzen Löchern" oder auch „Weißen Löchern", laufend statt.

Die Generierung von Materie findet, sichtlich nachweisbar, in den unzähligen Galaxien statt. Was allerdings die Zündung der Weißen Löcher im Raum auslöst, liegt nach wie vor im Ungewissen. Ebenso unbekannt sind die Bedingungen und Vorgänge im Inneren der Galaxien-Zentren, indem Energie über Quarks und Co zu Materie kondensiert und mit höchster Geschwindigkeit in überwiegend Wasserstoff-Atomen aus diesen Turbulenzen in zwei entgegen gerichteten Materiestrahlen gleichgewichtig herausgeschleudert werden.

Weil Licht, Röntgen- und Radiostrahlung unsere einzigen Informationsträger sind, kann keine Information aus den verschiedensten Galaxien-Zentren, die auch als „Schwarze Löcher" bezeichnet werden, zu uns gelangen. Das Zentrum der Galaxien, also das Weiße Loch, erreicht aber nicht die Dichte einer Schwarzschild-Metrik mit ihrer „sogenannten" Singularität. Die Gravitation außerhalb des Ereignishorizontes hin zum umgebenden Feld der Raum-Energie ist nicht so hoch, dass die Fluchtgeschwindigkeit aus diesem System die Lichtgeschwindigkeit erreichen muss. Der Innenradius des Zentrums einer Galaxie, eines Weißen Loches, beträgt etwa 1 bis zu 100 AE. Somit ist die Felddichte am Ereignishorizont geringer, als bei einem Neutronenstern, der wesentlich kleiner und extrem dichter als unsere Sonne ist. Die Fallgeschwindigkeit außerhalb des Weißen Loches einer Galaxie, also dem Ereignishorizont gemäß der Kerr-Metrik, erreicht noch nicht die Lichtgeschwindigkeit. Somit kann Materie, beschleunigt auf fast Lichtgeschwindigkeit, aus dem Weißen Loch der Galaxien austreten.

Das Licht und sonstige Strahlung wird in dem Strudelsystem der Weißen Löcher in Totalreflexion an den Grenzflächen der großen Energiedichte-Unterschiede im Feld der Raum-Energie nach innen umgelenkt. Somit dringt keine Strahlung als Information durch den Ereignishorizont des Weißen Loches, nur die aus der Raum-Energie kondensierten Materieströme werden ausgeworfen und sind zum Teil sichtbar.

Auch wenn wir die Vorgänge in den Zentren der Galaxien nicht sehen können, gibt es dafür Erklärungs-Modelle, wie im Feld der Raum-Energie Materie generiert werden könnte:

Das Weiße Loch, in der Form eines langgezogenen Strudels, wirkt auf die äußere Umgebung, dem Feld der Raum-Energie, wie eine sehr große gravitative Masseneinheit. Die äußere Gravitationswirkung am Ereignishorizont ist aber nicht so groß wie bei einem Neutronenstern. Der Durchmesser des Strudels kann die Entfernung Erde zur Sonne und ein Vielfaches davon annehmen. Somit ist die Verzerrung des Feldes der Raum-Energie räumlich gesehen wesentlich größer als die von Neutronensternen. Die Gravitationswirkung des Zentrums der Galaxie wirkt in der Rotationsebene über den Rand der Galaxie hinaus, aber nur geringfügig im Hallo der Galaxie. Somit folgen Objekte weit außerhalb der Ebene der Galaxie den Rotationszwängen der Galaxienebene nur in geringem Maße und haben eigene Wege.

Ebenso muss gemäß der Energiefeld-Theorie davon ausgegangen werden, dass es unter diesen Umständen keine Gravitation hin zu benachbarten Galaxien geben kann. Wenn Galaxien zusammenstoßen, sind das Wegkollisionen aus der Eigenbewegung des Feldes der Raumenergie, in dem die Galaxie entstanden ist und diese mitreißt, wie Treibgut in einer Wasserströmung. Folglich haben Galaxien eine Eigengeschwindigkeit und Wegrichtung im Feld der Raum-Energie und damit einen entsprechenden Energieimpuls aus dem Bereich ihrer Entstehung inkorporiert. Erst beim unmittelbaren Zusammenstoß und der Durchdringung von Galaxien können gravitative Kräfte zur Wirkung kommen. Eine Gravitation von weit auseinander liegenden Galaxien ist nach der Energiefeld-Theorie nicht vorhanden.

Das Weiße Loch einer Galaxie ist eine Zusammensetzung von zwei Gravitations-Postulaten, die das Feld der Raum-Energie verzerren. Das Weiße Loch besteht aus einer schlauchförmigen Schwarzschild-Metrik, in der Form eines Wurmloches, zwischen zwei Feldbereichen der Raum-Energie mit unterschiedlichen Druckbereichen. Unterschiedlicher Energiedruck im Universum hat das Bestreben sich gemäß der Entropie auszugleichen. Die Ausgleichsströmung zwischen diesen Raumbereichen ist der Wirbel in diesem Schlauch. Die Schwarzschild-Metrik sorgt für eine schlauchförmige Verdrängung der Raum-Energie mit einem Einlauf- und einem Auslauftrichter. Die größte Verzerrung des Feldes der Raum-Energie, und somit die größte Felddichte, befindet sich im Mittelbereich zwischen diesen Trichterbereichen. In diesem Bereich entwickelt sich die Kerr-Metrik in Form einer rotierenden, Materie generierenden, elliptischen Gravitationslinse. Die Länge des Materie generierenden Zentrums einer Galaxie kann einige Lichtjahre erreichen. Zur mathematischen Darstellung dieser Zusammenhänge siehe Wikipedia: Schwarzschild-Metrik und Kerr-Metrik.

Im Gegensatz dazu ist das durch einen Neutronenstern ausgebildete Schwarze Loch eine sehr dichte, kugelförmige Masseansammlung von Nukleonen, den Kernen von zerfallenen Atomen, überwiegend den Neutronen. Das Feld der Raum-Energie wird durch diese hoch verdichtete Materie verdrängt und übt ihrerseits einen exorbitant hohen Druck auf diese Materieansammlung aus. Durch die hohe Gravitationswirkung ist die Felddichte am Ereignishorizont dieser Art von Schwarzen Löchern so hoch, dass keine Strahlung und Materie entweichen kann. Ein Beispiel dafür ist das Sternensystem Sagittarius A*, in dem junge Sterne auf verschiedenen Bahnen und Rotationsrichtungen um ein unsichtbares Zentrum wie Planeten um die Sonne kreisen. Diese Art von Schwarzen Löchern wird gemäß der Schwarzschild-Metrik mit dem Schwarzschildradius für „nicht rotierende Schwarze Löcher" beschrieben. Die Fallgeschwindigkeit am Ereignishorizont von Neutronensternen erreicht die Lichtgeschwindigkeit und bildet eine Singularität aus. Somit sind die Zentren von Galaxien gemäß dem Standardmodell keine Schwarzen Löcher, saugen keine Materie in sich auf und schicken diese Energie und Materie ins Nirwana, indem die Raum-Zeit zu Null werden soll. Energie und Materie kann nicht einfach in einem Schwarzen Loch verschwinden und in einem Schwarzen Loch bleibt die Zeit durch Krümmung der Raum-Zeit auch nicht stehen. Das widerspricht dem Energie-Erhaltungssatz. Die Energiefeld-Theorie stellt sich dieser, der heute immer noch gültigen Standard-Theorie, entgegen.

Nach der Energiefeld-Theorie entsteht Materie, wie postuliert, durch Unterdruck im Feld der Raum-Energie. Strömt das Feld der Raum-Energie durch das Weiße Loch einer Galaxie, so hat es eine Geschwindigkeit oder auch Änderungs-Geschwindigkeit in der Feld-Dichte. Wenn diese Änderungsgeschwindigkeit die Lichtgeschwindigkeit überschreitet, entsteht Unterdruck im Feld der Raum-Energie. Die Folge davon kann sein, das Feld der Raum-Energie kondensiert zu Größer-Volumen in Form von Materie.

Das Feld der Raum-Energie strömt mit hoher Geschwindigkeit in Form eines Wirbels durch das Zentrum der Galaxie, dem „Weißen Loch", hin zu Bereichen im Universum mit geringeren Druckzonen der Raum-Energie. Es ist eine Art Tornado im Feld der Raum-Energie in Form eines Doppelkegels mit Ein- und Ausströmungs-Bereichen durch das Zentrum senkrecht zur Ebene der Galaxie hindurch. An der engsten Stelle dieses Strömungs-Schlauches kommt es durch eine Verzögerung des Energieaustausches zwischen den energetischen Skalarfeldern der Raum-Energie mit unterschiedlicher Dichte zu Stauräumen und zu Sogräumen. Es ergibt sich eine Verzerrung der sich verdichtenden konzentrischen, strudelartigen Strömung in die Ellipsenform, einem Fokaloid. Auch durch das Kippen einer Fläche gleichen Drucks in einem konzentrischen Zylinder ergibt sich eine elliptische Ebene der Druckfläche, was den Anstoß zur Bildung des Ereignisses auslösen kann. Somit ist der Fokaloid eine elliptische Verzerrung innerhalb eines Strudelsystems. Die Strömung im Inneren des langgezogenen Strudels schraubt sich durch das Weiße Loch der Galaxie hindurch. Der Durchmesser des Strudels (Weißes Loch) im Zentrum der Galaxien wird in der allgemeinen Literatur mit ein bis zu einhundert AE, also dem mehrfachen Radius der Bahn unseres Planeten Erde um die Sonne, angenommen. Das ergibt sich aus der Kerr-Lösung für rotierende Schwarze Löcher, die auch schlauchförmig sein können.

An den Wendepunkten der Strömungs-Ellipse ist die Änderungs-Geschwindigkeit so exorbitant hoch, dass die Strömungsgeschwindigkeit die Lichtgeschwindigkeit übersteigt, obgleich die durchschnittliche Rotationsgeschwindigkeit des Wirbels auf dieser elliptischen Bahn unterhalb der Lichtgeschwindigkeit bleibt. Es ist eben diese erhöhte Änderungs-Geschwindigkeit um die Brennpunkte der elliptischen Bahn herum, die Über-Lichtgeschwindigkeit erreichen kann. Es ergibt sich in den Umlenkbereichen ein Unterdruck im Feld der Raum-Energie. An diesen Stellen kondensiert die Raum-Energie zur Größer-Volumenform, der Materie, durch einen Vorgang von Potential-Trennung. An diesen Umlenkpunkten der Strudelellipse entstehen die Quarks.

Es ist bekannt, dass ein mit Überschall fliegendes Flugzeug einen Überschall-Knall erzeugt. Die Luft wird dermaßen beschleunigt auseinandergetrieben, dass sich Unterdruck aufbaut und es entsteht ein Vakuumbereich, der mitgezogen wird und sich erst verzögert über den Knall ausgleicht. Warum ist diese Überschall-Geschwindigkeit ebenso groß oder größer als die Schallgeschwindigkeit im Medium der Luft? Die Schallgeschwindigkeit ist die Geschwindigkeit, mit der Druckwellen des Schalles im Medium der Luft weitergeleitet werden. Diese Geschwindigkeit ist abhängig vom Luftdruck, der Temperatur und von der eingelagerten Feuchtigkeit, also von der Massenträgheit des zu bewegenden Mediums. Diese Übertragungsgeschwindigkeit kann nicht größer sein als der Moment, an dem in diesem Medium ein Vakuum induziert würde. Ein Vakuum entsteht, wenn das Rückschwingen der Luft bei der Druckwellenübertragung vom

Schall schneller sein müsste, als die Partikel der Luft folgen könnten. Dort existiert eine Geschwindigkeits-Grenze, da ein Vakuum sich so schnell nicht ausgleichen kann. Die Energie und der Druck reichen nicht aus, nach Durchgang der Schallwelle das Vakuum zu schließen. Die Schallübertragung würde abreißen, das ist die Schallgrenze.

Übertragen auf das Feld der Raum-Energie ist diese Grenze die Lichtgeschwindigkeit, die von der Feld-Dichte und dem inneren Druck im Energiefeld der Raum-Energie vorgegeben ist. Die Feldverzerrung durch die Strahlung kann sich nur mit einer bestimmten Geschwindigkeit ausgleichen, mit der bekannten Lichtgeschwindigkeit. Wird die Lichtgeschwindigkeit durch einen Prozess irgendwelcher Art überschritten, tritt im Feld der Raum-Energie ein Unterdruck auf (siehe auch Kapitel 4.8 und 4.11). Der Unterdruck für sich ist wiederum eine energetische Potentialtrennung. Durch die Potentialtrennung baut sich eine Spannung auf, die nur durch einen energetischen Vorgang, einem Strudel, verzögert ausgeglichen werden kann. Durch diesen Vorgang kann Energie in andere Energieformen umgewandelt werden. Es entstehen die Trokado-Strudel der Quarks aus strömender Energie, und diese Quarks sind in verschiedenen Kombinationen die Elementarteilchen für die baryonische Materie.

Weil der schlauchförmige Strudel im Zentrum der üblichen Balken-Galaxie eine elliptische und schraubenförmige Strömung hat, kann der Abschnittsbereich, in dem Materie generiert wird, die Hälfte der Dicke der Galaxienarme erreichen und sich über eine Länge von 1000 bis 2000 Lichtjahre erstrecken. Der Bulge in dem Bereich um das Zentrum der Galaxie, der eine Dicke von 30000 Lichtjahren erreichen kann, entsteht durch Umlenkung der Atome durch Kollision und elektrostatische sowie gravitative Umlenkung auf ihren Flugbahnen vom Zentrum hin zu den sich später bildenden Spiral-Schweifen der Galaxie.

In den Bereich des Bulge umgelenkte Materie kann auch wieder zu dem Zentrum der Galaxie zurückfallen, wenn die Fluchtgeschwindigkeit unterschritten wurde. Bei einigen Galaxien sind Materieschleier zu sehen, in denen ein Teil der entstandenen Materie in Form von Plasma aus den inneren Balken der Galaxie mit dem strömenden äußeren Energiefeld zurück zum Weißen Loch gesaugt wird und nochmals aus dem Weißen Loch in die Balken der Galaxie ausgeworfen wird (siehe NGC 1300 und NGC 1365). Das Gleiche gilt für intergalaktische Materie aus untergegangenen Altgalaxien. Diese Materie wird in das Weiße Loch mitgerissen und in die Balken der Galaxien umgelenkt. Das füllt die Balken der Galaxie mit schon fusionierter Materie auf und bildet Gravitations-Kerne für größere Objekte aus, die zur Entstehung von besonders großen Sternen, Sternhaufen und Staubwolken beitragen. Diese verstärkten Materiefahnen, die schon zu Beginn der Wirbelbildung im Bereich der Schwarzschild-Metrik ausgeworfen werden, sind in vielen Balken der Galaxien zu sehen. Nicht durch Fliehkraft umgelenkte Materieströme werden auf der gegenüberliegenden Seite der Galaxie aus dem Auswurftrichter als Jets oder Massewolken ausgeworfen. Diese Materiewolken können größere Räume ausfüllen, als die Galaxie selber an Ausdehnung hat (siehe Centaurus A).

### 5.9.1 Die Nukleosynthese, aus Quarks und Co bildet sich das Wasserstoffatom

Gemäß der heutigen Forschung der Elementarteilchen ist bekannt, dass sich das Atom aus Teilchen zusammensetzt, die in ihrem Verhalten mit einer Masseigenschaft, einem Spinor, also einem inneren Drehimpuls und einer Ladung behaftet sind. Aus der Einsteinschen Formel für die Ruhemasse $E = m * c^2$ kann die energetische Masseeigenschaft der Elementarteilchen aus dem Verhältnis von Energie zum Quadrat der Lichtgeschwindigkeit vereinbarungsgemäß mit der Dimension $MeV/c^2$ dargestellt werden und die Ladungen werden in Bezug zur Ladung des Elektrons dargestellt ( siehe auch Quelle 16, S. 73 ff ). So hat das Elektron die Ladung (-1) Spinor und die energetische Masse 0,511 MeV, das Down-Quark die Ladung (-1/3) Spinor und das Up-Quark die Ladung (+2/3) Spinor und jeweils das

Masseäquivalent von etwa 300 MeV. Dieses energetische Masseäquivalent der Quarks ist nach der Energiefeld-Theorie der Wirkungsquerschnitt der Quarks im Feld der Raum-Energie. Die echten Werte, siehe später, sind für das Up-Quark ca. 2,4 MeV und für das Down-Quark ca. 4,8 MeV (siehe Wikipedia Suchbegriff Quark (Physik)). Drei Quarks, zwei Up-Quarks und ein Down-Quark, bilden ein Proton, das wiederum die Ladung (+1) Spinor hat und sich daraus das energetische Masseäquivalent mit 938 MeV ergibt. Das im energetischen Masseäquivalent vergleichbare Neutron mit 939 MeV hat die Ladung (0) und ist aus einem Up-Quark und zwei Down-Quarks zusammengesetzt. Die Ladung wird auch als die elektroschwache Ladung, bestehend aus schwacher Hyperladung und Isospin definiert und bindet die energetische Wirkung des Spin mit ein (siehe Wikipedia Suchbegriff: Elektroschwache Wechselwirkung). Es handelt sich bei den Elementarteilchen somit um Energie-Konglomerate, die auch in den String-Theorien wiederzufinden sind (siehe Quelle 3, S. 369 ff).

Nach der Energiefeld-Theorie entsteht die Materie durch Kondensation der Raum-Energie zu dem Wasserstoffatom als Grundbaustein, bestehend aus einem positiv geladenen Atomkern, dem Proton und dem negativ geladenen Elektron als Atomhülle. Alle anderen Typen der Elementen-Reihe entstehen aus den Atomen des Wasserstoffs durch energetische Umwandlung über Fusionen oder Zerfall fusionierter Atome. Der Atomkern, das Proton des Wasserstoffatoms, besteht nach der Quantenfeldtheorie aus den, von Murray Gell-Mann postulierten Quarks, aus zwei Up-Quarks und einem Down-Quark, somit aus drei Unterteilchen. Die Up-Quarks haben die Ladung (+2/3) Spinor und das Down-Quark die Ladung (−1/3) Spinor, mit der Zusammensetzung (+2/3) +(-1/3) +(+2/3)=+3/3 = (+1) Spinor. Somit hat das Proton eine positive Ladung. Im Gegensatz hat das sich bildende Neutron, auch durch Energieumwandlung zu höherwertiger Materie, die Zusammensetzung von einem Up-Quark und zwei Down-Quarks und somit die Ladung (-1/3)+(+2/3)+(-1/3) = (0) Spinor, also ladungsneutral. Hierzu gibt es genügend Forschungsergebnisse, aber einzelne Quarks wurden noch nicht nachgewiesen. Dagegen wurden viele Arten von kurzlebigen Kombinationen aus zwei Quarks/Antiquarks nachgewiesen. Es gibt aber, außer der allgemeinen Urknall-Theorie, keine Theorie oder Forschungsergebnisse zu der Frage, wo und wie entsteht nun eigentlich das Wasserstoff-Atom, aus dem unsere Welt ursächlich aufgebaut ist.

An den zwei Umlenkpunkten der inneren Strudel-Ellipse im Weißen Loch einer Galaxie strömt die Raum-Energie mit Über-Lichtgeschwindigkeit. Es entsteht im Bereich der Umlenkpunkte ein Unterdruck im Feld der Raum-Energie. Diesem Unterdruckbereich steht das umliegende ruhende Feld der Raum-Energie gegenüber, also dem äußeren Randbereich um den Strömungskanal herum. Es bildet sich ein schlauchförmiger Ereignishorizont aus. Der Kerr-Radius für rotierende Weiße Löcher in den Zentren der Galaxien kann einen inneren Durchmesser von wenigen AE bis zu einigen hundert AE annehmen. Diese inneren Zentren der Galaxien sind so klein, dass sie von der Erde aus optisch nicht auflösbar und somit für uns nicht sichtbar sind. Nur das umgebende äußere elliptische Balkensystem aus Plasma und zum Teil fusionierter Materie ist sichtbar. Das schlauchförmige Weiße Loch verdrängt das Feld der umliegenden, relativ ruhenden Raum-Energie exorbitant, vergleichbar zu der Wirkung eines strahlenden Sternes mit einem Durchmesser von 1 bis zu 100 AE. Das hat eine sehr hohe Felddichte am Außenrand des Ereignishorizontes um das Weiße Loch herum zur Folge und somit eine exorbitant hohe Gravitations-Beschleunigung. Materie kann dem Weißen Loch nur entkommen, wenn es die Fluchtgeschwindigkeit besitzt, die diese hohe Gravitation am Ereignishorizont des Weißen Loches zu überwinden vermag. Gleiches gilt auch für die Strahlung aus diesen Bereichen. Die gravitative Rotverschiebung lässt nur wenig für uns nachweisbare Strahlung aus diesen Bereichen entfliehen, in der Regel Mikrowellen- und Radiostrahlung. Die sehr helle sichtbare Strahlung in den Balken der Galaxie und dem Bulge entsteht durch erste Fusions- und Bremsstrahlung der ausgeworfenen Elementarteilchen, die das Weiße Loch der Galaxien verlassen haben.

Den Vorgang einer Veränderung von physikalischen Zuständen bei der Materie von gasförmig zu flüssigem, von flüssig zum festen Zustand, nennt man Phasenübergänge der Aggregatzustände. Bei der Umwandlung von einer latenten Energie, hier dem Skalarfeld der Raum-Energie, hin zu einem festen Zustand in Form von fester Materie kann als Quantenphasenübergang bezeichnet werden. (siehe Wikipedia: Quantenphasenübergang: „Der Phasenübergang beruht auf einer abrupten, qualitativ-wesentlichen Änderung des Grundzustandes des vorliegenden Vielteilchensystems durch die Quantenfluktuationen. Der Quantenphasenübergang kann nur auftreten, wenn am absoluten Temperaturnullpunkt ein nicht temperaturabhängiger physikalischer Parameter wie der Druck oder ein Magnetfeld variiert wird").

Nach der Energiefeld-Theorie ist der Phasenübergang aus einem Unterdruckbereich hin zu einem Überdruckbereich im Feld der Raum-Energie zu verstehen. In diesem Bereich, dem Ereignishorizont der Kerr-Metrik im Zentrum der Galaxie, wird Raum-Energie demnach durch diesen Quantenphasenübergang sozusagen eingefroren. Der Phasenübergang entzieht dem Energiefeld die Energie durch Umwandlung, je nach Theorie in die Up-Quarks oder Strings. Die Materie flockt aus. Der Unterdruck entsteht durch die Feldänderungsgeschwindigkeit im Feld der Raum-Energie mit Über-Lichtgeschwindigkeit an den Enden der Strudel-Ellipse in der Kerr-Metrik des Weißen Loches der Galaxie. Eine Feldänderungsgeschwindigkeit ist eine Beschleunigung und somit ein energetischer Vorgang, der den Eintrag von Energie erfordert. Der dem Feld der Raum-Energie entzogene Energieeintrag simuliert auch, als wäre die Raum-Temperatur im Universum theoretisch unter den bekannten absoluten Nullpunkt von -273 Grad Celsius gesunken, was die Kondensation, also das Einfrieren der Raum-Energie zur Folge hat. Es ist ein physikalischer Prozess der Enthalpie, hin zu größerer Energiedichte und auch größerem Volumen. Das entspricht dem Vorgang einer Kondensation von Energie in die Form von Quarks. Die Quarks bestehen selber aus strömender Energie und haben eine größere Energiedichte als das Feld der normalen Raum-Energie. Die Quarks verdrängen das Feld der Raum-Energie mit ihrem Eigenfeld-Volumen stärker, als das Energiefeld je Volumen-Einheit im Normalzustand für diesen Energieinhalt ausfüllt. Daraus ergibt sich die Masseeigenschaft.

**Die Masseeigenschaft der Elementarteilchen ergibt sich aus der Feldverdrängung. Daraus abgeleitet ist die Masseeigenschaft der Materie eine Feldrückwirkung von strömender Energie mit einem inneren Inertialsystem gegenüber dem Feld der Raum-Energie.**

Dieser Vorgang der Kondensation saugt Raum-Energie an und bewirkt laminare Strömungen im Feld der Raum-Energie. Die Ausdehnung des für uns einsehbaren Teiles des Universums ist auch damit zu begründen, weil in den Galaxien Materie entsteht, die mehr energetisches Volumen in Anspruch nimmt, als das Feld der Raum-Energie an der Stelle vorher ausfüllte. Das hat wiederum vielfältige Ausgleichsströmungen im Feld der Raum-Energie zur Folge. Es gibt also eine Art „Wetter" im Universum, was alles in Bewegung hält.

**Nach der Nukleonen-Theorie entstehen die Quarks in dem Kontaktbereich zwischen internem Unterdruckstrudel im Weißen Loch und dem äußeren, ruhenden Feld der Raum-Energie, dem Ereignishorizont des Weißen Loches der Galaxien. Die Quarks sind energetische Torkado-Strudel, finden sich durch wechselseitige Feldverschleifung zusammen und bilden Vorkombinationen der Protonen, Neutronen und Elektronen.**

Die Strudel-Orientierung der Quarks zueinander und in Bezug zum Feld der Raum-Energie bildet die Ladung und Polarität der elektrostatischen Felder, bis hin zu den Elementarteilchen, den Elektronen, Protonen und den Neutronen. Rotierende Quarks und Elementarteilchen sind strömende Energie. Quarks bestehen aus einer in sich geschlossenen Feldströmung, die eine innere induzierte Energie enthält und immer stabil bleibt, solange keine äußeren Energiefelder Einfluss nehmen. Das ist vergleichbar zu den Elektronen, die ohne zusätzlichen Antrieb aufgrund ihrer eingespeicherten

Energie stabil um den Atomkern herum schwingen. Vergleichbares gilt für das in sich geschlossene Feld eines Permanent-Magneten.

Es müssen sich immer mehrere Quarks gegenseitig feldmäßig durchdringen, um stabil zu sein. Die aus der Forschung und der kosmischen Höhenstrahlung bekannten Kombinationen aus Quarks und Antiquarks haben nur eine sehr kurze Lebensdauer und sind in Bezug auf die stabile baryonische Materie nicht von besonderer Bedeutung. Die physikalisch definierte elektrische Ladung der Elementarteilchen bildet sich aus einem inneren Kreiseleffekt mit einer Orientierung, also einem eigenen Inertialsystem, gegenüber dem Feld der Raum-Energie und in Bezug zueinander aus.

**Die Ladungs-Orientierung der Quarks ist systemimmanent und ist die Voraussetzung für alle weiteren Kombinationen der Elementarteilchen zu Nukleonen, Elektronen und Atome, bis hin zu den Molekülen. Der Makrokosmos bestimmt die Verhältnisse im Mikrokosmos.**

Die Elementarteilchen bekommen Masseeigenschaft durch ihre Feldverdrängung und werden mit Fliehkraft aus dem Strudel des Weißen Loches mit fast Lichtgeschwindigkeit hinausgeschleudert. Sie durchtunneln den Ereignishorizont des Weißen Loches und werden über den starken Druckunterschied energetisch auf kleinsten Raum zusammengedrückt. Dadurch wird ein Rotationsimpuls in die Kombination der Elementarteilchen induziert. Die Materie in Form von Protonen, Neutronen und Elektronen werden mit sehr hoher Impulsenergie behaftet in den umliegenden Weltraum als Plasma in die inneren Balken der Galaxie abgestrahlt. Freie Elektronen werden von dem Proton durch Rekombination eingefangen, es bildet sich das Wasserstoffatom aus. Einige Neutronen werden vom Wasserstoffatom eingefangen und es bilden sich die ersten Fusionen zum Deuterium und Tritium aus. Auf dem Auswurfweg zu den Schweifen der Galaxie finden weitere Fusionen durch Kollisionen bis hin zum Helium und Lithium statt.

**Quarks sind Wirbelsysteme:**
Kleine Wirbel und Nebenwirbel entstehen bekanntlich in jedem strömenden Medium an Hindernissen, ob in der Luft oder in Flüssigkeiten. Energetische Strömungen induzieren die Ausbildung von Wirbeln, insbesondere an Grenzflächen. Wirbel laufen der Ursache hinterher und induzieren einen Verzögerungseffekt, einen Sog mit Unterdruck, der Energieeintrag erfordert.

**Die Ursache von Wirbeln und Strömungen in Medien sind Ausgleichsvorgänge in einem energetischen Skalarfeld gemäß den physikalischen Gesetzen der Enthalpie. Die Medien, wie Gase, Flüssigkeiten oder feste Materie werden durch die Strömung nur mitgerissen und sind nicht selbst die Ursache für die energetischen Ausgleichsvorgänge. Gleiche Gesetze gelten auch für strömende Energie. Strömende Energie bewirkt Feldverzerrungen eines Energiefeldes. Im Universum ist es das Feld der Raum-Energie.**

Ähnlich abgeleitet entstehen an den Grenzflächen zwischen dem inneren elliptischen Strudel der Galaxien und dem äußeren ruhenden Feld der Raum-Energie entsprechende Grenzstrudel am Ereignishorizont der Kerr-Metrik. Diese Strudel sind selbständige Räume, bestehend aus strömender Raum-Energie. Sie verdrängen über ihr Eigenvolumen das Feld der Raum-Energie. Die Strudel sind die Up-Quarks und haben entsprechend hohe innere Rotationszahlen, denn die Grenzschichten gleiten in der „Reibungszone" mit Über-Lichtgeschwindigkeit aneinander vorbei. Diese Grenz-Strudel sind vergleichbar zu Rollenlagern zwischen den Grenzschichten des großen elliptischen Strudels aus Raum-Energie und dem umgebenden, ruhenden Ereignishorizont. Somit drehen sich auch die Strudel, die Quarks oder Strings, mit annähernder Lichtgeschwindigkeit und bilden ein Raumvolumen, einen Wirkungsquerschnitt aus. Die Größenordnung der Strudel, der Quarks, ist nach Verlassen des Ereignishorizontes etwa ein Drittel so groß wie die Ausmaße eines Protons, das selber den Durchmesser von 0,8 Femto-Meter hat.

Die energetischen Grenz-Strudel aus dem Strömungsbereich der Galaxienwirbel sind die Geburtsstätte der Quarks und bestehen aus einem inneren Rotationsschlauch von strömender Energie mit äußeren Rückstrom-Bereichen. Diese Formen von Strudelsystemen sind den Torkado-Strudeln ähnlich. Die hindurch strömende Energie wird an dem Ausgangstrichter umgelenkt und strömt kugelförmig und leicht gewunden über einen äußeren Bereich wieder zurück zum Eingangstrichter, um den Weg erneut zurückzulegen. Diese Form des Strudel-Systems bildet im inneren Durchström-Bereich ein kleines rotierendes „Weißes Loch" in Form einer Kerr-Metrik aus. Die in den Strudel hinein induzierte Energie ist gewaltig, hat aber keinen Einfluss auf die Masse der Quarks, weil es sich um innere, strömende Energie handelt. Die Quarks beinhalten hohe innere Feldstärken im Feld der Raum-Energie. Sie stellen eine Kompaktifizierung von Raum-Energie dar. Der Ereignishorizont des „Weißen Loches" der Quarks verdrängt das Feld der Raum-Energie und bildet darüber das Masseverhalten durch die Feldrückwirkung aus. Somit sind die Formen des Makrokosmos - der Galaxien - in den Formen des Mikrokosmos - den Quarks - wiederzufinden.

Der Wirbel-Aufbau der Quarks ist vergleichbar zu einem Schlauch-Tornado in der Atmosphäre, der durch das sich ausgleichende Skalarfeld der Temperatur angetrieben wird, also einer energetischen Strömung. Der Verlauf des Weges durch den Strudel hindurch und wieder zurück ist auch mit dem räumlichen Verlauf der Feldlinien eines Dauermagneten in Ringform zu vergleichen oder mit einer Spiralfeder, die ringförmig geschlossen ist. Diese Feld-Formen werden als Torus oder Torkado bezeichnet. Torus-Strudel haben keinen inneren Wirbelbereich und sind im Feldverlauf vergleichbar mit einer auf einem Ring gewickelten Spule (Donuts-Form). Torkados sind Strudel mit einem inneren, sich drehenden Wirbelbereich und einem äußeren, kugelförmig verspulten Rückstrom-Bereich. Die Bezeichnung Torkado ist von der Strömungsform des Tornados abgeleitet (siehe Quelle 20: Torkado).

**Die Nukleosynthese:**

Das Strudelsystem der Elementarteilchen ist ein Torkado-Strudel. Dieses Strudelsystem ist das Up-Quark und somit das Ausgangsprodukt für die Nukleosynthese. Das Up-Quark hat einen inneren Drehimpuls mit einer festgelegten Orientierung durch die Entstehungsgeschichte. Die Ausrichtung des Drehimpulses bleibt zeitlebens erhalten und bestimmt die Ausrichtung aller aus dem Up-Quark generierten Elementarteilchen gegenüber dem Feld der Raum-Energie. Die ursprüngliche Ausrichtung der Drehachse des Up-Quarks steht senkrecht zur Ausrichtung der Ebene der Galaxie. Die Orientierung gegenüber dem Feld der Raum-Energie ist die Ladung aus dem (+2/3) Spinor. Die Up-Quarks sind räumlich gesehen kleine Energie-Bälle mit einem inneren Strudel und einem äußeren Rückströmungsbereich als Horizont und bestehen aus strömender Energie. Der eingespeicherte Energieeintrag ist in Bezug auf die Energiedichte der Raum-Energie sehr hoch.

In Verbindung mit der Eigenrotation bilden die Up-Quarks ihren Wirkungsquerschnitt gegenüber dem Feld der Raum-Energie aus und verdrängen das Feld der Raum-Energie und bilden somit den energetischen Masse-Effekt und einen Ladungs-Effekt aus. Der Ladungs-Effekt ist die bisher nicht geklärte Elementarladung der Elementarteilchen, den Protonen und Elektronen. Dieser Effekt ist vergleichbar mit dem Kreisel-Effekt von Massen (siehe Kapitel 5.9.4). Schnell rotierende Systeme bilden ein eigenes Inertialsystem aus und grenzen sich somit von der Umgebung, hier dem Feld der Raum-Energie, ab.

**Die Strudel-Orientierung der Quarks zueinander und in Bezug zum Feld der Raum-Energie bildet die Polarität der elektrostatischen Felder aus, bis hin zu den Elementarteilchen, den Elektronen, Protonen und den Neutronen.**

**Die Strudelsysteme können sich gegenseitig feldorientiert verschränken:** Es können sich zwei Up-Quarks miteinander verbinden und zusammen die

Ladung (+4/3) Spinor bilden. Ihre Drehachsen und Drehimpulse schalten sich in Reihe und die gespeicherte Energie durchströmt die zwei in Serie geschalteten Up-Quarks. Das energetische Masseäquivalent beträgt in Summe 4,8 bis 6 MeV, je nach Rotations-Impuls, und ist rechtsdrehend postuliert. Werden diese Zwillinge im Feld der Raum-Energie um die Spin-Achse durch eine äußere Feldstörung innerhalb des Ereignishorizontes um 180 Grad gekippt, hat das System die Ladung (-4/3) Spinor und ist dann linksdrehend. Die Richtung des ursprünglichen Drehimpulses bleibt erhalten, nur die Drehrichtung des Ladungs-Spins ist entgegengesetzt und hat somit eine negative Ladungswirkung.

Die Umkehrung der Drehrichtung mit der Beibehaltung der Richtung des Drehimpulses ist aus den physikalischen Bedingungen mit dem Stehauf-Kreisel abgeleitet (siehe Kapitel 5.9.4). Die Umpolung der Quarks begründet sich aber nicht aus einer mechanischen Reibungsbeziehung wie beim Stehauf-Kreisel, sondern aus einer energetischen Feldbeziehung über eine Feld-Wechselwirkung. Die Umpolung ist eine Paritätsbeziehung gegenüber abhängigen Nachbarbereichen (siehe Wikipedia: Ladung, Parität, Helizität, Baryogenese und Quelle 16, Kapitel 7.2 ff).

Das Strudelsystem (-4/3) Spinor ist instabil und es wird durch energetischen Einfluss der Ladungstrennung eine Ladung von (-3/3) als sehr stabiles Elementarteilchen abgetrennt. Dieses Energie-Konglomerat mit der Ladung (-3/3) Spinor ist das linksdrehende Elektron. Das Elektron besteht somit aus Teilen von zwei Quarks, ähnlich einem Meson oder Pion und hat das energetische Masseäquivalent von 0,511 MeV. Das Elektron hat aus dem Grunde auch eine Unwucht aus der Kombination von ((-2/3) + (-1/3)) Spinor. Es besteht somit aus einem umgepolten Up-Quark und einem Down-Quark. Diese Unwucht ist entscheidend für die Umkehrung des Elektronen-Spinors bei Feldeinfluss und den Bahnen um den Atomkern herum, der sogenannten Helizität. Das Elektron kann somit negative Ladung sowie nach Umpolung aus der Lageorientierung der Spin-Achse um 180 Grad auch eine positive Ladung annehmen, also vorübergehend zu einem Positron werden. Das gegenüber anderen Masseteilchen kleine energetische Masseäquivalent der Elektronen mit 0,511 MeV ergibt sich aus der Struktur des Strudels, der nur eine geringe Feldverdrängung bewirkt. Der Strudel des Elektrons ist kein echter Torkado-Strudel, sondern ein Toroid-Strudel. Die Feldfreigabe erzeugt das Neutrino.

Der restliche Teil aus der Ladungstrennung ist das Down-Quark mit der Ladung (-1/3) Spinor. Das Down-Quark hat das energetische Masseäquivalent von ca. 4,8 MeV und ist linksdrehend. Zusätzlich entsteht ein Elektron-Neutrino mit dem Isospin (+1/2) mit dem energetischen Masseäquivalent von 2,2 bis 2,6 eV, das die Ladungstrennung energetisch ausgleicht, denn das Elektron hat den Isospin (-1/2). Die Quarks und Elektronen besitzen Masse und werden aus dem Strudelsystem der Galaxie ausgeschleudert. Die Abstrahlenergie der Neutrinos benötigt etwa 0,26 bis 0,86 MeV. Nach der Energiefeld-Theorie ist das Neutrino ein masseloser Energieimpuls.

**Für die Bildung der Elementarteilchen und Atome stehen die Up-Quarks, die Down-Quarks und die Elektronen innerhalb der Kerr-Metrik der Galaxien zur Verfügung. Diese Quarks orientieren sich gemäß ihrer Ausrichtung, ob rechts oder links drehend, über ihre energetischen Felder zu stabilen Kombinationen zusammen und werden als schwere Masseteilchen durch den Ereignishorizont der Kerr-Metrik mit Fliehkraft ausgeworfen.**

Bei der Durchtunnelung der Quarks durch den Ereignishorizont werden die Quarks zu den Protonen und Neutronen mit weiteren Energieeinträgen (den postulierten $Z^0$ - und den $W^{+/-}$ Eichbosonen oder Gluonen aus der Standardtheorie) so weit zusammengedrückt, sodass sich ihre strömenden, spiralen Energiefelder gegenseitig durchdringen. Wie zuvor aufgezeigt, wird das Proton aus der Kombination von zwei Up-Quarks mit einem Down-Quark gebildet. Die Ladung des Proton ergibt sich aus den Ladungs-Spinoren mit (+2/3) +(-1/3) +(+2/3)=+3/3 = +1. Das Neutron wird aus der Feld-Verschränkung von zwei Down-Quarks mit einem Up-Quark gebildet und hat die Ladungs-Spinoren-Summe von Null (-1/3)+(+2/3)+(-1/3) = 0, also keine Ladung, weil sich die Feldorientierung der Strudelbällchen, den Quarks, ladungsmäßig kompensieren. Die Feld-Verschränkung entsteht, indem sich die strömende Energie der Quark-Torkados gegenseitig zu einem Teil durchdringen. Diese Bindungskraft ist die gesuchte Starke Kernkraft, die über die Eichbosonen oder das Higgs-Boson nach dem Standardmodell ausgeübt werden soll. Nach der Nukleonen-Theorie sind diese Klebe-Teilchen, den Gravitonen, Gluonen, Z- und W-Bosonen oder den Higgs-Bosonen, nicht erforderlich!

**Das Proton:**
Das Proton hat in seinem Zentrum das Down-Quark, dem seitlich links und rechts, sich gegenseitig elektrostatisch abstoßend, je ein Up-Quark angebunden ist. Die elektrostatische Ladung resultiert aus den Einzelladungen der Quarks und ergibt in Summe die elektrostatische Ladung von (+1). Das System rotiert außerdem in seiner Entstehungsebene und bildet die Rotation des Protons und damit die Masseeigenschaft über die Verdrängung der Raum-Energie aus. Drei Quarks liegen in einer Ebene und beanspruchen ein sehr großes Rotationsvolumen als die ursprünglichen Quarks für sich alleine. Die Summe der Quarks haben ein energetisches Masseäquivalent von ca. (2,4+4,8+2,4) = 9,6 MeV. Das Proton hat aber ein 100-fach größeres energetisches Masseäquivalent von 938 MeV als die Summe der drei Quarks. Somit ist die Verdrängung des Feldes der Raum-Energie über die Rotation des Quarks-Konglomerates für das hohe energetische Masseäquivalent ursächlich. Die Rotationsachse des Wasserstoff-Atomkernes geht durch das in dem Rotations-Zentrum befindliche Down-Quark. Bei höherwertigen Atomen aus vielen Protonen und Neutronen ist ebenfalls eine Rotationsachse systembedingt, geht aber durch den Feld-Schwerpunkt. Atomkerne mit Unwucht, also einer ungleichen Anzahl von Protonen und Neutronen in ihrer Zusammensetzung, sind somit nicht stabil, insbesondere bei höheren Temperaturen oder bei Neutronenbeschuss.

Die Zusammensetzung des Protons kann man sich bildlich vorstellen, indem drei Ringmagnete nebeneinander gelegt werden. Der mittlere Ringmagnet ist umgepolt zu den zwei äußeren Ringmagneten. Die äußeren Ringmagnete stoßen sich gegenseitig ab und liegen somit einander immer gegenüber. Aus magnetisierten Kugeln lassen sich höherwertige Atommodelle symbolisch zusammenfügen und bilden stabile Hohlkörper aus. Die Felder der Magnete durchdringen sich gegenseitig und bilden eine wechselseitig gepolte, sich verstärkende magnetische Bindungskraft aus.

Das gleiche System bilden die drei Quarks des Protons (Up + Down + Up) aus. Die Felder der drei Quarks und des Protons sind aber elektrostatische Ladungs-Felder und haben ein gänzlich anderes Verhalten als Magnetfelder. Die Felder der Quarks sind strömende Energie, durchdringen sich gegenseitig und haben von daher einen Zusammenhalt und ein Verdrängungs-Volumen im Feld der Raum-Energie, insbesondere durch die großvolumige Rotation des Systems aus den drei Quarks, den Nukleonen.

**Wenn das Feld der Raum-Energie verdrängt wird, dann ergibt sich auch ein Gegendruck, der die Starke Kernkraft, die Schwache Kernkraft und die Masseeigenschaft zur Folge hat. Hieraus erklärt sich die immer noch gesuchte physikalische Beziehung der Quantenfeld-Theorie und der Gravitations-Theorie. Die GUT ist somit gegeben, denn die kleinsten Bausteine der Materie sind der Ausgangspunkt für Gesetze der Kosmologie.**

Die äußeren Up-Quarks unterliegen einer großen Fliehkraft aus der Gesamtrotation des Protons und klappen somit nicht mit dem inneren Down-Quark zu einer wechselseitigen Reihenschaltung zusammen, wie es bei ruhenden Ringmagneten leicht der Fall ist. Ein Neutron mit der Ladung Null ist nur elektrostatisch darstellbar.

**Das Neutron:**
Das Neutron hat in seinem Zentrum das Up-Quark, an dem links und rechts, sich gegenseitig elektrostatisch abstoßend, je ein Down-Quark

über das Feld der Quarks angebunden ist und hat somit im Gegensatz zum Proton die Kombination der Quarks (Down + Up + Down). Auch das Neutron rotiert insgesamt im Feld der Raum-Energie um die mittlere Achse des Up-Quarks und bildet somit einen Masse-Effekt aus, hat aber keine elektrostatische Ladung. Die Summe der Ladungs-Spinoren ist Null mit der Ladung (-1/3 +2/3 -1/3) = 0. Die Quarks des Neutrons haben ein energetisches Masseäquivalent von ca. (4,8+2,4+4,8) = 12 MeV. Mit der Kombination von drei Quarks nebeneinander, und mit hoher Drehzahl rotierendes System, ergibt sich aus der Verdrängung der Raum-Energie das hohe energetische Masseäquivalent des Neutrons mit 939 MeV. Dieses Masseäquivalent ist etwa das 78-fache der Summe aus den drei Quarks. Das Neutron ist aber für sich als selbständiges Elementarteilchen nicht lange stabil und zerfällt, wenn es sich nicht umgehend mit einem Proton zu Deuterium verbinden kann. Das Neutron entsteht auch durch Fusion von zwei Protonen, unter Abgaben von je zwei Positronen und Neutrinos zu dem instabilen Element Deuterium in Verbindung mit einem weiteren Proton. Diese Fusionen finden schon in den Anfängen der Balken der Galaxie statt, gleich nach dem Ausstoß der Protonen aus dem Ereignishorizont. Weitere Fusionen zum Tritium und Helium sind erforderlich, damit sich die Neutronen erhalten können. Die Fusionen der Elementarteilchen und der Nukleonen in den Armen der Galaxien erbringen die hohe Licht- und Röntgen-Strahlungskraft dieser Bereiche. Die Fusionen in diesen Bereichen sind möglich, weil die Felddichte des Energie-Feldes gravitativ sehr hoch ist und die Eigengeschwindigkeit der aus dem Zentrum der Galaxien ausgestoßenen Nukleonen fast Lichtgeschwindigkeit haben und somit die notwendige kinetische Energie für die Fusionen mitbringen.

**Das Elektron:**

Das Elektron besteht aus einem Toroid-Strudel mit dem Ladungs-Spinor (-3/3) und vereinbarungsgemäß der elektrostatischen Ladung (-1) Spinor. Der geringe Masse-Effekt von 0,511 MeV des Elektrons ergibt sich aus der Kleinheit des Toroid-Strudels oder Torkado-Strudels, weil die Raumausdehnung gegenüber den Protonen oder Neutronen mit ihren drei, in der Ebene nebeneinander geschalteten Torkado-Strudeln, besonders klein ist. Das Elektron besteht aus Teilen von zwei in Reihe auf derselben Drehachse geschalteten und um 180 Grad gekippten Up-Quarks mit den Teilladungen (-2/3) + (-1/3) Spinor. Die Rotationsachse des Elektrons ist gegenüber den Up-Quarks in Bezug zum Feld der Raum-Energie um 180 Grad gekippt, die Richtung des Drehimpulses in Bezug zum Raum ist aber gleichgerichtet zu der Richtung der Up- und Down-Quarks in den Protonen und Neutronen. Die Synthese des Elektrons erzeugt auch ein Neutrino.

Elektronen, die um den Atomkern herum schwingen, sind ebenfalls strömende Energie mit Feldrückwirkung. Hier steckt die strömende Energie in der Strömung von geladenen Elementarteilchen, die dann elektrodynamische Felder ausbilden. Die Schwingungs-Bahnen der Elektronen können, je nach Energieeintrag, vielfältige Strukturen ausbilden (siehe Wikipedia: Orbitale). Der Energieeintrag bleibt sehr konstant erhalten und ändert sich nur bei großen Energieeinträgen in das Atom über die Induktion von Strahlung, ebenso bei Abgabe von Strahlung aus dem Atom. Das bestimmt auch die Fraunhofer-Linien und die Spektralarten der Strahlung aus den Elementen, wenn die Elektronen ihre Schalenniveaus wechseln.

Bei dem Atom Wasserstoff sind diese Bahnparameter noch in etwa darstellbar, bei höherwertigen Atomen sind Elektronenbahnen sehr komplex. Die Bahnparameter der Elektronen können Keulenformen, Sternformen, Torus-Formen und Kugelformen annehmen. Dazu können die Valenzelektronen auch noch je nach Bahnabschnitt vorübergehend als Positron auftreten und somit die chemischen Reaktionen und Kristallisation räumlich vorbestimmen. Gerade die Schwingungsmuster der Elektronenbahnen bestimmen die Vielfalt der Kristalle und chemischen Verbindungen bis hin zur Vorbestimmung der biologischen Erbsubstanz der DNA von Pflanzen und Tieren. Die Ciralitäten sind erkennbar. Die Muster setzen sich immer wieder fort, vergleichbar zu den Mandelbrot-Mengen.

**Das Atom:**

Der Aufbau der Atomkerne aus Protonen und Neutronen ist in Anbetracht der möglichen Feldverschränkung über die Torkado-Strudel ebenfalls erklärbar. Die strömende Energie in den Quarks durchdringt feldorientiert immer wechselseitig auch die benachbarten Quarks der Nukleonen. So hat das Proton als äußere Quarks zwei sich gegenüberliedende Up-Quarks und das Neutron demgemäß zwei Down-Quarks, die um das mittlere Quark rotieren, aber ihre Feldorientierung behalten. Auch das mittlere Quark rotiert intern in sich um das Eigenfeld zu erhalten und dazu noch in der Drehzahl des gesamten Nukleons. Werden die Kombinationen Proton + Neuron + Proton + Neuron über ihre äußeren energetischen Strömungsfelder im Kreis oder in gegenpoliger Faltung in Reihe geschaltet, ergibt sich eine teilweise wechselseitige anziehende Durchdringung der Felder und es bildet sich der stabile Atomkern des Helium-Atoms aus. Die strömenden Energiefelder des mittleren Quarks aus dem Proton mit (-1/3) Spinor durchdringt zu einem Teil das Feld der mittleren Quarks des nächsten Neutrons mit (+2/3) Spinor. Die strömende Energie des mittleren Quarks dieses Neutrons durchdringt das mittlere Quark des nächsten benachbarten Protons. Dieses Proton mit (-1/3) Spinor hat wieder Feldverschleifung mit dem nächst inneren Quark mit (+2/3) Spinor des benachbarten Neutrons und diese wiederum mit dem mittleren Quark des anfänglichen Protons. Daraus ergibt sich eine Reihenschaltung durch Feldverschleifung. Die energetischen Felder der zentralen Quarks der vier Nukleonen des Helium-Atoms sind über diese Feldverschleifung mit hohen Kräften eingebunden. Über die Feldverschleifung der Quarks ergibt sich die Schwache Kernkraft, in Summe mit dem Betrag (+6/3) Spinor innerhalb des Atomkernes, weil es eine durchgehende Feldverschleifung ist. Dieses Feld der Elektrostatik aus dem Atomkern reicht aus, um zwei Elektronen des Helium-Atoms auf ihren Schwingungsschalen zu binden.

Die statische, abstoßende positive Ladung der Protonen untereinander ist zu einem Teil innerhalb des Atomkernes über die Feldverschleifung neutralisiert. Das ist die interne, Schwache Kernkraft der Atome. Die atomare

Bindungsenergie ist umso stärker, je mehr Nukleonen zusammen fusioniert sind. Ein Deuterium oder Tritium hat nur geringe innere Bindungskräfte, ein Helium-Atomkern hat aber sehr hohe innere, sich gegenseitig verstärkende Kernkräfte. Die atomare Bindungsenergie steigt mit der Anzahl der Nukleonen im Atomkern und ist beim $^3$H, dem Tritium etwa 3 MeV und erreicht beim $^4$He, dem Helium den Wert von 7 MeV. Die Bindungsenergie wird bei der Fusion freigesetzt oder muss bei der Trennung der Nukleonen induziert werden (siehe Wikipedia: Bindungsenergie).

Die Gluonen als Wechselteilchen der Starken Kernkraft, gemäß der Standard-Theorie, sind somit nicht erforderlich. Die nach dem Standardmodell postulierten Gluonen und Bosonen und das Higgs-Boson entsprechen den energetischen Strömungsfeldern der Quarks, denn Quarks sind gemäß der Nukleonen-Theorie Torkado-Strudel, und somit Felder, bestehend aus strömender Raum-Energie. Die Felder durchdringen sich gegenseitig und bilden darüber die Starken Kernkräfte aus. Die starken mechanischen Kräfte zwischen statischen Ladungen sind aus der Elektrophysik bekannt, welche weitreichenden Beziehungen sich zwischen Ladungen aufbauen können. Bei den kleinen Abmaßen innerhalb der Atome sind diese elektrostatischen Kräfte besonders wirksam und sie wirken auch über die Dimensionen der Elementarteilchen mit starken Kräften weit hinaus. Baut man sich z.B. aus Kugelmagneten ein Atomkern-Modell, dann sind die Kombinationen in sich nicht neutralisiert, sondern haben aus ihrem Verbund heraus weitere magnetische Außen-Felder, die auf benachbarte Kombinationen erheblichen Einfluss ausüben.

Ein Hinweis zu den rotierenden Elementarteilchen wurde schon durch Roger Penrose gegeben, denn das Verhalten der Elementarteilchen beinhaltet einen Spin (siehe Wikipedia: Twistor-Theorie). Würde das Feld der Raum-Energie und die Feldrückwirkung mit den Torkado-Energiefeldern der Quarks mit eingebunden, könnte die Twistor-Theorie die mathematischen Grundlagen ausbilden. Das Gleiche gilt auch für den Landé-Faktor, der den Spin-Charakter der Elementarteilchen aus der Rotation auch als Kreisel mit dem spezifischen Verhalten und einem gyromagnetischen Faktor bezeichnet. Es steckten also besondere Verhaltensweisen in den Elementarteilchen, die mit der Nukleonen-Theorie erklärbar geworden sind (siehe Wikipedia: Pauli-Gleichung, Landé-Faktor).

Die Atome werden ladungsmäßig zu dem „Außen" hin mit der Summe der negativen Ladung der Elektronen zu der positiven Ladung der Protonen neutralisiert. Ist die Anzahl der Elektronen zu den Protonen unterschiedlich, bilden sich elektrostatisch geladene Ionen aus. Die Elektronen wiederum stoßen sich gegenseitig in der Art ab, dass sich ihre magnetischen Eigenfelder aus strömender Energie neutralisieren. Somit ist das Helium-Atom zu dem „Außen" hin feldmäßig neutral und demzufolge ein Edelgas. Protonen sind an Neutronen gebunden. Atome mit Protonenüberschuss sind instabil. Das bedingt auch den CNO-Zyklus. Die Paarbildung der Protonen mit den Neutronen wird als paramagnetisch bezeichnet.

Die Rotation der Nukleonen und der Atomkerne insgesamt bewirken auch das Speicherverhalten von Energie und über die Infrarotstrahlung somit die Zustände verschiedener Temperatur-Bereiche mit Aufnahme oder Abgabe von energetischer Strahlung. Die Nukleonen halten auch die Temperaturen in den Sternen und der Sonne aus, in denen sie zur Fusion der Nukleonen zu höherwertigen Atomen den Temperaturen von 14 bis 23 Millionen Grad Kelvin ausgesetzt sind und immer noch zusammenhalten, trotz der gigantischen inneren Rotationszahlen und Schwingungs-Amplituden der Atomkerne bei diesen Temperaturen. Die hohen Rotationszahlen der Elementarteilchen erhöhen auch die gespeicherte innere Energie und das Volumen der Elementarteilchen und deren Verbindungen. Die Schwingungsamplituden und Fliehkräfte werden größer, aber auch die Bindungsenergien, weil die interne energetische Strömung der Energiefelder entsprechend zunimmt. Das erklärt auch das höhere Masseäquivalent energetisch aufgeladener Massen durch den größeren Wirkungsquerschnitt des Plasmas und der fusionierten Atomkerne. Die Sterne und Sonnen haben somit eine wesentlich höhere Gravitations-

Beschleunigung als nicht strahlende Himmelskörper. Andererseits können die Nukleonen auch am absoluten Nullpunkt von -273 Grad stabil zusammenhalten, speichern dann aber nur noch geringe Energiemengen und ändern ihr elektrodynamisches Verhalten. Das beweist auch, dass die Quarks unter den Bedingungen von noch tieferen Temperaturen als dem absoluten Nullpunkt in den Zentren der Galaxien bei Unterdruck im Feld der Raum-Energie entstanden sind, der postulierten Unterdruck-Kondensation in der Energiefeld-Theorie.

Gemäß der Standardtheorie wird der etwa 100-fache Unterschied zwischen dem Masseäquivalent der Valenz-Quarks in den Protonen und Neutronen mit etwa 10 MeV gegenüber der Massezahl der Nukleonen von 940 MeV damit erklärt, dass in den Nukleonen noch viele schwere, sonstige Teilchen enthalten sind, die eine zusätzliche Masse darstellen (siehe Wikipedia: Seequark und Valenzquark). Nach der hier postulierten Nukleonen-Theorie sind diese seltsamen fluktuierenden virtuellen Quark-Antiquark-Paare und Gluonen oder Higgs-Bosonen nicht erforderlich, um die fehlende Masse und den Rotationsimpuls in den Nukleonen zu generieren. Die rotierenden Nukleonen sind gemäß der Energiefeld-Theorie gespeicherte Energie und verdrängen das Feld der Raum-Energie entsprechend dem Masseäquivalent von 940 MeV.

Die Spinore der Quarks können rechts- oder linksdrehend sein, was die unterschiedlichen physikalischen Ladungs-Eigenschaften der Quarks oder String-Bereiche untereinander bewirken. Rechtsdrehend steht für den (+) Spinor und linksdrehend für den (-) Spinor. Insbesondere finden Ladungstrennungen bei der Entstehung der Quarks statt, aufgrund dessen sich die Elektronen mit ihrem (-1) Spinor und der physikalisch definierten, negativen elektrostatischen Ladung bilden können. Diese Spins haben gegenüber dem Feld der Raum-Energie eine Ausrichtung, die sie zeitlebens beibehalten. Es besteht ein gewisser Erinnerungs-Effekt der Elementarteilchen, man könnte auch Kreiseleffekt mit einem eigenen Inertialsystem dazu sagen (siehe Kapitel 5.9.4). Das erklärt auch so manche bisher nicht verstandene Phänomene aus der Quantentheorie und Quantenverschränkung: Erst nach zwei Umläufen um den Atomkern kommt das Elektron in seine Ausgangsposition zurück. Es gibt gegenseitige Beeinflussungen unter den Elementarteilchen, die bekannte physikalische Eigenschaften aufweisen, wie z.B. die Paritätsverletzung oder Spaltstreuung. Mit der Nukleonen-Theorie sind diese Effekte erklärbar geworden. Die Elementarteilchen haben eine Ausrichtung von gegenseitiger Spin- und Drehimpuls-Richtung in Bezug zum Feld der Raum-Energie und ihrem Entstehungsort. Das Gleiche gilt auch für das translatorische und gravitative Energiepotential und somit den gravitativen Beziehungen der Massen zueinander und zu ihrem Entstehungsort.

**Rotierende Quarks und Elementarteilchen sind strömende Energie. Die physikalisch definierte elektrische Ladung der Elementarteilchen bildet sich aus einem inneren Kreiseleffekt mit einer Orientierung, also einem eigenen Inertialsystem, gegenüber dem Feld der Raum-Energie und in Bezug zueinander aus.**

Diese Orientierung ist systemgegeben und kann nur durch starke systemgebundene Feldeinwirkung mit Energieeintrag über die postulierten Bosonen in der Orientierung verändert werden. Ein Proton kann durch eine Feldbeziehung in ein Antiproton mit negativer Ladung oder ein Elektron in ein Positron mit positiver Ladung umorientiert werden. Die Richtung des energetischen Drehimpulses bleibt aber erhalten! Die Richtung des Drehimpulses ist an das Energiefeld ($E = + m * c^2$) gebunden und somit sind Umpolungen der Elementarteilchen keine „Echte Antimaterie", sondern nur Quasi-Antimaterie. Die Echte Antimaterie existiert im Feld des Antienergie-Universums ($E = - m * c^2$) und hat dort einen entgegengesetzten Drehimpuls induziert bekommen. Die Protonen haben im Feld der Antienergie eine negative Ladung und die Elektronen eine positive Ladung. Würden die Elementarteilchen aus dem Antienergiefeld mit den Elementarteilchen aus unserem Energiefeld zusammenstoßen, wäre eine echte Annihilisation möglich, also eine Vereinigung durch Auflösung der

Elementarteilchen ohne Energiefreisetzung. Demgegenüber sind Kollisionen von Protonen und Quasi-Antiprotonen in Teilchenbeschleunigern auf der Erde in unserem Feld der Raum-Energie mit Energiefreisetzung verbunden. Die künstlich umgepolten Elementarteilchen sind somit keine Echte Antimaterie, denn bei Kollision und Zerstörung von zwei Teilchen wird auch die Energie von zwei Teilchen freigesetzt. Das Gleiche gilt für die in Teilchenbeschleunigern entstehenden Mesonen und Pionen, die sich in Bruchteilen von Sekunden in Raum-Energie auflösen. Aus diesen Forschungsergebnissen wurden aber indirekt die Quarks in ihrer Existenz und ihren Energieinhalten und Spins nachgewiesen.

Mechanische Beeinflussungen sind nicht möglich, weil die Elementarteilchen in sich selbst schnell rotieren und nur über ihr Feld mit anderen Feldern wechselwirken können. Elementarteilchen geben von sich aus keine innere Energie über Strahlung ab und sind somit sehr stabil und langlebig. Die einmal induzierte Energie in die Elementarteilchen, insbesondere innere und äußere Rotations-Energie, ist eine nicht veränderbare Eigenschaft, die sie gegenüber benachbarten Teilchen abgrenzt. Die strömende Energie in den gebundenen Quarks, den gekoppelten Torkado-Strudeln, wird über die Temperaturstrahlung versorgt und die Quarks bleiben dadurch stabil, auch am absoluten Nullpunkt. Einzelne Quarks zerfallen sofort, weil sie ohne Verbund mit anderen Quarks keine Strahlungsenergie aufnehmen können. Die Einspeicherung zur Erhaltung der Energiebilanz durch energetische Schwingungen aus dem Feld der Raum-Energie ist nur mit der Feldverschränkung der Quarks untereinander möglich. Die Quarks schwingen räumlich zueinander und pumpen sich gegenseitig über diese Schwingungen energetisch auf. Das bewirkt auch die Eigenschaft der Materie, Energie aufzunehmen und Energie abzugeben. Gebundene Quarks sind sehr stabil, insbesondere im Dreierverbund der Nukleonen.

Die Rotations-Energie oder Eigenschwingung in einem Verbund kann nur über Strahlungs-Einflüsse, also Feldeinwirkung aus dem Feld der Raum-Energie, verändert werden. Die Elementarteilchen und deren Verbände zu Atomen können extern induzierte Energie über Schwingungen aus dem Feld der Raum-Energie aufnehmen und speichern und bei Energiegefälle auch wieder abgeben. Das gilt für alle Arten von Strahlung, von der Radiostrahlung über Infrarotstrahlung und Lichtstrahlung. Die jeweilige Temperaturdifferenz gegenüber dem absoluten Nullpunkt von -273 Grad Celsius der Materie ist mit diesem energetischen Vorgang in Verbindung zu bringen.

Das Elektron hat naturgemäß die elektrische Ladung von (-1), was der Ladung des Proton mit (+1) größengleich gegenübersteht, und den Isospin von (-1/2). Der Isospin des Elektrons von (-1/2) steht dem Isospin des Neutrinos mit (+1/2) energetisch gegenüber und wurde durch die Ladungstrennung induziert. Die theoretische Koppelladung zu diesem Vorgang ist gemäß der Standardtheorie das +/- W-Boson und sorgt mit seinem energetischen Eintrag für das Energiepotential des Elektrons. Zwischen den Materieteilchen bestehen somit energetische Beziehungen, die bei Rückwandlung, wie bei den Vorgängen von der Kernfusion und dem Kernzerfall, auch wieder energetische Impulse mit Lichtgeschwindigkeit freisetzen, insbesondere in Form von Elektron-Neutrinos. Die Energie für die Lichtgeschwindigkeit der Neutrinos ist mit der Ladungstrennung bei der Entstehung der Elektronen induziert worden. Das Neutrino ist das Koppelteilchen der Potential-Trennung zwischen Down-Quark und Elektron und ist real als Energieimpuls nachweisbar, reagiert aber somit kaum mit dem Energiefeld und der Materie. Die hohe Impulsenergie und der fehlende Wirkungsquerschnitt machen das Neutrino zum Geisterteilchen, denn es ist nach der Energiefeld-Theorie ein masseloses Energiekonglomerat! Das Neutrino ist ein richtungsbehafteter Energieimpuls im Feld der Raum-Energie, vergleichbar mit einem polarisierten, kurzen Laserstrahl-Impuls, der nur eine Sinuswelle in der Form einer Korkenzieher-Windung hat. Dieser Strahlungsimpuls verdrängt kein Volumen im Feld der Raum-Energie und ist somit massefrei wie ein Photon. Das masselose Neutrino läuft sich aber, wie alle „Teilchen-Strahlung", irgendwann im Feld der Raum-Energie trotz der anfänglich hohen Lichtgeschwindigkeit tot und wird somit wieder zum Potential der Raum-Energie zurückgeführt. Gleiches gilt für die theoretischen Koppelteilchen, den Z- und W-Bosonen, deren Energieeinträge aber bei atomaren Umwandlungsprozessen über Gamma-Strahlung zur Raum-Energie zurück gehen oder auch bei atomaren Prozessen von Kernfusionen in die Materie eingespeist werden. Die theoretischen Koppelteilchen gemäß der Standardtheorie sind Energieanteile aus der Raum-Energie (siehe auch Kapitel 4.7.7).

Durch diesen energetischen Kondensationsprozess erhalten die Quark-Teilchen Masseeigenschaften, wenn sie zu zwei oder drei Teilchen durch den Druck aus dem Feld der Raum-Energie zusammen fusioniert werden, die einen Trägheitseffekt gegenüber Richtungsänderungen zur Folge haben und kinetische Energie speichern können. Diese Masseteilchen folgen an den Umlenkpunkten der Strudelellipse im Weißen Loch nicht dem rotierenden Strudel des inneren Energie-Feldes. Die schweren Masseteilchen, kumulierte Quarks und Elektronen, durchtunneln aufgrund ihrer hohen kinetischen Energie den Grenzbereich zwischen dem Weißen Loch an den zwei genau gegenüberliegenden Enden der Strudel-Ellipse hin zu dem umgebenden Feld der Raum-Energie. Das äußere Energiefeld hat in dem Bereich aber auch einen exorbitant hohen Innendruck und Felddichte im Feld der Raum-Energie aufgrund des Verdrängungs- und Strahlungsdruckes aus dem Raumvolumen des Weißen Loches. An dieser Trennfläche erfolgt die hochenergetische Fusion der Quarks hin zum kleinsten Volumen in Form von Nukleonen, den Protonen, Neutronen und Elektronen. Es finden auch Verschmelzungen von zwei Quarks zu Mesonen und Pionen statt, die aber innerhalb des Strudelsystems wieder bald zerfallen.

Einzelne Quarks gibt es nicht, nur Kombinationen aus zwei oder drei Quarks, sowie freie Elektronen, die eine entsprechende Masse und Fluchtgeschwindigkeit erreichen, um das Weiße Loch zu verlassen. Das Elektron besteht aus Anteilen von zwei Quarks und ist somit sehr stabil. Ungebundene Quarks und entstandene Neutrinos lösen sich wieder auf und gehen somit zurück zum Feld der Raum-Energie, denn einzelne Quarks gibt es nicht. Noch nicht gebundene Quarks und Mesonen aus zwei Quarks bleiben im Strudel gefangen und strömen zum nächsten Umlenkpunkt der Strudel-Ellipse in den Zentren der Galaxie.

Das Wasserstoff-Atom entsteht durch Einfangen von einem Elektron durch ein Proton über einen Vorgang der Rekombination zur Neutralisation der äußeren elektrostatischen Ladung. Weitere Kombinationen von Wasserstoffatomen entstehen durch Fusion zum Deuterium und Tritium durch Einfangen von Neutronen auf dem ersten Fluchtweg außerhalb des Weißen Loches der Galaxien. Daraus entsteht wiederum Helium. Die Rekombinationen und Fusionen erfolgen aber erst nach einer bestimmten Flugzeit der Elementarteilchen in den Balken der Galaxien. Es ist ein Vorgang der Entropie mit abnehmender Temperatur und Relativ-Geschwindigkeit im Plasma der Materieströme aus dem Zentrum der Galaxien. Die Atome nehmen durch diese Fusionen innere Energie auf. Diese Prozesse haben auch eine intensive Strahlung aus den Balken der Galaxien zur Folge. Über die Analyse der Strahlung konnten die genannten Elemente und deren Ionen bis hin zum Lithium in den Balken-Strahlen und in der Nähe zum Zentrum der Galaxien nachgewiesen werden.

Der Energieeintrag, der diese hochenergetische Fusion ermöglicht und Protonen oder Neutronen, also die Baryonen, zusammenhält, wird theoretisch als Gluon bezeichnet. Das Gluon oder ein Higgs-Boson sind als Kelber gemäß der hier aufgestellten Energiefeld-Theorie aber nicht nötig, denn die Hadronen, bestehend aus drei Quarks, verdrängen Raum-Energie und werden somit über den Innendruck des Feldes der Raum-Energie zusammengehalten, wenn sie den Ereignishorizont des Weißen Loches verlassen haben. Sollen diese inneren Quarks der Hadronen größeres Volumen annehmen, oder die Hadronen aufgelöst werden, müsste auf kleinstem Raum sehr viel Energie induziert werden, die aber von Natur her physikalisch nicht allgemein vorhanden ist. Das ist die gesuchte Starke Kernkraft, die Protonen und Neutronen innerlich zusammenhält, es ist der Druck aus dem Skalarfeld der Raum-Energie. Insbesondere die drei

Quarks eines Protons oder Neutrons bilden zu allen Seiten hin einen sehr gleichmäßigen, kugelförmigen Wirkungsquerschnitt aus, was eine systembedingte hohe Stabilität ermöglicht. Die Energiefelder der Quarks in den Protonen und Neutronen durchdringen sich gegenseitig im Wechsel ihrer Polausrichtung. Somit sind die aus der klassischen Theorie der Elementarteilchen postulierten Klebeteilchen wie Gravitonen, Gluonen oder Higgs-Bosonen nicht erforderlich, um die Starke Kernkraft in der atomaren Bindung innerhalb der Baryonen bereitzustellen.

Gleiches gilt auch für die Atomkerne, bestehend aus mehreren Protonen und Neutronen der höherwertigen Elemente. Der Druck im Feld der Raum-Energie hält diese atomaren Teilchen zusammen. Dort, wo sich diese Teilchen zusammen gefunden haben, ist das Skalarfeld der Raum-Energie verdrängt. Die energetische Dichte der entstandenen Materie ist größer als die energetische Dichte des Feldes der Raum-Energie, bezogen auf die gleiche Volumeneinheit. Somit verdrängt die Materie über ihren Wirkungsquerschnitt in Form von Atomen das Feld der Raum-Energie. Man könnte auch bildlich sagen, Materie schwimmt im Feld der Raum-Energie und bildet einen Wirkungsquerschnitt aus, das Verdrängungsvolumen.

**Das Feld der Raum-Energie hat knallharten Kontakt zu dem Wirkungsquerschnitt der Atomkerne, den Nukleonen und deren Verbände. Es reagiert auf jegliche Formveränderung durch Kugelschwingung mit Strahlungsaufnahme oder Strahlungsabgabe aller technischen Frequenzen. Das Feld der Raum-Energie reagiert auf jede Volumenveränderung im atomaren Verbund der Nukleonen im Atomkern mit Energiefreigabe oder Energieaufnahme durch Gammastrahlung.**

**Die Ausbildung der Baryonischen Materie:**
Im Grunde genommen stoßen sich die Urteilchen, die Quarks, aufgrund ihrer Ladungs- und Wirkungsbereiche gegenseitig ab. Sehr schnell drehende Teilchen finden sich mit ihrem Spin bei Berührung nicht zusammen. Die Teilchen haben aufgrund der hohen inneren Drehzahlen, den Spins

oder auch Schwingungsmuster der Strings, einen Wirkungsquerschnitt im Feld der Raum-Energie. Dieser Wirkungsquerschnitt isoliert die Energie-Konglomerate vom Feld der Raum-Energie und bildet somit einen eigenen Aggregatzustand aus, der mit den vielfältigen Eigenschaften gegenüber dem starren Feld der Raum-Energie seine Wirkung hat. Nur sehr hohe Energieeinträge, hier die Starke Kernkraft, theoretisch vermittelt über die Gluonen, können diese Wirkungsquerschnitte überwinden und aus den Quarks die Fusion zum Proton und Neutron, den Teilchen der Atomkerne, hervorbringen. Diese Fusion von drei Quarks erfolgt durch die gewaltigen Druck- und Bremskräfte bei der Durchtunnelung der Quarks durch den Ereignishorizont der Kerr-Metrik der Galaxie. Die Quarks bewegen sich mit fast Lichtgeschwindigkeit zwischen dem Unterdruck im Inneren des Weißen Loches der Galaxien hin zum umgebenden Feld der Raum-Energie, das unter der besonders hohen Felddichte, und somit der hohen Energiedichte durch die Verdrängung des Weißen Loches im Skalarfeld der Raum-Energie steht. Auf die Quarks-Teilchen wirkt ein sehr hoher Druck und bringt diese zur Fusion. Die drei Quarks nehmen nun ein kleineres Raumvolumen ein als in dem Status der einzelnen Quarks. Das macht die Protonen, Neutronen und Elektronen zu sehr beständigen Elementarteilchen, denn es gibt keine äußere natürliche Kraft, außer künstliche Kollisionen in Linearbeschleunigern, die in diesen inneren Volumenanteil eindringen kann und die Protonen oder Neutronen aufblähen oder zerstören kann (siehe Wikipedia: Higgs-Boson).

Die gespeicherte Raum-Energie in den Protonen ist wesentlich höher, als das energetische Masseäquivalent gemäß der Raumverdrängung über den Wirkungsquerschnitt. Dieser Wirkungsquerschnitt beträgt für das Proton etwa 1 $GeV/c^2$. Der gemessene Gesamt-Energieinhalt des Protons soll 125 $GeV/c^2$ betragen und wurde bei der Suche nach dem Higgs-Boson im Jahr 2012 vom CERN bekannt gegeben. Dieser Energieinhalt ist so groß wie zwei Kupferatome mit ihrem energetischen Masseäquivalent. Als einzige Erklärung bleibt der Energieinhalt aus der Rotations-Energie der Quarks, deren Fusion zu dem Proton und der Rotations-Energie des gesamten Protons sowie das freigesetzte Raum-Volumen mit der Freigabe von Raum-Energie. Dieser Energieeintrag ist im Vergleich zu dem energetischen Masseäquivalent des Protons 124-mal höher und kommt erst bei der Zerstörung der Protonen durch Kollisions-Experimente im LHC zum Vorschein. Es handelt sich bei der Suche zum Klebeteilchen des Higgs-Bosons nicht um ein Boson, sondern um das Finden der Gesamtenergie, die in den Elementarteilchen gebunden ist, gemäß der Dirac-Gleichung ($E^2 = m^2 * c^4 + p^2 * c^2$). Der erste Summand ist der Energieinhalt bezüglich des energetischen Masseäquivalents von 1 GeV und der zweite Summand mit 124 GeV steht für die Rotationsenergie aus den Spinoren der Quarks und der Kombination der Quarks zu dem Proton und dessen Eigenrotation. Außerdem beinhaltet der freigesetzte Energieanteil von 124 GeV noch den Energieanteil aus der Beziehung (siehe Kapitel 4.7.7) mit $E^2 = (m^2 * c^4) + (p^2 * c^2) + (\Delta E^2 / c^2 * g^2 * \Delta r^2$ Kugel), gemäß der Energiefeld-Theorie. Der Anteil der Freisetzung für das Raum-Volumen, das zusätzlich mit ($\Delta E^2 / c^2 * g^2 * \Delta r^2$ Kugel) freigesetzt wird, entsteht, wenn die Elementarteilchen zerstört werden und Raum-Energie nach dem vorherigen beanspruchten Volumen aus dem Wirkungsquerschnitt der Elementarteilchen und ihren Kombinationen freigegeben wird. Trotzdem muss das hohe energetische Masseäquivalent des Higgs-Bosons mit 125 GeV/c² angezweifelt werden. Es passt mit diesem Energieinhalt nicht als Klebeteilchen in das energetische Raster der Nukleonen. Ein zusätzlicher Energieinhalt kann sich nur noch aus der Beschleunigungs-Energie der zur Kollision gebrachten Protonen im Teilchenbeschleuniger ergeben. Werden Elementarteilchen durch Energieeintrag in Richtung Lichtgeschwindigkeit beschleunigt, erhöht sich ihre relativistische Masse. Da dieser Effekt wohl von den Forschern in CERN mit berücksichtigt worden ist, kann dieser Energieinhalt nur noch aus dem Inneren der Quarks kommen:

**Die Elementarteilchen der baryonischen Materie, Protonen, Neutronen und Elektronen, bestehen aus kondensierter Raum-Energie und haben einen inneren Energieinhalt aus den Quarks und deren Rotation sowie der Rotation des gesamten Elementarteilchens. Das Proton soll**

einen Gesamt-Energieinhalt von 125 GeV/c² haben und entspricht dem Energieinhalt des gesuchten Higgs-Bosons. Der Energieinhalt ist mit den Messungen und Berechnungen der Kollisionsversuche aus dem CERN mit dem LHC / CMS-Experiment und ATLAS-Experiment belegt. Diese Werte müssen aber angezweifelt werden, weder von der Notwendigkeit als Klebeteilchen, noch vom gemessenen energetischen Masseäquivalent der Materie her gesehen. Das Higgs-Teilchen gibt einen Hinweis auf den gesamten Energieinhalt der Materie im Feld der Raum-Energie.

Das Higgs-Teilchen soll gemäß Definition ein skalares Teilchen sein, das keinen Eigenspin hat, und soll die Masseeigenschaft der Materie in dem sirupartigen, zähen Higgs-Feld bewirken und die Kraft für den Zusammenhalt der Elementarteilchen und die „Träge Masse" in den Atomen bereitstellen. Nach der Energiefeld-Theorie ist das Feld der Raum-Energie ein Skalarfeld und hat im statischen Zustand keinen Spin, also das Feld ist frei von energetischen Turbulenzen. Das Higgs-Teilchen kann folglich als ein Volumenbereich im Feld der Raum-Energie angesehen werden. Der energetische Wert des Higgs-Teilchens mit 125 GeV/c² kann dafür stehen, welcher Energieinhalt durch ein Proton über seinen Wirkungsquerschnitt im Feld der Raum-Energie verdrängt wird und welche sonstigen Energien in dem Proton eingebunden sind. Diese sonstigen Energien ergeben sich aus dem inneren Energieinhalt der drei Quarks, aus denn die Protonen bestehen. Die Quarks sind in sich selbst Strudelsysteme aus induzierter Energie. Die Masseeigenschaft der Quarks ergibt sich aus der Verdrängung des Feldes der Raum-Energie durch ihren Wirkungsquerschnitt und steht für den Energieinhalt von etwa 1 GeV/c² für das Proton. Aber der innere Energieinhalt der Torkado-Strudel aus den drei Quarks ist wesentlich größer, weil er nach der Nukleonen-Theorie aus strömender Energie besteht. Damit kann der hohe Energieanteil des Higgs-Teilchens erklärt werden.

**Quarks in der Form von Torkado-Strudeln sind für sich kleinste Weiße Löcher im Feld der Raum-Energie. Die Quarks selber haben in ihrem inneren Wirbelsystem Energieinhalte gespeichert, die bei den üblichen**

physikalischen Feldrückwirkungen nicht in Erscheinung treten. Es sind also zusätzliche Energieinhalte in der Materie gebunden. Diese Energieinhalte addieren sich zu den Beträgen aus dem Einfluss der statischen Verdrängung durch das Raum-Volumen, also der Masseneigenschaft, und dem eigenen Rotationsimpuls der Elementarteilchen, dem Spinor, im Feld der Raum-Energie.

Die Elementarteilchen haben jeweils für sich einen hochenergetischen Spinor und bilden somit auch eine äußere Ladung aus (siehe Die Coulomb-Kraft, Kapitel 5.9.5). Protonen haben dann gemäß Definition eine positive elektrostatische Ladung und Elektronen eine negative Ladung. Diese Ladungen haben wiederum die Coulomb-Kräfte zur Folge, die eine abstoßende Wirkung auf gleichnamig geladene Teilchen wie Protonen und Elektronen jeweils untereinander haben. Somit fällt die Materie nicht sofort in sich zusammen. Freie Atomkerne als Baryonen und Mesonen und freie Elektronen und deren Verbindung zum Wasserstoffatom werden an dem Ereignishorizont des Weißen Loches der Galaxie hin zum Feld der Raum-Energie in ungeheuren Mengen laufend hervorgebracht. Das Plasma der Elementarteilchen wird mit fast Lichtgeschwindigkeit ausgestoßen und strebt im Feld der Raum-Energie hin zu den Bereichen mit niedrigerer Felddichte und somit niedrigerer Energie-Dichte. In dem Bereich außerhalb des Ereignishorizontes wirkt auf die Teilchen eine Art negative Gravitation, also eine Ausgrenzung aus diesem Bereich. Dieser Effekt hebt die gravitativ notwendige Fluchtgeschwindigkeit am Ereignishorizont des Weißen Loches etwas auf. Der Vorgang ist zu vergleichen mit aufsteigenden Gasbläschen in Flüssigkeiten.

Hinzu kommt die elektrostatische Wirkung der geladenen Teilchen. Gleichnamige Ladungen stoßen sich ab, ungleichnamige ziehen sich an. Auch das treibt die Plasmateilchen auseinander zu der großen Breite der Balken der Galaxie und der Ausbildung des Bulges. Die Strömung elektrostatisch geladener Teilchen von fast Lichtgeschwindigkeit induziert strake magnetische Schlauchfelder und bündelt das Plasma zu engen Materiestrahlen, innerhalb der den Balken der Galaxie. Am Ende der Schlauchfelder bilden sich in dem Schweif der Galaxie verstärkt Sterne aus, denn der Materiestrom aus den Balken der Galaxie ist bis dort sehr konzentriert und durch die Rückwirkung aus den Magnetfeldern und gegenseitiger Adhäsion in der Fluggeschwindigkeit entsprechend verlangsamt, sodass sich gravitative Kräfte zur Verdichtung der Materie auswirken können.

Die Protonen und gegenpolig geladenen Elektronen ziehen sich gegenseitig elektrostatisch stark an, es kommt aber nur zu der Rekombination, dem Einfangen der freien Elektronen auf eine Umlaufbahn um das Proton herum, zu der Entstehung des Wasserstoffatoms. Die Eigenfelder der Protonen und der Elektronen aus strömender Raum-Energie sind zu verschieden, um eine Annihilisation direkt zu ermöglichen. Erst bei den Vorgängen von Fusion in den Sternen und einer Supernova kann das Zusammenfinden erfolgen und es entstehen zumindest Neutronen und weitere energetische Streuteilchen (siehe auch Kapitel 5.9.4).

Mit den hohen Energieeinträgen aus dem Zentrum der Galaxien und dem Übergang hin zum umgebenden Energie-Feld bilden sich somit aus den Quarks die Protonen und fangen sich zur Ladungsneutralisation die Elektronen ein. Das Einfangen des Elektrons in eine Atomhülle beinhaltet ebenfalls einen Energieeintrag, denn das Elektron bildet eine Schwingungsschale um das Proton aus. Der Energieeintrag zur Potentialtrennung zwischen dem elektrisch positiv orientierten Atomkern und dem elektrisch negativ gepolten Elektron beschleunigt das Elektron dermaßen, dass eine Neutralisation mit der positiven Ladung des Protons unmöglich wird. Diese Energieeinträge bleiben in dem Wasserstoffatom sehr stabil erhalten und können nur unter Einwirkung der Schwachen Kernkraft bei weiterer Fusion der Atome verändert werden.

In dem Übergangsbereich zwischen dem inneren Wirbelbereich der Galaxie und dem umgebenden Feld der Raum-Energie wird somit das Wasserstoffatom durch die Starke Kernkraft generiert. Diese Starke Kernkraft ist der Druck aus dem Feld der umgebenden Raum-Energie. Der Druck verlangt das Zusammenfinden zu kleineren Volumeneinheiten, denn jedes Quark und Elektron oder String hat aufgrund seines Volumens und seiner Ladung einen Wirkungsquerschnitt im Feld der Raum-Energie. Die Quarks bestehen selbst aus einem rotierenden Energiefeld und bilden eine Aura aus. Das Streben der Materie hin zum möglichst kleinsten Wirkungsquerschnitt und Volumen ist durch die Gravitation aus dem Druck im Feld der Raum-Energie mit der hier aufgezeigten Energiefeld-Theorie begründet.

Die nach den allgemein gültigen Standard-Theorien postulierten Gravitonen, Gluonen, Z- und W-Austauschteilchen oder Higgs-Teilchen und Stringfäden sind für diese Art der Gravitation oder der Starken und Schwachen Kernkraft, die alle Protonen und Atome jeglicher Bauart zusammenhalten sollen, gemäß der Energiefeld-Theorie somit Energieeinträge in das Atom, oder bei Umformung und Zerfall Energieabgaben aus dem Atom.

**Die Energieanteile in den Bausteinen des Atoms und dem räumlichen Aufbau und interner Bewegungs-Energie stammen aus umgeformter und in das Atom induzierter Raum-Energie. Es gibt keine natürliche atomare Kraft, die Protonen, Neutronen oder Elektronen in ihre Ausgangsteilchen, den Quarks, zerlegen kann. Falls doch, geht alles wieder in Raum-Energie über. Das findet dann in den Forschungslaboren der Ringbeschleuniger Tevatron oder LHC statt.**

Die Koppel- oder Austausch-Teilchen sowie postulierte Antimaterie-Teilchen sind in den Theorien zur Physik der Elementarteilchen oft nur mit sehr kurzen Lebensdauern versehen und sind eher aus den theoretisch mathematischen Ableitungen postuliert oder künstlich generierte kurzlebige Quasi-Antimaterie. Diese Koppelteilchen sind Energieeinträge oder Energieabgaben bei Fusion oder Zerfall der Materie und sind durch Experimente an Teilchenbeschleunigern ermittelt worden. Somit sind diese Energieanteile in den Atomen und deren Koppelungen als Masseäquivalent und Strahlungsenergien inzwischen sehr gut bestimmt. Sollen diese

Koppelungen umgeformt oder aufgelöst werden, müssen entsprechende Energieanteile von außen her in die Atome oder deren Verbände eingespeist werden. Die Energieanteile sind erforderlich, um dem Druck aus dem Energiefeld der Raum-Energie bei atomaren Vorgängen entgegen zu wirken.

Die Atome höherwertiger Materie bestehen aus fusionierten Wasserstoffatomen. Die Wasserstoffatome müssen aber mit den Neutronen einen Atomkern bilden. Dazu müssen sich die Wasserstoffatome schon in den Balken der Galaxien mit den vorhandenen Neutronen zu $^2$H-Deuterium und $^3$H-Tritium zusammenfinden. Zwei $^3$H-Kerne bildet unter Freisetzung von zwei Protonen nach Fusion das stabile $^4$He-Helium. Ist das Plasma nicht so heiß, wie in den Fusionszonen der Sterne, werden auch die entsprechenden Elektronen eingefangen und bilden das Helium-Atom. Angeregte Atome mit Elektronen sind an ihren Spektralmustern zu erkennen. Das ist in den Balken der Galaxien vorhanden und ermöglicht die Erkennung der Atomarten.

Neutronen aus dem Weißen Loch der Galaxien haben eine kurze Lebensdauer und finden sich nicht sofort mit den Protonen zu Deuterium zusammen und zerfallen. Es wären nicht genügend Neutronen vorhanden, um die Massen der Atome auszubilden, um die Zündung von Sternen in den Schweifen der Galaxie einzuleiten. Es gibt aber in den Balken der Galaxien hochbeschleunigte, energiereiche Elektronen, die mit den Protonen bei Wegkollision fusionieren können, weil die Protonen in den Balken der Galaxie eine geringere Fluchtgeschwindigkeit haben als die leichteren Elektronen. Der Tunneleffekt wird ermöglicht und die Teilquarks der Elektronen finden sich mit den Quarks der Protonen zusammen. Das Ergebnis der Fusion ist ein Neutron. Das Proton hat die Quarks (+2/3 − 1/3 + 2/3) Spinor und das Elektron die Teilquarks ((-2/3) + (-1/3)) Spinor. Ein Quark mit (+2/3) des Protons wird durch das Quark (-2/3) aus dem Elektron annihiliert. Übrig bleiben in Summe die Ladungs-Spinoren (-1/3 +2/3 -1/3), und ein Neutron ist entstanden. Das Neutron muss schnell mit einem

Proton zu Deuterium fusionieren, damit es nicht zerfällt. Die Energie zu den Fusionen stammt aus den hohen Bahnimpulsen der Atomteilchen und es entsteht in den inneren Balken der Galaxie schon höherwertige Materie bis zum Lithium. Trotzdem bilden die Wasserstoff-Atome die Hauptmasse der Materie in den Balken aus, um die Sterne mit genügend Fusions-Energie in den Schweifen der Galaxie auszustatten.

Wenn in den Schweifen der Galaxie Sterne gezündet haben und das Wasserstoff-Brennen einsetzen kann, ist die weitere Erzeugung von Neutronen erforderlich, um höherwertige Atome zu fusionieren (siehe Wikipedia: Proton-Proton-Reaktion). Die Neutronen zur Fusion des $^2$H-Deuterium entsteht aus der Fusion von zwei Wasserstoff-Atomen unter Freisetzung von zwei Positronen. An das Neutron fusioniert ein weiteres Proton. Es sind in Summe drei Protonen erforderlich, um das $^2$H-Deuterium auszubilden. Diese Art von Fusion der Wasserstoff-Atome ist durch den immensen inneren Gravitations-Druck und den hohen Temperaturen von 15 Millionen Kelvin in den Sternen möglich. Die Nukleonen und Atomkerne sind aufgrund dieser Bedingungen nur als Plasma vorhanden, also keine echten Atome. Die Elektronen sind freie Teilchen. Nukleonen und fusionierte Atomkerne bestehen aufgrund der hohen Temperaturen aus sehr großvolumigen Quarks und haben somit ein viel größeres energetisches Masseäquivalent als bei Raumtemperatur. Da alle Teilchen elektrostatisch sind, stoßen sie sich gegenseitig ab und widerstehen mit ihren Wärmeschwingungen aus den Strudeln der Quarks dem gewaltigen Gravitations-Druck im Inneren der Sterne und der Sonne.

Zur Fusion von zwei Protonen sind sehr starke Kräfte erforderlich, um die Abstoßung gleichnamig geladener Teilchen durch die abstoßende Coulomb-Kraft zu überwinden. Der Mechanismus des Tunneleffektes hilft bei der Fusion der Protonen. Zwei fusionierte Protonen bilden ein überschweres Plasma-Element aus. In Summe besteht die Kombination aus (-2/3 +8/3) Spinor. Es werden zwei Positronen mit jeweils (+3/3) Spinor abgetrennt, außerdem wird ein Gamma-Impuls abgegeben, denn es wird Raum-Energie freigesetzt. In Verbindung mit der Ladungs-Trennung entstehen auch zwei Neutrinos. Übrig bleibt das wichtige Neutron mit der Kombination (-1/3 + 2/3 -1/3) Spinor. Die zwei Positronen mit jeweils (+3/3) Spinor werden gleich wieder von vorhandenen Elektronen mit (-3/3) Spinor unter Energiefreisetzung annihiliert, also aufgelöst. An das neu gebildete $^2$H-Deuterium fusioniert ein weiteres Proton unter Abgabe von Raum-Energie in Form von Gamma-Strahlung, und es hat sich das $^3$H-Tritium ausgebildet. Zwei $^3$H-Tritium bilden wiederum durch Fusion unter Freisetzung von zwei Protonen und Raum-Energie den Atomkern des $^4$He-Helium-Atoms. Die freigesetzte Raum-Energie aus dem Wasserstoff-Brennen in den Sternen und unserer Sonne ist die Grundlage für die Licht- und Wärmestrahlung auf unserem Planeten Erde.

Die Entstehung der Bayonischen Materie findet nach der Nukleonen-Theorie in den aktiven Galaxien statt. Die Materie hat durch den Kondensations-Vorgang im Zentrum der Galaxien ein Volumen, eine innere nukleare Energie, sowie gespeicherte Rotations-Energie der atomaren Teilchen. Zusätzlich hat sie eine sehr hohe gespeicherte Impuls-Energie, und somit eine sehr hohe Eigengeschwindigkeit im Raum durch den Energieeintrag bei der Entstehung erfahren. Dieses Plasma fliegt jeweils gegenüber den Wendepunkten der Strömungs-Ellipse aus dem Strömungs-Strudel der Raum-Energie an zwei genau gegenüberliegenden Punkten gleichgewichtig in den umgebenden Weltraum hinaus und bildet die Balken der Galaxie. Dieses Plasma besteht aus stabilen Wasserstoffatomen, freien Protonen, Neutronen und Elektronen sowie Kombinationen aus diesen atomaren Teilchen wie Deuterium, Tritium, Helium bis hin zum Lithium, die den ausströmenden Plasmastrom bilden. Der Plasmastrom ist kein feiner Materie-Strahl, sondern ein großflächiger Bereich ab dem Ereignishorizont des Weißen Loches der Galaxie. Weil das rotierende Weiße Loch der Kerr-Metrik eine Schlauchform hat, gibt es den Ausstoß von Materie gleichzeitig in einem größeren Bereich, bis hin zur Dicke der Schweife der Galaxie. Das sind einige tausend Lichtjahre. Hier findet nach der Energiefeld-Theorie der sogenannte Urknall-Effekt, die Entstehung der Materie, statt. Da die beschleunigten Elementarteilchen ionisiert sind, werden Magnetfelder ausgebildet, die den Plasmastrom sehr eng zusammenhalten. Daraus bilden sich die inneren zwei Balken einer Galaxie aus. Die ersten Fusionen von Wasserstoff zu Helium bis hin zum Lithium, innerhalb dieser Galaxien-Balken, haben eine intensive Strahlung jeglicher Frequenzen zur Folge. Ebenso ergibt sich infolge von Kollisionen und Umlenkung durch elektromagnetische Felder der jungen Materieteilchen im Nahbereich des Weißen Loches eine Streuung der Teilchenansammlungen zu einer Verdickung der Materieansammlung bis weit außerhalb der Ebene der Galaxien, dem sichtbaren Bulge in der Umgebung des Weißen Loches der Galaxien (siehe NGC 4565).

Die Materiedichte innerhalb des Bulge ist wesentlich geringer, als im Bereich der Ebene der Schweife, somit findet sich die Materie im Bulge kaum zu gravitativen Objekten zusammen, aus denen sich Sterne ausbilden könnten. Die Materie verschwindet fein verteilt im Bereich des Hallos der Galaxie oder strömt mit dem Feld der Raum-Energie zu einem kleinen Teil auch zurück zu dem Zentrum der Galaxie und wird nochmals vom Weißen Loch in die Balkenarme der Galaxie ausgestoßen. Fein verteilte Materie ist für uns nur zu sehen, wenn Fusionsprozesse oder Rekombinationen auftreten, die Strahlung abgeben. Das ist in den Balken und daraus entstehenden Schweife der Galaxien gegeben.

Die erweiterte Nukleosynthese hin zu den verschiedenen Atomen der Elemente findet dann in den Sternen und deren Lebenszyklen statt. In den normalen Sternen bilden sich durch Fusion die Elemente bis hin zum Eisen aus. Die höherwertigen, schwereren Elemente bis hin zum Uran und deren Zerfallsprodukte werden erst in Verbindung mit den Sternkatastrophen, wie Supernova-Explosionen und Kollisionen von Sternen (Hantel-Nebel) ausgebildet.

Die Teilchenstrahlung aus dem Zentrum unserer Milchstraße erreicht auch, durch vorgelagerte Materie mehr oder weniger stark abgeschirmt und mehrfach umgelenkt, unseren Planeten Erde in Form der bekannten materiellen Höhenstrahlung. Physiker bestaunen die hohe kinetische Energie dieser Teilchen. Diese Teilchen kommen kontinuierlich aus allen Richtungen und treffen in der oberen Atmosphäre auf die Luftmoleküle, was wiederum ionisierte Sekundärteilchen als Teilchenschauer verschiedenster Zerfallsteilchen zur Folge hat. Es entsteht sogar Röntgen- und Gammastrahlung, die auf atomare Kernreaktionen, Fusion oder Zerfall, schließen lassen. Wegen der geringen Anzahl der galaktischen Teilchen strahlen diese Vorgänge nur sehr schwach. Galaktische Teilchenschauer und Teilchen aus dem Sonnenwind zünden auch die Blitze bei Gewittern, durch Ionisation der Luftmoleküle. Es bilden sich Fächer- und Zickzack-Kanäle aus, weil die Teilchen der Raumstrahlung mit den Luftmolekülen kollidieren und somit Wegablenkungen haben. Die Partikel der Teilchenstrahlung ionisieren die Luftmoleküle und bilden damit elektrisch gut leitende Kanäle aus, denen dann die Blitze folgen. Erst ein Teilchenschauer löst den Blitz aus. Kommen keine geeigneten Teilchenschauer, gibt es solange auch keine Blitze (siehe Kapitel 4.31).

Nach der Energiefeld-Theorie kommen etwa alle 500 Millionen Jahre sehr verstärkt, durch vorgelagerte Materie nur zum Teil abgeschirmte Materiestrahlung aus diesem Ursprungsstrahl, den Balken einer Galaxie, aus dem Zentrum der Milchstraße auf unser Sonnensystem zu. Es sind insbesondere Wasserstoff-Atome, Helium-Atome, bis hin zu Lithium-Atomen, Protonen und Elektronen, die unser Sonnensystem mit fast Lichtgeschwindigkeit treffen. Diese Materieeinstrahlungen haben erhebliche Nebenwirkungen auf das Leben des Planeten Erde zur Folge zum Beispiel vor 250 Millionen Jahren (siehe auch Kapitel 5.1).

### 5.9.2 Das Weiße Loch der Galaxien

Die vielfältigen Arten von Galaxien-Ausformungen ergeben sich, je nachdem, welche Eigenrotation die Strudelellipse um die eigene Achse oder zusätzlich dazu noch schwache Kippbewegung im Raum ausführt (siehe

Arp 273). Die äußere Eigenrotation der gesamten Ellipse beträgt für eine Umdrehung etwa ein bis zwei Milliarden Jahre und ist somit Grundlage für die Ausformung der gesamten Galaxie mit ihren üblicherweise zwei Hauptarmen.

Das allgemein erwähnte „Schwarze Loch" der Galaxie sollte wegen der inneren Masselosigkeit deshalb auch als „Weißes Loch" bezeichnet werden. Das Weiße Loch bildet im Inneren keine Gravitations-Beziehung zu den generierten Massen aus. Die gravitative Beziehung ist sogar negativ und kann auch als die von Albert Einstein postulierte abstoßende Gravitation mit der kosmologischen Konstante interpretiert werden. Die Materie flüchtet aus dem Bereich außerhalb des Ereignishorizontes mit diesem exorbitant hohen Druck und Energiedichte im Feld der Raum-Energie in Nähe des Weißen Loches in die Balken der Galaxie. Die Materie wird sozusagen aus dem Zentrum der Galaxie ausgegrenzt. Die Materieteilchen haben aus ihrer Entstehungsphase heraus eine Masseeigenschaft mitbekommen und sind auf fast Lichtgeschwindigkeit beschleunigt worden. Das verleiht den Masseteilchen die notwendige Fluchtgeschwindigkeit, um die Gravitation aus der Felddichte am Ereignishorizont des Weißen Loches der Galaxie zu überwinden. Das schlauchförmige Weiße Loch im Bereich der Kerr-Metrik hat keine innere Strahlung, weil dort keine Atome schwingen oder atomare Fusionen stattfinden, denn es entstehen in dieser inneren Region zunächst nur die Quarks. Erst in den zwei Balken-Strahlen der ausströmenden Elementarteilchen der Materie, bestehend aus fusionierten Quarks, entsteht die für uns sichtbare, energetische Strahlung aus der weiteren Fusion zu den Atomen Wasserstoff und Helium.

Dieser Vorgang ist bildlich zu vergleichen mit einem Seifenblasen-Puster, bei dem sich durch den konstanten Luftstrom und dem Seifenwasservorrat am Pustering laufend eigenständige, abgeschlossene Seifenbläschen in enger Reihenfolge bilden können, von denen sich nach der Entstehung auf ihrer Flugbahn auch einige Seifenblasen durch Wegkollisionen vereinigen können. Ein ähnliches Bild ist bei den $CO^2$ Bläschen in einem Bierglas zu sehen, sie entstehen an Kondensationskernen schlagartig, lösen sich ab und streben hin zu Bereichen mit geringerem Druck. Die Gasblasen bilden gegenüber dem Medium der umgebenden Luft oder Flüssigkeit einen Wirkungsquerschnitt aus, obgleich sie innerlich dieses Medium oder Teile davon selbst einschließen.

Die aus dem Weißen Loch der Galaxie in deren Rotations-Ebene ausströmende Materie ist somit umgewandelte Raum-Energie und saugt durch diesen Vorgang als Nachschub verstärkt skalare Raum-Energie in den kegelförmigen Wirbel des Weißen Loches senkrecht zu dieser Ebene in das Zentrum der Galaxie hinein. Dadurch bildet sich ein Selbsterhaltungs-Effekt aus, der das System in sich selbst verstärkt, solange genug Raum-Energie nachströmt und durch das Zentrum hindurch strömen kann. Die Struktur der Galaxien entsteht aus den Aufbaugesetzen eines Torkado-Strudels mit innerem Durchström-Wirbel und einem äußeren Feldbereich, der über kurze oder sehr lange Rückströmungs-Bereiche den systembedingten Zusammenhalt findet.

**Was treibt die innere Rotation der Galaxien an?**
Durch die Umwandlung von Raum-Energie in Materie entsteht an den Umlenkstellen der Rotations-Ellipse ein erheblicher Sog, denn es wird dem Wirbel bei diesem Kondensations-Vorgang von Raum-Energie in den Aggregatzustand von Materie sehr viel Energie entzogen. Dieser Sog verstärkt somit die Ausformung zu einer sehr schmalen Ellipse mit ihren hohen überlichtschnellen Umlenkgeschwindigkeiten um die Brennpunkte herum. Das Skalar-Feld der Raum-Energie strömt somit von einem großräumigen Überdruckbereich durch das Schlupfloch einer Galaxie parallel zur deren Drehachse hindurch hin zu Bereichen mit geringerem Druck im Skalarfeld der Raum-Energie. Dabei kann auch naheliegende, intergalaktische Materie aus untergegangenen Galaxien mitgerissen werden, die bei einigen Galaxien, als Jet durch das Zentrum der Galaxie hindurch strömend, sichtbar werden (siehe Wikipedia M 87; M 82; Centaurus A; Herkules A). Die Sichtbarkeit wurde erst mit den neuen Techniken der

Überlagerung von deckungsgleichen Aufnahmen im Optischen-, Infraroten-, Röntgen- und Radio-Frequenzbereichen und farblicher Computer-Nachbearbeitung möglich.

Wie bei den verschiedensten Formen von Galaxien zu sehen, dreht sich aber auch das gesamte Weiße Loch, also die Strudel-Ellipse mit ihrem äußeren Ereignishorizont, mehr oder weniger schnell um die senkrechte Achse der Galaxien (siehe Wikipedia: NGC 1300 oder NGC 1365). Bei der Form einer Balken-Galaxie ist die Drehzahl über ein bis zwei Milliarden Jahren einmal um die senkrechte Achse der Galaxie, bei scheibenförmigen Galaxien sind es höhere Drehzahlen. Was treibt das innere Strudelsystem zu solch einer langsamen äußeren Eigendrehung an?

In den inneren Umlenkbereichen des inneren elliptischen Strudels im Weißen Loch, im Bereich der zwei sich gegenüberliegenden jeweiligen Brennpunkte, die eine bis hundert AE voneinander entfernt sein können, kommt es im Vorderbereich der elliptischen Strömung zur Kondensation von Raum-Energie in die Form von Quarks-Strudeln. Die Quarks durchtunneln den Ereignishorizont hin zum umgebenden Feld der Raum-Energie. Das Feld der Raum-Energie hat an diesem Ereignishorizont eine exorbitant hohe gravitative Dichte, denn das Weiße Loch der Galaxie verdrängt mit dem Strömungs-Schlauch das Feld der umgebenden Raum-Energie. Ein Großteil der Quarks vereinigt sich über den hohen Druck zu Protonen und Neutronen und es entstehen durch Ladungstrennung aus den Quarks auch Elektronen und damit auch Wasserstoffatome durch nachträgliche Rekombination. Die entstandene Materie wird mit hoher kinetischer Energie behaftet aus dem Weißen Loch ausgestoßen. Das hat eine Sogwirkung auf der Vorderseite der Strudel-Ellipse zur Folge, weil hier Raum-Energie dem System entzogen wird. Da nicht alle Quarks zu Materie fusionieren, werden diese um die Umlenkpunkte herum mitgerissen und lösen sich danach wieder hin zur Raum-Energie auf. An dem Umlenkpunkt der Strudel-Ellipse entsteht somit auf der Vorderseite ein Unterdruck und nach dem Umlenkpunkt ein Überdruck, wenn die Lichtgeschwindigkeit der elliptischen Strömung wieder unterschritten wird. Aus diesem Potentialunterschied im Felddruck, innerhalb des Weißen Loches, wirkt eine leichte Kraft auf die Umlenkpunkte, die diese im Raum verschiebt und die langsame Drehbewegung des gesamten inneren Strudelsystems des Weißen Loches antreibt.

Die Entstehung von Materie an den überlichtschnellen Strömungsbereichen der Strudel-Ellipse, bei den Brennpunkten, ist so gleichgewichtig, dass sich dieses Strudelsystem nicht oder nur sehr selten in Richtung der Längsachse des Balkensystems in den Galaxien verschiebt oder pendelt. Somit ergibt sich ein sehr stabiles, über Milliarden von Jahren sich drehendes, langlebiges System im Zentrum der Galaxien. Ohne diesen Ablauf würde keine Materie generiert, mit der diese gewaltigen Feuerräder von Galaxien ausgebildet werden und sich über Adhäsion, Akkretion und Fusion zu den für uns sichtbaren Formen weiterentwickeln können. Durch das mit nahezu Lichtgeschwindigkeit ausströmende, ionisierte Plasma entstehen wiederum magnetische Wirbel, die einen Konzentrationseffekt auf diese Plasmaströme ausüben und diese zu einem Strahl, den inneren Balken der Galaxie, konzentrieren (weitere Entwicklung siehe auch Kapitel 5.10).

**Materie entsteht im Feld der Raum-Energie durch Vorgänge mit Unterdruck-Kondensation aus einem Prozess der Feldverzerrung mit Überlichtgeschwindigkeit. Dieser Prozess kann in den Zentren der Galaxien laufend Materie generieren, solange das Energiefeld durch das Zentrum hindurch strömt und skalare Energie nachliefert. Somit findet der Urknall, die Generierung von Materie, in den Zentren der Galaxien laufend aufs Neue statt.**

Die Flucht-Geschwindigkeit der Materie aus dem Weißen Loch ist aber geringer als die Lichtgeschwindigkeit. Die mitgegebene Impuls-Energie tragen die Masse-Teilchen jeweils als eine Eigenschaft mit sich. Das ist die Grundlage für die individuellen Energie-Potentiale der Masseeinheiten. Nach Kumulierung durch Adhäsion, Akkretion und Fusion der Materie zu größeren Einheiten, wie Staubwolken, Sterne und Sonnen, Planeten und Monde bilden sich aus diesen Energiepotentialen die Gravitations-Beziehungen der Massen untereinander aus. Energie geht dabei nicht verloren, es bilden sich aus den Konzentrationsprozessen in der Galaxie individuelle, potentielle Energiedichten der Objekte aus, die ihrerseits das Feld der Raum-Energie verzerren. Das ist die Grundlage für die Gravitation der Massen untereinander, die sich aus der Genealogie der Entstehung, Konzentration und Umwandlung über die Einträge oder Entzug von Energie ergibt. Alle Materieteilchen haben somit ihr individuelles Energiepotential in Form von atomarer und kinetischer Energie aus dem Zentrum der Galaxie als eine Eigenschaft induziert bekommen. Bei Konzentration durch Akkretion zu größeren Masseeinheiten gleichen sich die kinetischen und potentiellen Energiepotentiale der Teilchen untereinander zu einem gemeinsamen Energiepotential aus. In gezündeten Sternen werden dann auch die atomaren Energiepotentiale wirksam, bauen sich kontinuierlich um und gehen durch Strahlung wieder zurück in das Skalarfeld der Raum-Energie.

### 5.9.3 Neutrinos bewegen sich im Universum auch mit Über-Lichtgeschwindigkeit

Allgemein bildet die Lichtgeschwindigkeit eine Übertragungsgrenze im Feld der Raum-Energie, vergleichbar zur Schallgeschwindigkeit im Medium der Luft. Es gibt aber Prozesse, bei denen die Schallgeschwindigkeit im Medium der Luft überschritten werden kann. Ebenso sind im Feld der Raum-Energie Prozesse vorstellbar, bei denen die Lichtgeschwindigkeit überschritten werden kann. Wenn es sich nur um Energiefelder handelt, die keine Materie beinhalten, wäre eine höhere Änderungsgeschwindigkeit in der Feld-Dichte als die Lichtgeschwindigkeit postulierbar.

Es gibt aber auch weitere Vorgänge mit Über-Lichtgeschwindigkeit. Bei den Fusionsvorgängen in den Sonnen entstehen höherwertige Elemente aus dem Wasserstoffatom, zunächst aus der Fusion von zwei Wasserstoffatomen, zum Isotop Deuterium. Dazu wird ein Wasserstoffatom aufgelöst und zu einem Neutron umgewandelt und in das Wasserstoff-Isotop Deuterium integriert. Dabei entsteht ein theoretisches Positron, das sofort von dem negativ geladenen Elektron annihiliert wird und beide zerstrahlen zur Raum-Energie unter Abgabe von Gammastrahlung. Die Masse des Elektrons wird somit wieder an das Feld der Raum-Energie zurückgeführt. Zusätzlich verliert das Elektron seinen Rotations- und Bewegungsimpuls und das Wasserstoffatom verliert seinen Wirkungsquerschnitt an Raum-Volumen, was ebenfalls Gammastrahlung generiert, wodurch die freiwerdende Energie abgeführt wird. Es entsteht aber auch ein Neutrino, (siehe auch Kapitel 4.16.1 und 5.9.1).

**Das Neutrino ist der Energie-Eintrag zur Potential-Trennung aus der Entstehung der Bausteine des Wasserstoffatoms in den Zentren der Galaxien.**

Das mit einem Energieeintrag abgestrahlte Neutrino ist der Energieeintrag, der bei der Entstehung der Materie im Zentrum der Galaxie durch einen Vorgang mit Über-Lichtgeschwindigkeit generiert wurde. Dieser Energieeintrag wird bei der Potentialtrennung der Quarks zur Abtrennung des Elektrons und zur Generierung der Neutronen aus der Umwandlung von Protonen und bei der Fusion von Protonen hin zu höherwertigen Elementen als Neutrino abgestrahlt. Dieser Vorgang der schwachen Wechselwirkung, theoretisch vermittelt durch Austauschteilchen, den $Z^0$- und $W^{+/-}$-Bosonen, hat nun zur Folge, dass der Energieeintrag aus der Entstehung des Wasserstoffatoms auch wieder mit Über-Lichtgeschwindigkeit abgeführt wird, also mit dem ladungsneutralen und masselosen Energieimpuls in Form des Neutrinos. Somit wird das Neutrino zumindest mit Lichtgeschwindigkeit, aber auch mit Über-Lichtgeschwindigkeit abgestoßen und bildet ein eigenständiges Energiekonglomerat, das weder mit der umgebenden Materie noch mit dem umgebenden Energie-Feld wesentliche Wechselwirkungen aufzeigt. Das Neutrino ist der Kugelblitz im Feld der Raum-Energie. Das Neutrino ist somit eine Art rein energetische, masselose Teilchenstrahlung und steht im Gegensatz zur Gamma- oder Lichtstrahlung, die sich aber über Potentialdruckwellen im Feld der Raumenergie kugelförmig um das Atom herum ausbreiten. Diese Druckwellen werden in der klassischen Theorie als Photonen bezeichnet. Diese Photonen sind gemäß der Energiefeld-Theorie keine teilchenartigen Gebilde, sondern hochfrequente Gravitationswellen im Feld der Raum-Energie. Neutrinos sind demgegenüber teilchenartige Energiekonglomerate ohne Masse und stehen mit ihrem Energieinhalt für Änderungen von Potentialtrennungen im Verbund der Materie.

Auch die Sterne und Sonnen strahlen laufend ungeheure Mengen von Neutrinos ab, denn bei den unzähligen Fusionsvorgängen entstehen jeweils auch Neutrinos. Die freigewordene Energie geht dorthin zurück, woher sie gekommen ist, dem Feld der Raum-Energie. Nach der Energiefeld-Theorie entsteht Materie durch einen Vorgang unter den Bedingungen von Über-Lichtgeschwindigkeit. Somit ist das Neutrino die Zurückwandlung des Energieeintrages aus dem Vorgang der Potential-Trennung.

Das Neutrino kommuniziert nicht sofort mit der Materie oder dem Feld der Raum-Energie, denn sein Wirkungsquerschnitt ist sehr klein, wesentlich kleiner als der des Elektrons. Neutrinos sind teilchenartige Energie-Konglomerate und keine Druckwellen im Feld der Raum-Energie, wie die Gamma-Strahlung. Von daher haben Neutrinos einen eigenen Flugweg und nach der Energiebilanz abgeleitet, auch keine Masseeigenschaften. Sich bewegende Neutrinos haben keine Feldrückwirkung, weil sie die Ladung Null haben. Im Gegensatz dazu haben sich bewegende Elektronen Feldrückwirkung über die sich ausbildenden elektrodynamischen Felder (siehe auch Kapitel 5.9.4).

Die Neutrinos stellen eine Art Teilchen konzentrierter Energie mit hohem Innendruck dar, die sich erst nach vielfältigen Schwächungen und Kollisionen zurück zur Raum-Energie auflösen. Neutrinos werden auf dem Weg im Feld der Raum-Energie in ihrem Energieinhalt stetig geschwächt und existieren somit nicht ewig. Gleiches gilt auch für die sich mit Lichtgeschwindigkeit ausbreitenden „Photonen" aller Frequenzkategorien, den Gravitationswellen im Feld der Raum-Energie, die sich zum Schluss in der Hintergrundstrahlung als Reflexionswellen wiederfinden und auslaufen.

**Das Neutrino ist ein kurzzeitiger, massefreier Energieimpuls im Feld der Raum-Energie mit nur einer kurzen Wellenlänge.** Dieser Schwingungs-Impuls ist nicht in der Lage, Atomkerne zum Schwingen zu bringen, weil dazu viele Energieimpulse nacheinander notwendig sind, die auch ein Resonanzverhalten im Schwingungsmodus der Atomkerne einleiten können. Somit gibt es keine allgemeine Wechselwirkung der Neutrinos mit der Materie oder elektrodynamischen Feldern.

Das Neutrino ist ein gerichteter Energieimpuls mit einem bisher unbekannten Schwingungsverhalten, ähnlich einem kurzzeitig gerichteten Laserimpuls. Die allgemeine Lichtstrahlung bringt ein Atom, nach der Energiefeld-Theorie, erst nach vielen Einträgen von anstehenden Druckwellen aus dem Feld der Raum-Energie zum Schwingen, weil die Wellenlänge der Energieimpulse der Lichtstrahlung wesentlich länger ist, als der Durchmesser der Atome und Atomkerne.

Bei atomaren Vorgängen wird ebenfalls Raum-Energie in Form von Energiedruckwellen an das Feld der Raum-Energie durch Freigabe von Raumvolumen und Umwandlung von Materie in Raum-Energie in Form von Gamma-Strahlung freigegeben und mit Lichtgeschwindigkeit abgestrahlt. Hinzu kommt, je nach atomarem Umwandlungsprozess, der hochenergetische Teilchenauswurf mit der Alpha- und Beta-Strahlung, deren Teilchen aber wegen ihrer Masseeigenschaften nicht die Lichtgeschwindigkeit erreichen und durch Materie leicht abgeschirmt werden können.

Es liegen auch Hinweise vor, dass sich die Neutrinos mit Über-Lichtgeschwindigkeit durch den Weltraum und durch alle Materie hindurch ausbreiten können. Bei der Supernova 1987A kamen einige Neutrinos drei

Stunden vorher im Neutriodetektor Kamiokande in Japan an, als das Licht der Supernova auf Fotos im Observatorium in Kanada.

In der Nukleonen-Theorie entsteht somit Materie durch Unterdruck-Kondensation im Feld der Raum-Energie innerhalb der für uns gut sichtbaren Galaxien. Nach den hier postulierten Ableitungen entsteht die Materie somit in den Zentren der Galaxien. Nach der klassischen Urknall-Theorie wird ja auch von einem Anfang ausgegangen, der eine höhere, inflatorische Ausdehnungsgeschwindigkeit als die Lichtgeschwindigkeit gehabt haben müsste. Anderenfalls hätte das für uns einsehbare Universum die jetzigen Ausmaße seit 13,5 oder 13,7 Mrd. Jahren nicht erreichen können. Also wird auch damit gerechnet, dass sich das Universum im Anfangsstadium mit Überlichtgeschwindigkeit ausgedehnt haben müsste und sich dabei sogar schon sehr früh die für uns sichtbare Materie gebildet haben soll, die angeblich von der expandierenden Strömung, oder kinetischem Energieeintrag durch den Urknall, mitgerissen worden sein soll. Daraus sollen sich durch die postulierte Massenanziehungskraft die in ihre heutigen Position und Form sichtbaren materiefressenden Galaxien konzentriert haben. Somit müssten sich die Galaxien-Spiralen von dem äußeren Rand zum Inneren hin durch Einfangen von im Raum verteilter Materie aus dem Urknall aufgebaut haben. Die Materie müsste sich zu der heutigen Position im Raum auch mit Überlichtgeschwindigkeit verbreitet haben. Das kann absolut nicht stimmen, weil Materie in Form von Atomen nicht Überlichtgeschwindigkeit annehmen kann, der notwendige Energieeintrag wäre unendlich hoch. Diese Widersprüche müssten den Kosmologen und Astrophysikern doch auch selbst auffallen!

### 5.9.4 Strömende Energie und sich bewegende, geladene Elementarteilchen haben eine Feldrückwirkung zum Feld der Raum-Energie

Aus den obigen Ableitungen (Kapitel 5.9.1) ist auch die elektrische Ladung der Elementarteilchen erklärbar. Die Elektronen bilden sich aus einer Ladungstrennung mit Energieeintrag. Zwei vereinigte Up-Quarks mit der Ladung +4/3 werden durch Kippen der Spin-Achse um 180 Grad und energetischer Trennung umgeformt zu einem Down-Quark mit der Ladung -1/3 und einem Elektron mit der Ladung -3/3 unter Generierung eines Koppel-Neutrinos. Diese Vorgänge finden am Ereignishorizont des Weißen Loches der Galaxien statt, an dem Raum-Energie zu Materie kondensiert. Teilchen, die Raum-Volumen einnehmen, verdrängen das Feld der Raum-Energie und besitzen somit Masse. Masseteilchen, die sich drehen, also einen Spinor induziert bekommen haben, bilden einen Kreiseleffekt aus. Der Spinor ist ein Kreiselimpuls und somit ein Energieeintrag in die Elementarteilchen und bewirkt die elektrische Ladung. Den Kreiselimpuls haben die Teilchen schon aus der Entstehung über die Quarks mitbekommen. Die Kreiselsysteme der Quarks sind Torkado-Strudel aus strömender Energie und bilden einen Wirkungsquerschnitt aus.

Das Elektron hat den linksdrehenden, negativ postulierten Kreiselimpuls und das Proton den rechtsdrehenden, positiv postulierten Kreiselimpuls. Es gibt somit drei unterschiedliche Zustände, positiv drehend für das Proton, und dem entgegengesetzt, negativ drehend für das Elektron und dazwischen der neutrale Zustand für das Neutron, in dem aber auch eine hohe innere Energie aus der Eigenrotation eingespeichert ist. Bei dem Neutron heben sich die Drehimpulse aus den Quarks in ihrer Außenwirkung gegenseitig auf, das Neutron ist ladungsneutral.

Dieser Kreiselimpuls der Elementarteilchen sorgt für eine Art Ereignishorizont gegenüber dem Feld der Raum-Energie. Die Teilchen sind durch diesen Kreiseleffekt gegenüber dem sie umgebenden Energiefeld isoliert und bilden somit ihr spezifisches physikalisches Verhalten aus, was wir als elektrische Ladung interpretieren. Die Teilchen nehmen jetzt Volumen ein, und verdrängen das Feld der Raum-Energie über ihren Wirkungsquerschnitt. Es gibt nur die Strahlung aus dem Feld der Raum-Energie, die mit energetischer Kraft die in diesen Ereignishorizont eindringen kann und aus dem Inneren der Teilchen Energie entnehmen oder in die Teilchen induzieren kann. Die Teilchen haben eine Orientierung gegenüber dem Feld der Raum-Energie, die diese nicht vergessen und sich diesbezüglich, auch über größere Entfernungen hinweg, gegenseitig und untereinander beeinflussen. Diese Beziehungen der Orientierung zum Feld der Raum-Energie erklären so manche Besonderheiten der Quantenphysik.

Der Kreiseleffekt schnell drehender Teilchen, also strömender Energie, hat überall seinen Einfluss und seine Rückwirkungen. Kippen der Lage der Drehachse von Elementarteilchen um 180 Grad mit Änderung der Drehrichtung (siehe Stehauf-Kreisel ff), gegenüber dem Feld der Raum-Energie, hat elektrostatische Umpolung zur Folge: Elektronen werden zu Positronen, Protonen werden zu Antiprotonen und ähnliche vorübergehende Umorientierung von Teilchen zu den sogenannten Antiteilchen. Die Drehrichtung des Masse-Drehimpulses der Elementarteilchen bleibt erhalten, aber die gegenseitige Orientierung der Elementarteilchen gegenüber dem Feld der Raum-Energie, in Bezug zu den anderen Teilchen, kann umgepolt werden. Im Energiefeld der Anti-Energie finden diese Orientierungen der dortigen Materie entsprechend entgegengesetzt statt. Die Drehrichtung des Massedrehimpulses der Anti-Elementarteilchen im Feld der Anti-Energie ist somit entgegengesetzt in Bezug zu den Elementarteilchen im Feld der Raum-Energie.

**Ereignishorizonte verzerren das Feld der Raum-Energie:**
Bei atomaren Vorgängen wirken die geladenen Teilchen, die Protonen und die Elektronen, nur in ihrer Gesamtheit als Teilchen auf Energieeinträge bei elektrodynamischen Energievorgängen sowie Strahlungseinträge und Strahlungsabgabe und mechanischen Energievorgängen, wie Beschleuni-

gung und Abbremsung. Auch die paramagnetischen Neutronen schwingen mit und erhöhen die Masseträgheit der Atome als Energiespeicher. Die Teilchen im Atom hängen über ihre inneren Energiefelder feldmäßig voneinander ab. Somit sind diese Elementarteilchen ausgesprochen stabil und insbesondere durch ihre Außenwirkung, der elektrischen Ladung, aktiv und physikalisch für alle elektromagnetischen, elektrostatischen und elektrochemischen Vorgänge die alles bestimmende Voraussetzung, auch für die Biologie.

Strömt Energie strudelartig durch das Weiße Loch einer Galaxie und bildet einen Kehr-Metrik aus, oder entsteht aus Fusionsvorgängen in den Sternen starke Strahlung, die das Feld der Raum-Energie verdrängt, oder dreht sich der Atomkern mit seinen positiv geladenen Protonen, oder bilden Elektronen auf ihren Pendelbahnen um den Atomkern herum ein Raumvolumen aus, dann wird in allen Fällen ein Ereignishorizont ausgebildet. Das Feld der Raum-Energie wird im Volumen verdrängt oder verzerrt. Das Volumen der Verzerrung ist größer, als die beteiligte Materie an Eigenvolumen gemäß der Summe der Einzelvolumina der Elementarteilchen hätte. Die Ausbildung eines Ereignishorizontes, auch Wirkungsquerschnittes, ist somit ein energetisches Konglomerat, das in seiner Außenwirkung das Feld der Raum-Energie stärker verzerrt, als es die Elementarteilchen oder energetische Strömungsbereiche für sich zur Folge hätten. Energetische Schwingungs-Vorgänge in den Atomen haben jeweils für sich somit eine Rückwirkung auf das Feld der Raum-Energie über diesen Ereignishorizont, der allgemein einen Wirkungsquerschnitt darstellt (siehe auch Kapitel 4.7.7).

**Der Wirkungsquerschnitt ist eine Feldverzerrung. Dazu muss es ein inneres Feld aus strömender Energie oder Materie geben und ein äußeres Feld aus dem Raum, das auf die Feldverzerrung über Feld-Dichte und Feld-Druck einwirkt. Das gilt insbesondere für Wirbelfelder, die sich über ihren Ereignishorizont gegenüber sonstigen Feldern abgrenzen. Im Inneren der Wirbel herrschen andere energetische Verhältnisse als au-**

ßerhalb des Ereignishorizontes. Die Inertialsysteme sind separiert. Das gilt für Elementarteilchen, elektrostatische Ladungen, dichte Massenansammlungen bis hin zu den Weißen Löchern im Zentrum der Galaxien.

Massen, die aus adhäsierten Atomen bestehen, bilden nach außen hin eine Einheit und verzerren das Feld der Raum-Energie mehr, als es ihre Elementarteilchen in Summe ihrer Einzelvolumina zur Folge hätten. Aktive Sterne haben ein höheres gravitatives Potential als ihre Gesamtmasse nach einer Explosion hin zu einer Staubwolke. Die Staubwolke bildet fast keine gravitative Außenwirkung aus, weil nur noch die weit verteilten Atome oder Restmaterieeinheiten jedes für sich das Feld der Raum-Energie verzerrt und dazu noch jedes für sich einen Bahnimpuls beinhaltet. Ein schwimmendes Schiff bildet über seinen Rumpf eine Art Ereignishorizont aus. Das Gewicht des verdrängten Wassers bringt das Schiff zum Schwimmen. Die Einzelteile des Schiffes würden jedes für sich untergehen, sofern es sich nicht um Holzteile handelt.

Auch Strudel in den Medien, wie Luft und Wasser, bilden einen Ereignishorizont aus. Die Zentren von Tornados und Hurrikane, sowie durch ein Rohr ausfließendes Wasser, sind Strömungen zum Ausgleich von Energiepotentialen. Die Energie strömt durch ein Schlupfloch in einer Art Grenzschicht durch das umgebende Medium. Bewegte Masse in einem Strudel ist strömende Energie. Das Schlupfloch bildet sich aus, weil bei einer Strömung die vorangehenden Teilchen für nachfolgende Teilchen eine Sogwirkung bereitstellen, oder nachfolgende Teilchen mit höherem Energiepotential einen Druck auf vorausgehende Teilchen mit geringerem Energiepotential ausüben, auch als Lawineneffekt bekannt. Die Rotation ergibt sich mit der entstehenden Fliehkraft der Teilchen und bildet einen Strömungstrichter aus, der aber durch den Ereignishorizont begrenzt wird. Das gilt auch für strömende skalare Energiefelder.

**Gravitation und Beschleunigung, nach dem Standardmodell allgemein als Massenanziehungskraft und Massenträgheit bezeichnet, sind nicht**

durch die Masse selbst bedingt, sondern durch ihre physikalischen Eigenschaften. Diese Eigenschaften bilden sich mit der Art und Stärke der Verzerrung des Feldes der Raum-Energie durch strömende Energie aus, die an Massen gebunden ist.

**Die Elektrostatik und die starke Wechselwirkung der Elementarteilchen:** Strömende Energie bildet eine Feldrückwirkung aus. Für diesen Effekt muss es ein Gegenfeld geben, nach der Energiefeld-Theorie das Feld der Raum-Energie. Für Elementarteilchen ist die Feldrückwirkung die elektrostatische Ladung, die in der Nukleonen-Theorie als Spinor bezeichnet wird. Der Spinor sorgt mit seinem hohen Energieinhalt für ein eigenes Inertialsystem gegenüber dem Feld der Raum-Energie. Alle Arten von Quarks haben unterschiedliche elektrostatische Ladungen, die gegenüber dem Feld der Raum-Energie und in Bezug zueinander elektrostatisch gepolt sind. Die Stärke der Ladung bewirkt das energetische Masseäquivalent aus dem Drehimpuls, und somit aus dem Volumen der Feldverdrängung heraus. Die spezifische Drehrichtung bewirkt die Polung der Ladung. In Teilchenbeschleunigern und durch Höhenstrahlung können auch künstliche Quarks wie die Charm-, Top- Strange- und Bottom-Quarks und deren Quasi-Antiteilchen generiert werden. Das energetische Masseäquivalent dieser Quarks folgt aus dem inneren Energieeintrag und somit der Größe des Strudel-Systems. Bei dem Bottom-Quark erreicht das energetische Masseäquivalent 4,2 GeV. Diese übergewichtigen Quarks haben aber eine begrenzte Lebensdauer und finden sich auch nicht zu stabilen Baryonen zusammen. Anti-Quarks haben eine um 180 Grad umgepolte Drehachse. Die Ausrichtung des inneren Drehimpulses ist aber im Bezug zum Up-Quark gleich geblieben, für unser Universum als „Rechtsdrehend" im Bezug zum Entstehungsort der Quarks, dem Zentrum der Galaxie, der Milchstraße.

In dem, gemäß der SuSy erforderlichen, Antienergie-Universum sind diese Verhältnisse entsprechend entgegengesetzt gepolt, weil der Drehimpuls gegenüber unserem Universum entgegen gerichtet ist, also als „Linksdrehend" zu bezeichnen ist. Nur unter diesen Bedingungen ist die energetische Summe aus unserem Universum und dem Antienergie-Universum in Summe immer Null, von der Unendlichkeit bis hin zur Unendlichkeit, egal, wie oft diese Universen sich annihilieren oder wieder neu entstehen. Mit diesem Modell sind gemäß der Energiefeld-Theorie auch Multiuniversen-Systeme nacheinander möglich. Werden in unserem Universum die Quasi-Antiteilchen, die umgepolten Quarks, mit den normalen Quarks zur Kollision gebracht, wird Raum-Energie freigesetzt. Würden theoretisch Elementarteilchen aus unserem Universum mit den Elementarteilchen aus dem Antienergie-Universum zusammengebracht, würden sich diese Teilchen energetisch über Energieneutralisation aufheben, also gegenseitig annihilieren.

Die langlebigen Quarks sind der Ursprung der uns bekannten Materie. Das Up-Quark, ist nach der Nukleonen-Theorie ein rotierendes Strudel-System mit positiver Polung. Das Down-Quark hat die negative Polung, ebenso das Elektron. Alle Strudelsysteme, die bereits genannten Toroid- und Torkado-Strudel, können sich zu Kombinationen zusammenfinden. Es finden sich immer die gegensätzlich gepolten Quarks wechselseitig zusammen, gemäß den Gesetzen der elektrostatischen Ladung: Gegensätzliche Pole ziehen sich an. Die Quarks verbinden sich somit nach der Regel immer in Wechsel von einem rechtdrehenden mit einem linksdrehenden und daran anhängend wieder mit einem rechtsdrehenden Strudelsystem. Ebenso können sich gleichgerichtet Quarks in Reihe schalten und je nach Polung, die verschiedensten Mesonen und Pionen ausbilden. Das Elektron besteht aus der Kombination von zwei gleichgerichteten Quarks und hat somit gegenüber dem Proton ein anderes Strudel-System, einen Toroid-Strudel, was einer gegenseitigen Fusion entgegensteht. Somit gibt es in der Natur keine gegenseitige Annihilisation von Protonen und Elektronen, trotz der gegensätzlichen Polung der elektrostatischen Ladungen. Die äußeren elektrostatischen Coulomb-Kräfte zwischen den Elementarteichen, den Protonen und Elektronen, sind jederzeit wirksam, und bilden die Grundlage für die Ausformung der Atome mit dem Atomkern und der Elektronenhülle. Die Elektronen in den Atomen haben auf ihren Bahnen um den Atomkern herum und dicht an dem Atomkern vorbei eine so hohe Eigengeschwindigkeit, das die eingespeicherte Impulsenergie eine Fliehkraft auf den Kreisbahnen ausbildet, die den anziehenden Coulomb-Kräften zwischen dem Elektron und dem Proton gleichgewichtig entgegensteht. Die Coulomb-Kräfte in einem Atom wirken somit vergleichbar zu den Gravitations-Kräften in einem Sonnensystem mit Planeten und Kometen.

Eine Fusion von einem Proton und einem Elektron ist nur unter sehr hohen Energieeinträgen und hohem Felddruck in den Armen der Galaxien und Supernova-Vorgängen hin zu den Neutronensternen vorhanden, und es entsteht aus der Fusion ein Neutron. Die Fusion der Quarks kann aber nur mit einem erheblichen Energieeintrag erfolgen, weil das Zusammenfinden keine elektrostatische Anziehung gemäß der Coulomb-Kraft ist, sondern eine Fusion gemäß den Coulomb-Regeln. Die Eigenfelder der Quarks müssen sich gegenseitig, elektrostatisch gepolt, wechselseitig durchdringen, damit aus der Kombination ein Proton oder ein Neutron werden kann. Die Fusion erfolgt am Ereignishorizont der Weißen Löcher der Galaxien. Das Gleiche gilt auch für das wechselseitige Feld der mittleren Quarks von Protonen und Neutronen, um zu höherwertigen Atomen zu fusionieren. Die Fusion der Nukleonen erfolgt überwiegend in den Sternen und der Sonne, sowie bei der Kollision von Sternen und der Explosion von Sternen, der Supernova. Dieser Energieeintrag ist die Schwache Kernkraft mit ihren Wechselwirkungen zum Feld der Raum-Energie. Je nach Rückwirkung mit dem Feld der Raum-Energie ist bei zusätzlicher Feldverdrängung Energie-Eintrag erforderlich, oder bei Raumfreigabe erfolgt Energie-Freisetzung aus der Schwachen Kernkraft, der Freigabe von Raum-Energie.

**Der Stehaufkreisel:**
Ein Beispiel für den Effekt der Unabhängigkeit zwischen Drehrichtung und Richtung des Drehimpulses ist am Stehauf-Kreisel zu beobachten (siehe Wikipedia: Stehaufkreisel und Quelle 18). Der mit einem im Uhrzeigersinn rechtsrotierenden Rotationsimpuls angeworfene Kreisel kann auf seiner

großen Rundung nicht stehen und kippt rotierend zur Seite, angetrieben durch eine Abbremsstörung durch Schlupfreibung. Die Kippkraft resultiert aus der Abweichung von der Lage des Kreisel-Schwerpunktes zur Lage des Rotations-Mittelpunktes der Kreiseloberfläche im Gravitationsfeld der Erde. Die Präzessions-Kraft des Kreisels kommt zum Tragen und wird immer größer, weil die Reibung und Unwucht größer wird. Der Energieimpuls für die Rotation wurde über die senkrecht stehende Drehachse des Kreisels induziert. Jetzt kippt die zentrische Drehachse des Kreisels aufgrund der Präzessions-Kraft aus der Querkraft durch energetische Reibungsverluste. Die induzierte Energie bleibt aber in der senkrechten Drehachse orientiert, weil das Kreiselsystem eine höhere Energie induziert bekommen hat, als es seinem örtlichen Gravitations-Potential entspricht. Dadurch ergibt sich für den energetischen Rotationsimpuls eine Trennung hin zu einem eigenen Inertialsystem gegenüber der Gravitation.

**Der Rotationsimpuls von Kreiselsystemen hat ein höheres energetisches Potential als das Gravitations-Potential an diesem Ort und das Kreiselsystem bildet ein eigenes Inertialsystem aus. Das gilt für alle schnell rotierenden Kreiselsysteme im Feld der Raum-Energie, den Quarks und deren Kombinationen zu Elementarteilchen, weil strömende Energie einen Wirkungsquerschnitt gegenüber dem Feld der Raum-Energie ausbildet.**

Die Achse des Kreisels kippt über 90 Grad aus der Senkrechten. Bis zu dem Punkt wird der Drehimpuls immer mehr von der kippenden Achse der Kreisel auf die fiktive, senkrechte Achse des anfänglich induzierten Drehimpulses abgegeben. Die innere Drehachse des Kreisels hat in der horizontalen Lage keine Eigenrotation mehr. Der Masseschwerpunkt des Kreisels schraubt sich um die senkrechte Achse des induzierten Drehimpulses herum. Die Nutation aus der Unwucht von Schwerpunkt und Auflagepunkt zwingt die Kreiselachse zum weiteren Kippen über die 90 Grad. Die Auflagefläche der Kreisel beschreibt auf der Unterlage je Umdrehung eine Spiralbahn und hat ab dem Kipp-Punkt 90 Grad eine Umkehrung der

Drehrichtung des Kreiselkörpers um seine interne Drehachse zur Folge. Der Rotationsimpuls beansprucht an der Position einen größeren Raum und verzerrt das Feld der Raum-Energie mehr als im Anfangszustand, weil der Schwerpunkt um diese fiktive Induktionsachse des induzierten Drehimpulses rotiert. Der Kreisel strebt hin zur geringsten Verzerrung des Feldes der Raum-Energie. Somit kippt die Kreiselachse weiter gemäß der Präzessions-Kraft. Der Schwerpunkt des Kreisels nähert sich wieder der inneren Drehachse des Kreisels und überträgt den Rotationsimpuls immer mehr auf die innere Achse des Kreisels. Der Kreisel übernimmt die Rotationsenergie, körperlich nun aber in entgegengesetzter Drehrichtung!

Der Stift des Stehauf-Kreisels berührt jetzt die Reibfläche und der Kreisel wird noch mehr abgebremst. Die zusätzliche Präzessions-Kraft wird so stark, dass sie den Kreisel über seinen Stift aufrichtet. Der energetische Rotationsimpuls strebt zum geringsten Raumvolumen und zentriert den Kreisel, jetzt aber auf dem Stift stehend und im Urzeigersinn, wie der anfänglich induzierte Drehimpuls, rotierend. Der Schwerpunkt des Kreisels liegt nun über dem Mittelpunkt des Abrollradius. Der Stehauf-Kreisel dreht sich weiter, jetzt aber mit seinem Korpus in der entgegengesetzten Drehrichtung, wie angeworfen. Der Anwurf-Impuls war rechtsdrehend, und der auf den Stift gestellte Kreisel dreht sich wiederum im Uhrzeigersinn rechtsdrehend, obgleich er um 180 Grad gedreht wurde!

Das widerspricht der allgemeinen physikalischen Erklärung. Bei fester mechanischer Einbindung der Drehachse würde der Kreisel seine Drehrichtung beibehalten, wie beim Gyrotwister (siehe Kapitel 4.27). Der Kreisel würde nach der Umkehrung um 180 Grad dann von außen her gesehen eine Linksdrehung haben. Gemäß den traditionellen physikalischen Gesetzen, nach denen die Rotationsenergie, ebenso wie die Massenbeschleunigung bei der traditionellen Massenanziehungskraft, an die Masse der Materie gebunden ist, dreht sich auch der Rotationsimpuls mit der Lage der Masse mit. Das gilt allgemein auch für langsam drehende und mechanisch eingebundene Kreiselsysteme.

Der Stehauf-Kreisel ist aber, außer der leichten Schlupf-Reibung, frei von einer mechanischen Einbindung und kehrt seine Drehrichtung im Korpus um. Das findet statt, wenn die rotierende, senkrecht stehende Anwurf-Achse des Kreisels über 90 Grad unter die horizontale Lage kippt. Die Achse des Kreisels dreht sich dann im Abrollmodus um die senkrechte Impulsachse und der Kreisel rollt nun spiralförmig auf der unteren Hälfte der Abrollkugel des Kreisels in die Linksdrehung. Der Schwerpunkt des Kreisels liegt jetzt oberhalb vom Rotationsmittelpunkt und treibt die Umkehrung an, damit das energetische System den kleinsten Raum einnimmt. Im umgekehrt aufgerichteten Zustand des Kreisels ist die entgegengesetzte Rotation stabil, weil die Schlupfreibung auf der kleinen Abrundung des Stiftes gering ist und nur eine kleine Präzession hervorruft. Der Kreisel stabilisiert sich von selbst, solange der abnehmende Rotationsimpuls ausreicht. Der energetische Rotationsimpuls ist, um die vorherigen energetischen Reibungsverluste verkleinert, in seiner Drehrichtung erhalten geblieben und treibt den Kreisel nun weiterhin in dieser gleichen Drehrichtung des induzierten Energieimpulses an. Das Feld der Raum-Energie wird weniger verzerrt, als im gekippten Zustand.

Für den Kreisel findet keine mechanische Abbremsung auf die Drehzahl Null durch Energieentzug und Neuanwurf in die andere Richtung durch mechanische Energieeingabe statt. Der energetische Drehimpuls ist auf die Induktions-Achse konzentriert, die auch durch den gravitativen Schwerpunkt geht. Die Drehrichtung des anfänglich induzierten, energetischen Rotationsimpulses gegenüber dem Feld der Raum-Energie bleibt in seiner Wirkung somit im Schwerpunkt erhalten und treibt den Kreisel in der Richtung des rechtsdrehenden Anwurf-Impulses weiterhin an, obgleich dieser die Ausrichtung seiner Drehachse um 180 Grad geändert hat. Das ist ein Beweis für die Feldeigenschaft eines Energiefeldes, das hier wirkt. Energie nimmt keinen Raum ein, füllt aber einen Raum aus. Die Energie ist beim Kreisel in der Drehachse orientiert, die durch den rotationssymmetrischen Schwerpunkt geht. Der Wirkungsquerschnitt des Energetischen Impulses ist aber an das Feld der Raum-Energie gebunden, und wirkt durch seine Stärke in Bezug zum Feld der Raum-Energie.

Der Rotationsimpuls ist eine energetische Feldeigenschaft, genauso wie es beschleunigte Massen im Feld der Raum-Energie mit ihren translatorischen Bahnimpulsen aufweisen. Diese Feldeigenschaften der an Materie gebundenen Energie reagieren mit dem ruhenden Feld der Raum-Energie mit dem Bestreben, das geringste Energiepotential oder die geringste Feldverzerrung zu erreichen.

Strömende Energie bildet eine Feldrückwirkung aus:
Der Effekt ist mit der Ausbildung eines Wirkungsquerschnittes zu erklären, die Energie strömt und versucht den Zustand der geringsten Raumverzerrung zu erreichen. Es ist eine Art Erinnerungseffekt aus dem Energie-Erhaltungssatz und gilt für schnelldrehende Kreiselsysteme. Mit Energie aufgeladene Kreisel bilden einen eigenen Wirkungsquerschnitt mit einem unabhängigen Inertialsystem aus. Die Felder der bewegten Energie kommunizieren, und nicht die Masse für sich gegenüber anderen Massen gemäß der traditionellen Massenanziehungskraft. In der allgemeinen Literatur ist für den Effekt der Umkehrung der Drehrichtung des Stehauf-Kreisels nichts zu finden, weil bisher physikalisch unerklärbar gewesen (siehe Quelle 18 und Quelle 16: Paritätsverletzung Kapitel 7.3 ff). Mit der Energiefeld-Theorie ist eine Erklärung gegeben.

Bewegte Massen im Feld der Raum-Energie bilden ein Trägheitsmoment gegen Lageveränderungen im Energiepotential aus, allgemein als Trägheit der Masse bezeichnet. Die Massenträgheit ist somit der Blindwiderstand gegenüber dem Feld der Raum-Energie für beschleunigte Massen und nimmt erst über diesen Effekt Energie auf und speichert diese. Im Umkehrschluss setzt die Massenträgheit die eingespeicherte Energie bei Abbremsung wieder frei. Massenträgheit ist also eine Feldrückwirkung, ebenso die Paritätsverletzung.

Strömende Energie bildet somit eine Feldrückwirkung aus, die mit dem Feld der Raum-Energie in Bezug steht und nicht mit der Massenträgheit oder Massenschwere aus der Masse selbst heraus. Bei Massen bezieht sich die induzierte Energie auf den Schwerpunkt der Masse, der Wirkungsquerschnitt des Energieimpulses auf die Dichte und Form der Masse. Umlenkungen der Bahnparameter von linear, also translatorisch beschleunigten Massen durch äußere energetische Einträge haben Gegenkräfte zur Folge. Das System wehrt sich gegen diese Umlenkungen mit Fliehkräften auf die Schwerpunkte. Fliehkräfte im Feld der Raum-Energie entstehen aus laufender Kreisbeschleunigung ($1 \, m/s^2$) gemäß den Bahnparametern und sind die Folge von induzierten Energieeinträgen. Wird ein Gewicht an einer Schnur auf einer kreisförmigen Bahn herum geschleudert, ist die Fliehkraft an der Schnur messbar. Reißt die Schnur, bewegt sich das Gewicht tangential mit der induzierten Energie in der Flugrichtung linear weiter, weil die Kreisbeschleunigung weggefallen ist. Die induzierte Energie bleibt erhalten.

Das Prinzip gilt für alle beschleunigten oder abgebremsten Massen im Feld der Raum-Energie, auch für die Bewegungsbahnen von Massen auf gravitativen Äquipotential-Ebenen, wie z. B. den Planetenbahnen. Heben sich die Umlenkungskräfte aus der Gravitation mit den Fliehkräften auf, ergeben sich stabile, energetisch ausgeglichene kreisförmige Flugbahnen im Feld der Raum-Energie, auch für elliptische Bahnparameter. Änderungen der Bahnparameter bilden Blindwiderstände aus der Feldrückwirkung auf, mit dem Ziel, den geringsten Wirkungsquerschnitt zu erreichen.

Schnelldrehende Kreiselsysteme bilden ein eigenständiges Inertialsystem aus. Das Inertialsystem behält seine Lage im Feld der Raum-Energie bei, solange keine weiteren Kräfte einwirken. Kardanisch aufgehängte Kreisel behalten ihre induzierte Lage bei und dienen als Kreiselkompass in Navigationssystemen und als Gyrostate in Stabilisierungssystemen für Satteliten und auf Schiffen zur Reduktion der Krängung. Die Kreiselsysteme sind bei genügend hohem Energieeintrag unabhängig von gravitativen Kräften.

**Bei entsprechendem Energieeintrag über eine hohe Drehzahl ist die Rotationsenergie bei Kreiselsystemen größer als die potentielle Energie der Ausgangsmasse. Es entsteht ein separates Inertialsystem, das eine hö-**

here energetische Felddichte hat, als im Ruhezustand oder bei niedriger Drehzahl der Masse. Induzierte Energie bewirkt somit eine zusätzliche Feldverzerrung im Feld der Raum-Energie. Strömende Energie bildet eine Feld-Aura, einen Wirkungsquerschnitt aus, der mit dem Feld der Raum-Energie wechselwirkt.

Die bekannten Effekte der Kreiselsysteme sind über die Rückwirkung von rotierender, an die Kreiselachse gebundener Energie und dem umgebenden Feld der Raum-Energie zu erklären. Die Präzessions-Kraft, abhängig von der induzierten Energie, kann bei einem auf horizontaler Achse mechanisch eingebundenen rotierendem Kreiselrad sogar das Eigengewicht des Kreisels kompensieren. Ein an der Achse einseitig aufgehängtes und mit hoher Drehzahl rotierendes Kreiselrad gerät gegenüber einem Fixpunkt, der die Präzessions-Kraft stützt, in einen Schwebezustand. Änderungen in den Energiefeldern haben entsprechende Rückwirkungen zur Folge. Das ist an den Kreiselsystemen in der Flug- und Raumfahrtnavigation festzustellen, laufende Korrekturen werden erforderlich, wenn die Flugbahnen sphärisch gekrümmt sind und sich der Bezugspunkt durch Erdrotation und Umlaufbahn um die Sonne im Raum verschiebt.

Ebenso haben Strudelsysteme eine Art Feldrückwirkung auf sich bewegende Energie. Über den längeren Weg im Strudel für Materie und Energie bilden sich Gegenkräfte aus, die einen Brems- und Verzögerungseffekt gegenüber sich bewegenden Massen oder Energiefeldern zur Folge haben. Dieser Effekt verstärkt sogar die Strudelbildung, um die geringste Verzerrung der Raum-Energie für die energetische Strömung zu erlangen. In diesen Bereichen, die einen Blindwiderstand bewirken, kann Energie in andere Energieformen gewandelt werden. Das ist auch der Antrieb für die Ausbildung der Zentren von Galaxien. Das Weiße Loch der Galaxien ist ein Strudel aus strömender Energie und bildet infolgedessen seinen Ereignishorizont aus. Galaxien bestehen insgesamt aus strömender Energie und bilden innerhalb ihrer Grenzen eine Art Kreiselsystem aus, aufgeladen mit inneren energetischen Translations- Rotations- und Fliehkraft-Impulsen.

Somit werden auch die äußersten Schweife mitgerissen und haben die erkannte, mit den üblichen Gravitations-Formeln nicht berechenbare, erhöhte Mitdreh-Geschwindigkeit. Kunstgriffe, wie die MOND-Theorie, die von einer inneren Massenanziehungskraft von Dunkler Materie und Energie aus der Galaxie heraus ausgeht, sind somit nicht erforderlich.

**Strömende Energie und rotierende Elementarteilchen und deren Verbände bilden einen Ereignishorizont aus.** Weil Elementarteilchen gemäß der Energiefeld-Theorie kondensierte Raum-Energie darstellen, sind die sich bewegenden Elementarteilchen auch strömende Energie, ebenso Strahlung zum Transport von Energie. Strömende Energie hat einen Einflussbereich, eine Aura, und bildet darüber eine Feldrückwirkung gegenüber dem Feld der Raum-Energie aus. Strahlung bringt das Feld der Raum-Energie durch Feldverzerrung zum Schwingen und sorgt damit für den Transport von Energie.

Strudelsysteme bilden für strömende Energie einen Blindwiderstand aus, hier über den längeren Weg in der Strömung als der kürzere direkte Weg. Durch diesen Widerstand kann Energie in andere Energiearten umgewandelt werden. Das gilt auch für Strömungen von elektrisch geladenen Teilchen zur Umformung der Elektroenergie in andere Energiearten.

### 5.9.5 Die Coulomb-Kraft

Die Außenwirkung der elektrischen Ladung von Protonen und Elektronen ist als Coulomb-Kraft allgemein bekannt. Die Coulomb-Kraft ist eine elektrodynamische Wechselbeziehung. Die Eigenschaften ergeben sich aus den Kreiselgesetzen, insbesondere der Stabilität über die Masseträgheit und der mechanischen Kontaktlosigkeit aufgrund fehlender äußerer Reibung gegenüber „Irgendetwas". Rotierende Teilchen sind bewegte Energie und bilden somit ihr eigenes, statisches Feld aus, das sich vom Feld der Raum-Energie separiert und eigenständige Beziehungen und Wechselwirkungen aufzeigt.

Die elektrodynamischen Felder beanspruchen kein Raum-Volumen, füllen aber einen Raum aus.

**Die Energiedichte der elektrischen Ladung in den Ladungsträgern, den Elektronen und Protonen, ist wesentlich dichter als im Feld der Raum-Energie. Somit sind Ladungsträger durch ihren inneren Spin eigenständige Energiesysteme. Das ist vergleichbar zu Kreiseln als Träger von Rotations-Energie und ihrem eigenen Inertialsystem infolge der höheren Energiedichte, als die Verzerrung des Feldes der Raum-Energie durch das Objekt.**

Die elektrostatischen Feldkräfte sorgen auch dafür, dass sich die gleichnamig geladenen Teilchen gegenseitig mit starken mechanischen Kräften abstoßen. Es muss erst ein Teilchenbeschleuniger eingesetzt werden, um Kollisionen zu ermöglichen. Dabei werden aber die Teilchen zu Forschungszwecken zerstört und bilden keine Verschmelzung, sondern neue kurzlebige Teilchen und Energieimpulse, wie die Z- und W-Bosonen, Quasi-Antimaterieteilchen, Mesonen und Pionen und höherwertige Fermionen sowie Neutrinos.

Ebenso gibt es auch keine Verschmelzung zwischen einem Proton und einem Elektron zur Ladungskompensation. Ihre Zusammensetzung und das Rotationsverhalten sind zu unterschiedlich. Von daher ist das Wasserstoffatom sehr stabil, weil es keine Kraft gibt, die das Elektron in das Proton einschießt. Es fehlt der Energieeintrag des vorher bei der Entstehung des Elektrons abgegebenen Koppel-Neutrinos (siehe Kapitel 5.9.1). Trotzdem wird das negativ geladene Elektron vom positiv geladenen Proton mit sehr großer Coulomb-Kraft angezogen. Die Coulomb-Kraft bildet eine Oberflächenwirkung aus, wie bei einer elektrostatisch aufgeladenen Kugel. Bei den Atomen umkreisen die Elektronen den aus Protonen bestehenden Atomkern auf Pendel- und Schleifenbahnen mit etwa zweidrittel Lichtgeschwindigkeit. Die Fliehkraft auf die Elektronen aus der Kreisbeschleunigung und das Rotationsverhalten der Elementarteilchen sorgen dafür, dass kein Kontakt mit den Protonen des Atomkernes stattfinden kann. Hat das Atom Elektronenüberschuss, bildet es eine elektrostatisch negative Ladung aus, hat das Atom Protonenüberschuss, bildet es eine elektrostatisch positive Ladung aus.

Das Vorhandensein unterschiedlicher Polaritäten ergibt sich aus dem Naturgesetz der Bipolarität für das Feld der Raum-Energie und dem Antienergiefeld und auch der jeweils darin enthaltenen Materie und Antimaterie. Die Bipolarität ergibt sich aus dem Symmetriegebot in der Physik bis hin zur irdischen Natur. Protonen und Elektronen haben unterschiedliche Polaritäten und entstehen aus einem Vorgang der Potentialtrennung. In der internen Summe heben sich die Potentiale und die Bipolaritäten gegenseitig auf und bilden vom Äußeren aus gesehen auf Ewig das Nichts.

Sich bewegende Energie, auch strömende Energiefelder, induzieren eine Feld-Rückwirkung. Rotierende Energieteilchen sind somit bewegte Energie. Dazu gehören die Quarks mit ihrer durch Energieeintrag verschränkten Drittelspin-Beziehung zueinander, innerhalb der Nukleonen, und daraus abgeleitet den Protonen und Elektronen. Die Lage und das Verhalten der Quarks in den Elementarteilchen bestimmen das Spinor-Verhalten und die daraus resultierenden elektrostatischen Felder. Es bilden sich statische Felder aus, die über die Coulomb-Kraft feststellbar sind. Die Felder haben einen vergleichbaren Wirkungsbereich wie Gravitationsbereiche in Bezug auf ihre Massen oder Ladungen. Somit sind die mathematischen Beziehungs-Gesetze mit den Gravitations-Gesetzen vergleichbar (siehe Kapitel 4.7.6). Die rotierenden Elementarteilchen, Protonen, Elektronen und auch ionisierte Atome, kommunizieren jeweils untereinander über die Coulomb-Kraft. Der Wirkungsbereich der Coulomb-Kraft hält die Teilchen in Bewegung. Gleichnamige Polaritäten stoßen sich ab, ungleichnamige Polaritäten ziehen sich an. Die Coulomb-Kräfte sind im Nahbereich der Elementarteilchen, und bei kleinen Materieeinheiten über die Van-der-Waals-Kräfte, wesentlich stärker als die Kräfte aus der Gravitation, bezogen auf die gleiche Masseeinheit. Somit bestimmen die elektrodynamischen Kräfte die Verhältnisse im Atomkern und nicht gravitative Kräfte, die etwa von Gravitonen oder Higgs-Bosonen nach den heute gültigen Standard-Theorien ausgehen sollen.

**Die abstoßende Coulomb-Kraft:**
Diese Rückwirkung der Abstoßung gleichnamig polarisierter Teilchen ergibt sich aus dem Gesetz der Entropie, denn die vorliegende Energiedichte strebt zu einer geringeren Energiedichte, also der Verteilung hin in einen größeren Raum, und somit hin zu einem größeren Abstand zwischen den statisch gleichnamig geladenen Teilchen. Das ist die allgemein bekannte Abstoßung zwischen gleichnamig elektrisch geladenen Teilchen oder energetischer Strömungen und energetischer Strahlung.

**Die abstoßende Coulomb-Kraft ist die elektrostatische Reaktion auf zu hohe Energiedichte und somit eine Feldrückwirkung. Die abstoßende Coulomb-Kraft ist das physikalische Gesetz der Entropie, die geringere Energiedichte zu erreichen.**

Die Naturgesetze der Entropie (nach Ludwig Boltzmann) sind auch die Grundlage für die Ausdehnung des Feldes der Raum-Energie und bewirken somit auch die Strömungen im Skalarfeld der Raum-Energie. Die Umwandlung des Feldes der Raum-Energie in den Aggregatzustand der Materie benötigt mehr Volumen und verdrängt das Feld der Raum-Energie. Das hat Ausgleichsströmungen zur Folge, der Raum muss sich somit ausdehnen. Das Universum ist ein dynamisches System und die bewegte und strömende Energie hat Feldrückwirkungen zur Folge.

Strömende Energie hat Feldrückwirkungen zur Folge. Strahlung ist strömende Energie und wird mit Druck- und Dichtewellen im Feld der Raum-Energie verbreitet. Energiepotentiale wollen sich ausgleichen. Die ungebundene Energie hat das Bestreben, sich immer mehr fein zu verteilen, die Grundlage der Entropie.

**Die anziehende Coulomb-Kraft:**
Werden elektrostatisch ungleichnamig geladene Teilchen in die Nähe ihres Wirkungsbereiches gebracht, wird die anziehende Coulomb-Kraft wirksam. Ungleichnamig geladene Teilchen ziehen sich energetisch an. Die Wirkungsbereiche streben hin zum energetischen Ausgleich, dem geringsten Raumvolumen für das gemeinsame Energiepotential. Gegensätzliche Ladungen mit Plus und Minus ziehen sich an. Das physikalische Besterben ist, die Neutralisation zu erreichen. Die Potentialtrennung durch induzierte Energie, also die Spannung, soll ausgeglichen werden.

**Die anziehende Coulomb-Kraft ist die elektrostatische Reaktion, gegenpolig getrennte Ladungen auszugleichen. Der Ausgleich ist das Bestreben, die Potentialtrennung und die damit verbundene Feldrückwirkung abzubauen. Die anziehende Coulomb-Kraft ist das physikalische Gesetz der Enthalpie hin zum geringsten Energiepotential. An Materie gebundene Energie strebt hin zum geringsten Energiepotential, der geringsten Verdrängung im Feld der Raum-Energie. Das ist die Grundlage für die Gravitation von Massen.**

Das Naturgesetz der Enthalpie, das Streben hin zum geringsten Energiepotential, ist die Grundlage für die Gravitation im Feld der Raum-Energie. Somit kann man auch die Gravitation als Ladungstrennung verstehen, aus der sich eine Spannung aufgebaut hat, die sich ausgleichen will. Bei der Gravitation besteht die Ladungstrennung aus dem unterschiedlichen Energiepotential der Massen untereinander, ausgehend vom Entstehungspunkt der Materie, für uns das Zentrum der Milchstraße. Wird die Gravitation wirksam, verdichtet sich die Materie und gibt dabei sogar Energie in Form von Wärmestrahlung und Rotationsenergie frei. Verdichtete Materie in Form von Sternen und Planeten haben immer einen inneren Rotations-Impuls aus dem Vorgang der Verdichtung, den Pirouetten-Effekt.

Das Gleiche gilt auch für nahe zueinander gebrachte Materie und Atome. Die Van-der-Waals-Kräfte werden wirksam. Die Valenzelektronen kommen zum Tragen und es bilden sich Materie-Adhäsionen aus. Die Adhäsionskräfte bilden Materieverbände und Kristallisationen aus, und die Valenzelektronen bilden die chemischen Verbindungen aus. Dabei wird die Materie verdichtet und über diese Vorgänge Raum-Energie freigesetzt, allgemein als Kristallisations-Wärme oder Verbrennungs-Wärme bekannt.

**Die Bewegung geladener Teilchen:**
Wird am Anfang einer sehr langen Leitung ein elektrischer Spannungssprung eingespeist, erscheint dieser Spannungssprung unverzüglich am anderen Ende der Leitung. Das elektrostatische Feld der Elektronen sorgt dafür, dass sich die Teilchen infolge ihrer abstoßenden Coulomb-Kraft nicht zu nahe kommen. Wird in einem Leiter ein Teilchen durch eine Feldrückwirkung angestoßen und im Weg verschoben, hat das sofort Rückwirkung auf alle anderen Elektronen in dem Leiter. Die Information wird mit fast Lichtgeschwindigkeit, abhängig von den Leitungskonstanten, weitergegeben. Das ermöglicht sehr hochfrequente Informationen über die elektrischen Leitungen zu übertragen. Werden elektrostatisch geladene Teilchen, Protonen, Elektronen und ionisierte Atome, durch kinetischen Energieeintrag bewegt oder beschleunigt, treten elektrodynamische Feldrückwirkungen auf. Dem kinetisch induzierten Strom von geladenen Teilchen oder energetischen Strömungen wird eine Gegenkraft entgegengestellt, es ist das elektromagnetische Feld.

**Das magnetische Feld ist die elektrodynamische Reaktion auf sich bewegende, elektrostatisch gleichnamig geladene Teilchen oder Energieströme. Die Gegenkraft zu dem Energiestrom, dem elektrischen Strom, ist das magnetischen Feld und somit das physikalische Bestreben, den Ruhezustand zu bewahren oder zu erreichen. Das magnetische Feld bildet einen Blindwiderstand für sich bewegende Ladungen aus, also eine Feldrückwirkung.**

Bewegte geladene Teilchen, hier die freien Elektronen in elektrischen Leitern und leitenden Gasen, induzieren auch eine Feldrückwirkung zum

Feld der Raum-Energie in Form von Strahlung. Der durch Energieeintrag im elektrischen Leiter hervorgerufene Elektronenstrom muss in diesem Leitermaterial von Atom zu Atom in Form von Abgabe und Aufnahme der Elektronen über die Atomhüllen des leitenden Materials übertragen werden. Der Vorgang wird auch als Rekombination bezeichnet und hat Schwingungen in den beteiligten Atomen zur Folge. Diese Schwingungen im Wirkungsquerschnitt der Atome haben energetische Strahlung, allgemein die Infrarotstrahlung, also Wärmestrahlung zur Folge. Ebenso entsteht die Funkstrahlung in Sendeantennen aus diesen Vorgängen. Die Strahlung wird an das Feld der Raum-Energie abgegeben und weitergeleitet. Stromdurchflossene Drähte oder Gase erwärmen sich. Je nach Stromdichte kann die Erwärmung auch Licht in allen Frequenzbereichen hervorbringen, wie bei der Glühlampe, oder ultraviolette Strahlung, wie innerhalb der Leuchtstofflampe oder Schwingungen der Atome im p-n Übergang bei der Leuchtdiode.

**Die energiegetriebene Bewegung geladener Teilchen ist die Grundlage für die Nutzung der Elektroenergie auf allen Sektoren. Die energetische Beziehung hängt mit dem elektromagnetischen Feld, und über das Schwingen der Atome, auch mit dem Feld der Raum-Energie zusammen.**

Wie Elektronen, sind auch die Neutrinos gemäß traditioneller Definition Elementarteilchen. Im Gegensatz zu den Elektronen haben die Neutrinos aber keine Ladung. Somit haben diese Teilchen bei ihrer Bewegung im Feld der Raum-Energie auch keine Feldrückwirkung, weder elektrodynamische Felder noch Druckwellen im Feld der Raum-Energie. Das Gleiche gilt auch für das Neutron, denn sich bewegende Neutronen bilden keine elektrodynamischen Felder aus, weil sie die elektrostatische Ladung Null haben. Die Neutronen haben aber im Gegensatz zum Neutrino eine Masse und unterliegen somit den Gesetzen der Massenträgheit und der Gravitation. Außerdem sind Neutronen paramagnetisch und reagieren somit auch auf magnetische Einflüsse. Sie bilden Paarbildungen mit den Protonen aus. Demzufolge gehen Schwingungen der Protonen auch auf die Neutronen über und erhöhen die Fähigkeit von Energie-Speicherung und Energie-Abgabe über die höhere, mit eingebundene Masseeigenschaft der Neutronen. Die Nukleonen, die Protonen und Neutronen selbst sind über die energetischen Eigenfelder der Quarks feldorientiert verschränkt, also über die Starke Kernkraft (siehe Kapitel 5.9.1; Die Nukleosynthese).

**Die Trennung geladener Teilchen:**
Werden elektrostatisch gleichnamig geladene Teilchen durch Energieeintrag voneinander getrennt, treten elektrostatische Felder auf. Je höher die Anzahl der getrennten Teilchen und je größer der Abstand, desto höher das elektrostatische Spannungspotential. Dadurch wird das elektrische Feld aufgespannt, das einen Potentialausgleich hin zum geringsten Potential anstrebt.

Die Ladungstrennung kann mechanisch durch Strömungen, wie bei einem Blitz, durch Reibung wie bei einem Influenzrad, durch chemische Reaktionen wie bei einem Akkumulator oder durch Induktion wie bei einem Generator erfolgen. Der eine Pol hat Elektronenüberschuss und ist negativ geladen, der andere Pol hat Elektronenmangel und ist somit positiv geladen. Der Elektronenstrom zum Ausgleich der Potentiale zwischen den Polen fließt im äußeren Stromkreis von Minuspol zum Pluspol. (Das ist für viele Elektriker widersinnig, denn sie hatten in der Schule etwas anderes lernen müssen. Auch heute noch fließt dort der Strom von Plus nach Minus!).

**Das elektrische Feld ist die elektrostatische Reaktion auf die im Weg getrennten elektrostatisch gleichnamig geladenen Teilchen oder Energiefelder. Die Gegenkraft ist die elektrische Spannung, die einen Ausgleich hin zum Abbau der energetischen Potentiale anstrebt.**

Treten Änderungen in einem Feld auf, ob elektromagnetisch oder elektrostatisch, ergibt sich eine elektrische Induktion in benachbarten Feldkreisen. Felder sind in sich nicht selbständig, sondern voneinander abhängig und beeinflussen sich in der Art, das geringste Raumvolumen und das geringste Energiepotential anzustreben. Zum Abbau der Potentiale fließen energetische Ströme, die aber immer einen Widerstand zu überwinden haben und damit einer Feldrückwirkung unterliegen. Dadurch kann Energie zu anderen Orten übertragen oder Energie in andere Energieformen gewandelt werden. Das gilt auch für Materieströme, zum Beispiel dem Wasserstrom in den Flüssen, was nach der Energiefeld-Theorie aus dem Druck im Feld der Raum-Energie abgeleitet werden kann, der allgemein bekannten Gravitation. Dieser Druck kann über Wasserrohre Energie zu anderen Orten übertragen oder mit Wasserkraftwerken in Elektroenergie gewandelt werden.

**Die atomare Bindungswirkung der Coulomb-Kraft:**
Die Adhäsion von Atomen der uns bekannten Elemente beruht ebenfalls auf den Gesetzen der Coulomb-Kraft. Die Elektronen auf den äußeren Schalen bilden über dem Wirkungsquerschnitt der Atome elektrostatische Bindungskräfte aus, die abstoßende und anziehende Effekte haben können. Die Bindungen können zweipolig sein, hervorgerufen durch dasselbe Elektron. Das Elektron kann auf der einen Seite des Atoms negative Ladung ausstrahlen und nach dem Schwingen durch das Atom auf der anderen Seite eine positive Ladung ausstrahlen, weil sich der Spin des Elektrons bei jedem Durchgang von $-\frac{1}{2}$ auf $+\frac{1}{2}$ ändern kann und dann wieder zurückdreht. Es ist zu vergleichen mit der Schleifenbahn eines flachen Bandes, das an einem Ende der Schwingungskeule gegenüber der anderen Seite um den Atomkern herum in sich verdreht ist. Die Ursache ist, wie erwähnt, die inneren magnetischen Felder aufgrund der sich bewegenden Elektronen nach dem „Außen" hin zu neutralisieren. An dem einen Ende der Schwingungsbahn hat das Elektron dann eine negative Ladung und nach dem Schwingen durch das Atom auf der gegenüber liegenden Seite eine positive Ladungswirkung. Das erklärt sich aus dem beschriebenen Stehauf-Kreisel-Effekt (siehe Der Stehaufkreisel). Somit bilden die Atome nach dem „Außen" hin sowohl abstoßende und auch anziehende Coulomb-Kräfte aus. Die jeweiligen Winkel der Elektronenbahnen zuei-

nander bestimmen dann die Struktur der Kristalle und Moleküle. Das ist die Voraussetzung für die meisten chemischen Verbindungen, die es ohne diesen Effekt so nicht geben würde, z.B. die Wasserstoffbrücke.

Die Besetzung der äußeren Schalen und das Schwingungsverhalten der Elektronen auf diesen Schalen und deren Verteilung sind die Grundlage für die atomaren Bindungen. Die Bindungen führen zur unstrukturierten Adhäsion, zur amorphen Sinterung, zu der strukturierten Kristallbildung der Atome von Elementen untereinander und zur Bildung von chemischen Verbindungen und Molekülen aus den verschiedenen Elementreihen der Materie. Die Atome müssen möglichst frei beweglich vorliegen und sich räumlich sehr nahe kommen. Es muss ein gegenseitiger Ruhezustand vorübergehend vorliegen, damit die Coulomb-Kräfte wirksam werden können. In fester Materie richten sich auch die Elektronenbahnen so aus, dass eine möglichst enge energetisch, und somit raumsparende Verbindung zu Stande kommen kann. Das ist die Grundlage für die Sinterung oder Kristallisation. Die atomare Bindung hat somit das Bestreben, den kleinsten Raum im Feld der Raum-Energie einzunehmen.

**Bei der Adhäsion, der Sinterung und der kristallinen und chemischen Reaktion der Atome untereinander wird Energie in Form von Wärme abgestrahlt. Das ist die Freisetzung von Raum-Energie aus dem freigegebenen Volumen infolge der Konzentration der Atome miteinander, der sogenannten Gravitations-Energie.**

Der Wirkungsquerschnitt der Verbindung ist kleiner, als die Atome in ihrer vorherigen Verteilung im Raum eingenommen haben, und das gilt sogar für die Verdichtung von Materie durch mechanische Pressung. Beim Kaltschmieden verdichtet sich das Material und gibt Wärmestrahlung ab. Ohne diese Bedingungen würde keine mechanische Bremse wirken können, denn es ist nicht die sogenannte Reibung oder Abrieb von Material, sondern die Wechselwirkung der Coulomb-Kräfte, die letztendlich wirken, auch bei Abrieb von Material.

Die hier genannten, allgemein bekannten Zusammenhänge sind wiederum ein Beweis für die Energiefeld-Theorie, die eine Erklärung für die physikalischen und chemischen Gesetze bereitstellt.

## 5.10 Woher könnten die Galaxien kommen?

Vorerst ist die Frage zu klären, wie entstehen Strudel. Strudel entstehen bei Ausgleich von Energiepotentialen. Beim System von Zyklonen mit Aufwinden entstehen in extremen Fällen auch Tornados und Zyklone. Warme und damit spezifisch leichte Luft am Boden der Erde will einen Ausgleich schaffen zu der kalten, dichteren Luft in Höhe der Wolken. Es bauen sich erhebliche Unterschiede im Luftdruck auf, die nach einem Ausgleich suchen. Es entstehen Aufwinde und Fallwinde. Dieser Ausgleich kann nicht sofort umfassend erfolgen, sondern nur in einem Prozess, da die räumliche Ausdehnung der unterschiedlichen Medien sehr groß ist und ein sofortiger Durchmischungs-Vorgang von daher über eine Art Trennschicht verzögert wird.

Im Normalfall steigt die warme feuchte Luft über Aufwinde zu den kälteren Luftschichten gemäßigt stetig auf und bildet in der kalten Schichtung die Wolken. Die in der warmen Luft gasförmig enthaltene Feuchtigkeit kondensiert in den Wolken zu größeren Nebeltropfen aus Wasser. Die Nebeltröpfchen sind zwar schwerer als die verdrängte Luft, werden aber durch die Aufwinde und die Grenzflächen zwischen warmer und kälterer Luft mit unterschiedlichem Luftdruck in Schwebe gehalten. Die Nebeltröpfchen haben ihr individuelles Energiepotential durch die Aufwinde mitbekommen. Erst bei weiterer Abkühlung durch Konvektion an kalten Schichten in großen Höhen kondensieren die Nebeltröpfchen zu immer größeren Gebilden. Es bilden sich Wassertropfen durch Kumulation, die so schwer werden, dass sie den Schwebezustand trotz Aufwind und Luftdruckunterschieden verlassen und zur Erde als Regen fallen. Die kalten Schichten in großen Höhen entstehen durch Wärmeabstrahlung in den Weltraum hinaus.

Bei gewaltigen Druckunterschieden steigen die Geschwindigkeiten der Aufwinde erheblich und es kann sich in einem Zentrum ein Wirbel ausbilden, der unter Einfluss der Scherwinde einen Tornado zündet. Im Wirbel erhöht sich die Geschwindigkeit der Moleküle erheblich und bewegt sich infolge von Stauaufbau in Spiralen, dem Wirbel als energetisch kleinsten Raum, nach oben. Der Ausgleich der warmen zur kalten Luftschicht erfolgt somit durch ein Schlupfloch schneller. Durch diese Spiralbewegungen im Wirbel entstehen Fliehkräfte auf die Moleküle und es bildet sich der Schlauch aus, der im Inneren wegen Nachschubmangel an Molekülen einen erheblichen Unterdruck ausbildet. Dieser Unterduck saugt noch mehr warme Luft an und die Feuchtigkeit kondensiert infolge des Unterdrucks zur Wolkenbildung schon in dem Schlauch. Der aufsteigende Wirbel des Tornados ist somit als Schlauch Richtung Wolke sichtbar und es kondensiert im Inneren die Feuchtigkeit infolge des Unterdrucks, der sogenannten Unterdruck-Kondensation.

Beim Wasser gibt es ähnliche Wirbelbildung. Beim Auslaufen der Badewanne oder am Abflussrohr eines Stauwassers bilden sich umgehend Wirbel aus. Das Wasser mit hohem Energiepotential von der Wasseroberfläche bis hin zum Abfluss auf niedrigerem Energiepotential strebt zum Ausgleich des Energieniveaus. Die Bewegungsgeschwindigkeit der Moleküle erhöht sich im Wirbel, hat aber Fliehkräfte zur Folge, die den Trichter ausbilden, der auch Luft nachsaugt und somit Unterdruck im Wasser hervorbringt. Der Wirbel sorgt somit für schnelleren Energieausgleich durch ein Schlupfloch, stellt aber in sich eine zeitliche Verzögerung dar und benötigt dafür Energie wegen der höheren Reibungsverluste.

Die Erkenntnisse aus der Wirbelbildung können auch zur Erklärung der Entstehung von Galaxien beitragen. Eine Annahme ist, das Feld der Raum-Energie besteht aus geschichteten Blasen, die zwiebelartig geschichtet gegenüber dem Universum der Anti-Energiewelt aufgebaut sind. An der Trennschicht zwischen Anti-Energiewelt und unserer Energiewelt wird laufend Raum-Energie nachgeliefert, was den Energiedruck aufbaut. Der

Vorgang ergibt sich theoretisch durch eine fortlaufende Potentialfluktuation der Nullpunktenergie.

Die inneren Schichten der Raum-Energie im Universum stehen unter verschieden hohem Energiedruck. Der höchste Druck ist an der Basis, geringere Energiedrücke infolge von Ausdehnung sind in den älteren äußeren Zwiebel-Schichten. Zwischen den Schichten bilden sich gewisse Trennflächen aus, auf denen sich die Galaxien verteilen (Hinweis Quelle 11). Von daher gibt es Zonen, in denen der Energiedruck sehr hoch ist und eine Umwandlung in Materie schon aus diesem Grunde verhindert wird und Zonen mit geringerem Energiedruck, die eine Entstehung von Materie über einen Vorgang der Unterdruck-Kondensation ermöglichen.

**Materie ist nach der Energiefeld-Theorie kondensierte Raum-Energie. Somit besteht Materie aus strömender Energie. Strömende Energie hat Feldrückwirkungen zum Feld der Raum-Energie zur Folge, was das Masseverhalten und elektrodynamische Verhalten der Materie erst ermöglicht.**

Das Feld der Raum-Energie hat in einer Schicht das Verlangen, sich zu den Schichten mit geringerem Innendruck auszugleichen. Der Ausgleich zwischen den unterschiedlichen Energiedruck-Bereichen im Feld der Raum-Energie ist nicht ohne einen länger andauernden Prozess möglich. Es bilden sich an den Grenzflächen sogenannte Trennflächen und Schlupflöcher aus, die in Form von Wirbelbildung den Druckausgleich zwischen den Schichten einleiten. Die Wirbelbildung ist dermaßen energieintensiv, dass sich gewaltige Strudelsysteme bilden, die infolge Unterdruck-Kondensation auch als Kondensat die Raum-Energie über Zwischenbausteine, vielleicht über die Quarks und deren Co, in Materie umwandeln können. Die nun mit Masse behaftete Materie wird aus den Wirbeln infolge der Fliehkraft aus dem Zentrum der Galaxie ausgestoßen und verstärkt ihrerseits den Unterdruck im Rotations-Zentrum. Der Unterdruck saugt Raum-Energie nach und verstärkt damit die Wirbelbildung und somit die Umwandlung der Raum-Energie in Materie.

Gemäß den Theorien von Albert Einstein bewirkt negativer Druck im Universum eine abstoßende Gravitation. Demnach würde die Materie aus den Zentren der Galaxien direkt abgestoßen. Hinweis Quelle 3, Seite 318.

Hier können die bisher aufgestellten Theorien zur Entstehung von Materie aus der traditionellen Urknall-Theorie eingeflochten werden, um die Vorgänge in den Schwarzen Löchern der Galaxien abzuleiten. Die bisherige Urknall Theorie geht aber bei der Bildung von Materie von einer Abkühlung der Ur-Suppe aus. Was war aber vor dieser Ur-Suppe aus Elementarteilchen, vielleicht doch ein Energiefeld?

**Die Materie ist nach der Quastschen Energiefeld-Theorie kondensierte Raum-Energie und nimmt für sich mehr Raum ein, als das Potentialfeld der Raum-Energie selbst an Raum-Volumen ausfüllt, und verdrängt somit die Raum-Energie durch ihr Eigenvolumen. Von daher steht Materie unter einem immensen Druck, der in der Lage ist, die Atomkerne auch bei höchsten Temperaturen zusammenzuhalten.**

Diese aus Quarks und Co oder Strings generierte Materie, zunächst Plasma mit Wasserstoff, wird in den Zentren der Galaxien generiert (siehe Kapitel 5.9) und aus den Zentren der Galaxien kontinuierlich in Schweifen oder Scheiben, mit ungeheurer Energie behaftet, ausgeschleudert. Die üblichen, inneren zwei Balken der Galaxien werden wiederum von magnetischen und elektrischen Feldern gebildet und geformt, die ihrerseits von den hochenergetischen Strömungen aus ionisierten Teilchen aus dem Weißen Loch der Galaxien hervorgerufen werden. Die Strömungsgeschwindigkeit des Plasmas liegt beim Ausstoß aus dem Weißen Loch nahe der Lichtgeschwindigkeit. Ähnliche Effekte sind bei den senkrechten Sonneneruptionen zu beobachten, die ionisierten Plasmateilchen bilden ihren eigenen Strömungskanal aus, in der Form vergleichbar zu einem Tornado.

In dem Plasmastrom aus dem Zentrum der Galaxie heraus ergeben sich in dem Strömungskanal Kollisionen der Materieteilchen, wobei die ersten

Fusionsprozesse hin zu höherwertigen Elementen als Wasserstoff eingeleitet werden. Wasserstoff fusioniert zu Deuterium und Tritium, woraus sich Helium und auch Lithium bilden. Freie Nukleonen und ionisierte Atome fangen sich zur Rekombination freie Elektronen ein und bilden weitere stabile Atome und Ionen. Diese Vorgänge haben eine Verdichtung des Plasmas zur Folge. Es bilden sich Cluster aus, die somit in ihrer Fluchtgeschwindigkeit ausgebremst werden. Die Fusionsvorgänge in den Balken der Galaxien haben Energieverluste durch Strahlung zur Folge, die das Plasma auch „abkühlt" und damit in der Fluchtgeschwindigkeit erheblich verlangsamen. Das Plasma und die Elektronen unterliegen einer Abbremsung und geben eine Bremsstrahlung ab. Somit strahlen die Balken der Galaxien heller als die fusionierten jungen Sterne in ihren Ansammlungen in den Schweifen der Galaxie. Die Verdichtung wird immer stärker und führt zu einem Kulminationspunkt, die den Anfang der zwei Schweife der Balkengalaxie ausbilden. Als Beispiele für junge Balken-Galaxien sind zu nennen NGC 1365 und NGC 1300 (siehe Wikipedia: NGC 1365).

Dieser Anfang der zwei gegenüberliegenden Spiralen der Galaxie wird nun infolge der langsam beginnenden Eigenrotation des Gesamtsystems der Ellipse aus dem Weißen Loch der Galaxie laufend neu gebildet und beschreibt eine Kreisbahn im Raum. In dem Kulminationspunkt verdichten sich überwiegend die abgebremsten Atome und schon fusionierten Atome aus den inneren Balken der Galaxie. Der Kulminationspunkt ergibt sich aus der Verlangsamung der Atome infolge des Überganges von kinetischer Energie zu immer mehr potentieller Energie gegenüber der Gravitation aus dem Zentrum der Galaxie. Ein hoch geworfener Stein auf der Erde hat auch seinen Kulminationspunkt und fällt zur Erde zurück, sofern die Fluchtgeschwindigkeit unterschritten ist. Die im Kulminationspunkt nicht abgebremsten leichteren Atome fliegen weiter in der Ebene der Galaxie vom Zentrum hinweg und durchmischen weiter außenliegende und überholte ältere Teile der spiralförmigen Schweife. Das führt zu Zwischenarmen in den Schweifen der Galaxie und bewirkt die verstärkte Entstehung von neuen Sternen.

Durch Kollision und magnetische Felder unter die Fluchtgeschwindigkeit abgebremste Plasmateilchen und Atome, die sich nicht zu Sternen durch Akkretion und Adhäsion zusammenfinden konnten, fallen zu einem Teil über einen äußeren Bereich der inneren Balken der Galaxie, dem Bulge, auch wieder zurück zu dem Zentrum der Galaxie infolge der Gravitation aus dem Zentrum. Diese leichte Materie aus Plasma, Wasserstoff- bis hin zu Helium-Atomen, wird erneut in das Zentrum mit der Strömung der Raum-Energie eingesaugt. Die Materie wird dann zu einem Teil wieder durch den Unterdruck in den Strömungsbereichen der Kerr-Metrik in Raum-Energie zurückgewandelt und erneut in die Balken der Galaxie ausgeworfen. Diese Schleier von leichten Atomen sind in den Bildern von NGC 1365 und NGC 1300 zu erkennen.

Die nun sehr verdichteten Spiralen folgen verlangsamt dem Drehimpuls aus den Balken der Galaxie und der verlangsamten Fluchtgeschwindigkeit aus dem Materiestrom der Balken. Die durch Akkretion entstandenen größeren Einheiten von Materie, dichte Materiewolken, Sterne und Sternhaufen, unterliegen dann auch der starken Gravitation aus dem Zentrum des Weißen Loches der Galaxie. Die Materiewolken werden weiter abgebremst und bleiben in der Ebene der Galaxie die allgemein sichtbaren aufgewickelten Schweife. Die verdichteten Objekte folgen der Drehung des Zentrums verlangsamt, haben aber ihren Fluchtimpuls weg vom Zentrum der Galaxie weiterhin beibehalten. Daraus entstehen die sich ausdehnenden, immer größer werdenden Spiral-Strukturen der Balkengalaxien. Eine allgemeine Gravitation der Spiralen zueinander besteht nicht, weil ihre Entstehungsorte unterschiedlich sind und jedes Objekt sein eigenes Energiepotential gegenüber dem Zentrum der Galaxie gemäß der Genealogie von Energieeinträgen und Energieabgabe mit sich trägt.

Innerhalb der Schweife der Galaxien, insbesondere der Anfänge der Spiralen, bilden sich durch Wegkollision, gravitativen und elektromagnetischen Einfangmechanismen immer größere Materiecluster aus. Rotierende Plasmascheiben ziehen sich zusammen, bilden den Pirouetten-Effekt aus und rotieren im Inneren immer schneller, was strake magnetische Felder zur Folge hat. Die Felder fangen wiederum immer mehr ionisiertes Plasma ein. Ab einer bestimmten Dichte und Größe zünden dann unzählig viele Sterne nach den theoretisch gut erforschten Bedingungen und Lebenszyklen. Diese Effekte erfolgen aber auch in den schon älteren Teilen der Spiralarme, weil immer ein Gemisch aus fusionierter Materie und noch freiem Plasma vorhanden ist.

Die vor einer Rotation gebildeten Schweife werden nach einigen hundert Millionen von Jahren von dem sich schneller drehenden Balkensystem der Galaxie überholt, weil die Schweife auf einer immer länger werdenden Spiralbahn langsamer folgen. Nicht alles Plasma wird am Anfang der Schweife abgefangen. Somit strömt das restliche Plasma weiter hinaus zu den vor einer Umdrehung des Zentrums gebildeten Schweifen der Galaxie. Es erfolgen Kollisionen von bereits gebildeten Sternen mit jungem Plasma und es bilden sich Zwischenarme zu den Spiralarmen. Insbesondere durch diese Störungen bilden sich zusätzliche Materieverdichtungen und Cluster aus, und es zünden weitere Sterne. Schon gebildete ältere Sterne und Sonnen werden durch das Einfangen von zu viel Plasma sogar überfüttert und explodieren. Damit wird eine Unmenge von galaktischem Staub aus höherwertigen Elementen gebildet, der in diesen Zonen große Staubansammlungen zur Folge hat. Diese interstellaren Staubwolken sind in allen Galaxien zu sehen.

Ein Teil des Plasmas wird, je nach Situation vorübergehend, dermaßen aus der Bahn geworfen, dass es die Rotationsebene der Galaxie verlassen kann und sich aus den konzentrierten Umlenkstrahlen im Hallo der Galaxie Kugelsternhaufen und sogenannte Nebengalaxien, z.B. die Magellanschen Wolken, bilden können. Diese folgen somit auch der Rotation der Galaxie, aber auf anderen Bahnen, als die Schweife.

Es gibt sehr unterschiedliche Formen von Galaxien. Die interne Rotations-Ellipse, an deren Enden die Materie in zwei entgegengesetzten Strahlen ausströmt, hat in jeder Galaxie eine eigene Drehgeschwindigkeit und Auswurfgeschwindigkeit. Langsam drehende Systeme bilden weitläufige Balken-Galaxien aus (siehe M109), schnelldrehende mehr oder weniger eng aufgewickelte Galaxien-Systeme, bis hin zu scheibenförmigen (siehe NGC 2841) oder kugelförmigen Materieansammlungen, wie den Quasaren. Die Klassifizierung der Galaxien in elliptische Galaxien, Balkenspiralen, eng aufgewickelte Spiralen oder irreguläre Galaxien ergeben sich aus den Bedingungen, wie entsteht die Materie im Weißen Loch, wie schnell dreht sich das Weiße Loch gegenüber dem äußeren Feld der Raum-Energie. Welche Druckunterschiede und Strömungen im Feld der Raum-Energie gleicht der Wirbel durch das Weiße Loch aus und mit welcher Geschwindigkeit wird die Materie aus dem Weißen Loch ausgestoßen. Ebenso wirken äußere Kräfte von Nachbargalaxien über Kollisionen oder das Einsaugen von Altmaterie aus dem intergalaktischen Raum durch das Weiße Loch hindurch ein. Dieses ist wieder davon abhängig, welche Strömungen des Feldes der Raum-Energie vor Ort auf die Galaxien einwirken und auch die Struktur der Spiralarme auf ihrem Weg im Raum mitbestimmen: Beispiele sind Arp 87, die Nachbargalaxie NGC 3808B saugt den Arm der Hauptgalaxie NGC 3808A durch das Zentrum und stößt einen Teil der Materie umgeformt wieder aus. In Arp 273 durchmischt eine kleine Galaxie in einem Schweif die Materie auf ihrer Flugbahn, auch in Arp 194. Die Materie wird danach stark kumuliert und es bilden sich große Cluster aus. Bei Arp 194 ist die Nebengalaxie UGC 6945 nicht beteiligt, da sehr weit dahinter liegend.

Die Rotations-Ellipse kann durch Verschiebung der Strömungen des Feldes der Raum-Energie auch pendeln, denn es gibt auch schraubenförmige Galaxiengebilde (siehe UGC 10214, die Kaulquappen-Galaxie). Galaxien mit pendelnden elliptischen Strudeln, durch Kippen der inneren Achse gegenüber der anfänglichen Ausrichtung, bilden nur sehr schwache, schraubenförmige Galaxienarme aus, die kaum eine Kumulierung der Wasserstoff- und Helium-Atome zu größeren Materieeinheiten, wie dicht gedrängte gezündete Sterne mit Materiewolken hervorbringen. Es fehlen die Sekundärströmungen von Materie aus dem Balken der Galaxie und den innenliegenden Teilen der Spiralarme, die in normalen Galaxien für zusätzliche Materie sorgen. Die nicht kumulierte Materie geht somit für eine verdichtete Ausbildung der Schweife einer üblichen Galaxie verloren und fliegt fein verteilt in den Intergalaktischen Raum hinaus. Das ist zu sehen an dem Galaxiensystem UGC 10214 und Arp 273. Neben der Hauptgalaxie UGC 1810 hat sich eine kleine junge Nebengalaxie UGC 1813 gebildet. Durch die Strömung im Feld der Raum-Energie hin zur kleinen Nebengalaxie wird ein Spiralarm der Hauptgalaxie aus der Rotationsebene gezogen und es bildet sich für die Galaxie eine schraubenförmige Struktur aus. Die Galaxienarme sind somit nur schwach mit kumulierter Materie angefüllt (siehe Wikipedia: UGC 10214 und Arp 273).

Bei älteren Galaxien ist die Rotation des inneren Wirbels im Weißen Loch zum Stillstand gekommen. Materie wird immer weniger generiert und die Galaxie entwickelt sich im Inneren zu einer mehr und mehr elliptischen Galaxie, weil die bis dahin generierte Materie mit ihrem Materiestrahl in den äußeren Teilen der Schweife der Altgalaxie noch ihre Flugwege aus der mitgegebenen Impulsenergie hat. Die Gesamtheit der Galaxie wird mehr und mehr, immer noch elliptisch verzerrt, aufgebläht, leicht zu beobachten an dem Andromeda-Nebel, trotz der Seitenansicht und sonstigen Galaxienresten von Altgalaxien. Die Zwerggalaxienreste und Kugelhaufen außerhalb der Gravitationsscheibe des Andromeda-Nebels sind inzwischen sehr weit außerhalb gewandert, was ein Hinweis auf das höhere Alter gegenüber der Milchstraße ist.

Aktive Galaxien werden durch die sich drehenden, inneren Materiestrahlen gleichmäßig kreisförmig aufgebläht. Es gibt aber auch fast stehende elliptische Galaxien, bei denen die interne Strudel-Ellipse nur sehr langsame oder auch schwankende Eigendrehungen ausführt, aber immer weniger Raum-Energie in Materie verwandelt wird. Als bekanntes Beispiel ist die Galaxie NGC 1407 zu nennen. Die Materiedichte ist um das gestorbene interne Weiße Loch der elliptischen Galaxie schichtweise sehr hoch und behält die interne Ellipsenform des ehemaligen aktiven Weißen Loches in der Impulsrichtung bei. Zum äußeren Rand hin nimmt die Materiedichte ab, ist aber wesentlich höher und diffus im Raum gleichmäßig verteilt, als bei den üblichen Spiralgalaxien. In der elliptischen Galaxie NGC 1407 ist für uns das interne Weiße Loch natürlich nicht sichtbar, weil in seiner Wirkung längst stehen geblieben, aber die sich über Hunderttausende von Lichtjahren im Durchmesser erstreckende Ellipse aus Materie, ist in ihrer Schichtung sehr gut zu erkennen. Es ist anzunehmen, dass die Galaxie NGC 1407 im inneren Weißen Loch seit Milliarden von Jahren nicht mehr aktiv ist. Die generierte Materie hat aber immer noch ihre Ausstoß-Geschwindigkeit in Richtung hinweg vom Zentrum. Somit wird die innere Ellipse immer größer und für uns in der ehemaligen Form sichtbar. Das System NGC 1407 ist ein Beweis für elliptische Strudelformen im Inneren des Weißen Loches der üblichen aktiven Galaxien, deren Zentren wir nicht einsehen können.

Besonders chaotische Verhältnisse bilden sich aus, wenn durch das Zentrum der Galaxie mit dem Strömungsfeld der Raum-Energie Materie aus einer benachbarten Galaxie mitgerissen wird. Ein Beispiel dazu ist die Galaxie M 87. Auf der für uns nicht sichtbaren Seite wird Fremdmaterie in das rotierende Zentrum der Galaxie eingesogen und über den inneren Strudel aus Gründen der Fliehkraft auf die Fremdmaterie in die Rotationsebene der M 87 umgelenkt. Ein kleiner Rest der Fremdmaterie wird auf der uns zugewandten Seite der M 87 aus dem Zentrum in Form eines schmalen Plasmastrahls mit dem Strömungsfeld der Raum-Energie ausgeworfen.

Die Galaxie wird in ihrer Ebene durch diesen Eintrag von Fremdmaterie erheblich aufgeladen, aufgebläht und verdichtet. Übliche Balken und Schweife sind nicht mehr zu erkennen. M 87 ist eine diffuse Galaxie von Typ E0, beinhaltet erheblich mehr Materie als unsere Milchstraße und ist etwa doppelt so groß in der Ausdehnung. Es bilden sich durch Umlenkeffekte ungewöhnlich viele und sehr große Kugelsternhaufen im Hallo der Galaxie aus. Auch die Radiostrahlung aus der M 87 ist besonders hoch. Diese Verhältnisse der unterschiedlichen Galaxienbildung sind somit aus der hier aufgezeichneten Energiefeld-Theorie erklärbar.

Der Energiestrom der sich ausgleichenden Raumenergie-Felder für den Druckausgleich zwischen den Druckgrenzen der Raum-Energie steht senkrecht zur Akkretions-Scheibe der Galaxien, strömt also durch das Zentrum hindurch und bildet das Weiße Loch aus. Das ist das Schlupfloch zum Ausgleich unterschiedlicher Druck-Felder der Raum-Energie im Universum.

Die Eigendrehung der Galaxien, ihre Lage und ihre Formen sind sehr unterschiedlich, denn auch die Trennflächen der unterschiedlichen Druck-Bereiche im Feld der Raum-Energie sind in ihrer Lage nicht gerade auf einer Kugel angesiedelt, sondern wohl eher auf stark strukturierten Zwischenschichten. Nach den heutigen Erkenntnissen sind die Galaxien auf bestimmte Regionen verteilt und bilden sogenannte Wolken. Man spricht von Seifenblasen-Regionen, die zusammenhängen. An deren Trennschichten sind die Galaxien halbkugelförmig verteilt, aber mit den dazwischen liegenden gewaltigen Leerräumen, den sogenannten voids. Hinweis Quelle 11.

Man kann davon ausgehen, dass es im Feld der Raum-Energie auch eine Art Wetter gibt, das die Trennschichten verschiedener Energiedruck-Bereiche im Raum vielfältig verschiebt. Daher gibt es verschiedenste Lagen der Galaxien im Universum. Dem ausgesendeten Licht der Galaxie können wir aber nicht ansehen, ob und wie es durch unterschiedliche Bereiche der Raum-Energie mit unterschiedlichem Energiedruck abgelenkt worden sein könnte, denn wir kennen nicht die wahre Position der jeweiligen Galaxie. Das Licht und sonstige Strahlung haben ihre eigenen Wege im Raum, bedingt durch Äquipotential-Wege mit gleichem Druck im Feld der Raum-Energie und zusätzlich dem Bogen aus der Veränderung der Position des Objektes im Universum aufgrund der Entfernung seit Milliarden von Lichtjahren. Wir sehen über die Strahlung nur die Vergangenheit aus der Zeit, als die Strahlung entstand und nach der Laufzeit von Milliarden von Jahren nun endlich auch bei uns ankommt.

Es gibt Galaxien, die aktiv sind und noch immer größer werden und solche, die stehen geblieben sind. Diese Alt-Galaxien ( z. B. die Andromeda-Galaxie, Hinweis Quelle 9 ) wandeln weniger Raum-Energie in Materie um. Sie entwickeln sich aber im Inneren infolge der Kollisionen von Materie, die ja ihre Impulsenergie behält, weiter und werden auch zu elliptischen oder irregulären Galaxien. In dem von uns aus einsehbaren Universum sind Galaxien zu sehen, die bis zu 13 Milliarden von Lichtjahren entfernt sind und noch in ihrer Anfangsentwicklung stecken, die ihrerseits auch schon Zeit benötigt hatte. Es gibt Vermutungen, dass unser Energie-Universum etwa 30 Milliarden Jahre alt sein könnte. Diese Frühgalaxien haben sich natürlich in ihrer Form, Struktur und Position über die 13 bis 14 Milliarden von Jahren der Lichtdurchleitung bis heute schon längst zu gewaltigen Feuerrädern weiterentwickelt oder haben sich schon längst wieder aufgelöst. Aber bis uns deren Licht von deren heutigen wirklichen Struktur erreicht, ist unser Sonnensystem schon längst untergegangen und gibt Stoff für neue Welten.

**Durch das Weiße Loch der Galaxien strömt Raum-Energie:**
Leider kann uns das Licht und sonstige Strahlung als Informant nicht das Feld der Raum-Energie und ihr Verhalten in Bezug zu den Galaxien darstellen. Es gibt jedoch konstruierte Beispiele. Das Lichtbild einer von der schrägen Seite sichtbaren Galaxie wird kombiniert mit einer Aufnahme im Radio- und Röntgen-Frequenzband. Hier ist bei der Galaxie Centaurus A zu sehen, wie sich der Bereich der hochenergetischen Strahlung wie zu einem Trichter in Richtung senkrecht zum Zentrum der Galaxie hin verdichtet und auf der Rückseite wiederum als sich ausdehnender Wirbel aus dem Schwarzen Loch der Galaxie herauskommt. Die Ursache kann sein, dass die Röntgen- und Radiostrahlung, die aus der Scheibe der Galaxie abgestrahlt wird, von Dichtegrenzen im Feld der Raum-Energie im Nahbereich der Galaxie reflektiert wird und so einen Teil des Feldes der Raum-Energie in Bereichen von unterschiedlichem Energiedruck indirekt sichtbar werden lässt. Ebenso kann es sein, dass im Strömungsbereich der Raum-Energie aus der Region vorhandene intergalaktische Materieteilchen von einer untergegangenen Galaxie mitgerissen werden, an denen Strahlung aus der nahen Galaxie reflektiert wird und somit einen Indikator

für die Strömungen darstellt. Ebenso kann durch Kollision der Fremd-Materieteilchen in dem sich verdichtenden Feld der zusammenströmenden Raum-Energie die hochfrequente Strahlung entstehen. Eine weitere Bildzusammenstellung für eine Starburst-Galaxie im Infrarot-Licht liegt jetzt auch mit der Aufnahme des Weltraumteleskops „Herschel" vor, das die strudelartige Strömung von Materie durch das Zentrum der Galaxie darstellt (Hinweis: Herschel PACS von DLR/ Esa).

Das Feld der Raum-Energie scheint somit senkrecht zur Rotationsebene der Galaxie trichterförmig hindurch zu strömen. Es hat die Form von einem Strudel im Feld der Raumenergie, der einen Jet-Stream von Raum-Energie durch das Schwarze Loch, dem Zentrum der Galaxie, hindurch ausbildet. Die Galaxie selbst wird durch den Eintrag von fremder Materie in ihrer Ebene natürlich erheblich aufgeladen, was sich durch vergleichbar viel mehr interstellarem Staub in dieser Galaxie bemerkbar macht.

Nach der klassischen Theorie wird dieser Reflexionsbereich bei der Galaxie Centaurus A als Auswurf von Materieteilchen oder sogar als Antimaterie interpretiert. Hinweis Quelle 9. Demnach wird dieser Bereich als Materiestrom aus dem Zentrum der Galaxie nach beiden Seiten ausgestoßen und soll auch als Beweis für die Dunkle Materie und Antimaterie herhalten. Das ist nach der Quastschen Energiefeld-Theorie, wie hier postuliert, anders zu sehen.

Diese hochenergetische Strahlung reflektierenden Bereiche füllen Räume aus, die wesentlich größer sein können als die Galaxie selbst. Es gibt auch Bereiche im Sternbild Fische, wo ganze Galaxienhaufen mit ähnlichen Strahlungsgürteln umringt sind. Auch hier kann es sich um Reflexionen von hochenergetischer Strahlung an Dichtegrenzen in dem Potentialfeld der Raum-Energie handeln. Ein ähnliches Bild gibt es auch von einem Quasar, im Bereich der Röntgen-Strahlung. Hinweis Quelle 6, Seite 14 und 17, Quelle 7, Seite 60 ff.

Auch neueste Interpretationen der Strahlungs-Messungen in der Nähe von Galaxien stimmen mit der hier aufgestellten Energiefeld-Theorie überein, dass es sich bei diesen Erscheinungen um verdichtete Bereiche von Materie im Feld der Raum-Energie senkrecht zu beiden Seiten der Galaxien-Ebenen handeln könnte. Der Artikel „Doppel-Blasen im Herzen der Milchstraße" stellt eine Interpretation der Messungen von Strahlungserscheinungen im Bereich von Gamma-Strahlungen durch das NASA-Teleskop Fermi dar, die sich im Bereich um unsere Milchstraße herum erstrecken und Dimensionen von über 50.000 Lichtjahren umfassen sollen. Ebenso sind die Bilder von der Galaxie und Radio-Quelle Centaurus A zu interpretieren mit dem Titel „Doppel-Geysir im All". Hinweis Quelle 6 und 9.

Dieses Bild stimmt mit der aus logischer Ableitung zur Entstehung von Galaxien entwickelten Grundlage der Quastschen Energiefeld-Theorie überein. Es sollten von daher wesentlich weitergehende Aufnahmen im Universum für die verschiedensten Strahlungsarten zusammengestellt und überlagert werden, um diese Vorgänge besser zu verstehen und die Ursachen zu erforschen und abzuleiten. Siehe auch Kapitel 5.1: Wie entsteht eine Galaxie im Potentialfeld der Raum-Energie?

Ebenso ist anzumerken, dass ein Vorhandensein von Dunkler Materie nicht von Nöten ist, mit der die hohe Mitdreh-Geschwindigkeit der äußeren Galaxienarme gegenüber den traditionellen Berechnungen erklärt wird. In den Bereichen der Galaxien dreht sich auch das Energiefeld mit und treibt die nach außen hin langsamer werdenden Objekte an, wie ein Hurrikan oder Zyklon die gewaltigen Wolkenwirbel in unserer Atmosphäre. Deshalb ist keine Dunkle Materie mit ihrer Massenanziehungskraft erforderlich, um auch diesen Effekt im Feld der Raum-Energie zu erklären. Es gibt aber auch sonstige Strömungen durch die Veränderungen im Feld der Raum-Energie, die Verzerrungen der üblichen Struktur der Galaxien bewirken. Aber für uns unsichtbare Materie gibt es im Universum natürlich in ungeheuren Mengen, die aber nicht zur Korrektur der klassischen Gravitations-Gesetze herangezogen werden muss.

Quasare sind sehr weit entfernte und somit weit rotverschobene, stark strahlende junge Galaxien. Diese Galaxien stehen noch am Anfang ihrer Entwicklung. Wir sehen deren Strahlung aus der Zeit, als die ersten Galaxien vor 8 bis 12 Milliarden Jahren anfingen, sich zu entwickeln. Somit gibt es auch keine Quasare in geringeren Entfernungen. Durch die großen Entfernungen werden die Spektren der Galaxien mit unterschiedlicher Rotverschiebung verzerrt. Das weist auch auf die Tatsache hin, dass Strahlung, je nach Energieinhalt, unterschiedliche Laufzeiten im Feld der Raum-Energie haben kann oder unterschiedlich geschwächt wird. Die Spektrallinie für den Wasserstoff weist über die Rotverschiebung eine andere Entfernung aus, als die Spektrallinie für den Sauerstoff. Das ist ein Hinweis auf die degenerative Rotverschiebung durch die langen Laufwege der Strahlung aller Arten im Feld der Raum-Energie (Hinweis Quelle 17, S. 227/228).

Somit steht auch die Verlässlichkeit der Entfernungsmessung von weit entfernten Objekten allein über die Rotverschiebung in Frage. Eigenbewegung der Objekte, Dehnung des Raumes in unserem Universum, Alterung der Strahlungsenergie, Laufwege der Strahlung im gekrümmten Feld der Raum-Energie, Einfluss von Dichte und fein verteilter Materie im Laufweg der Strahlung, das alles sind Einflussfaktoren auf die Strahlung und ihrer Frequenz und Intensität. Wenn wir diese Strahlung wahrnehmen und analysieren, sollten diese Einflüsse mit beachtet werden. Trotzdem können wir mit den heutigen Erkenntnissen dank der technischen Möglichkeiten sehr zufrieden sein. Dahinter steckt eine gewaltige Leistung der Menschheit.

## 5.11 Wie haben wir unsere Erde relativ zu dem Universum zu sehen?

Der mit sehr empfindlichem, vielfältig gestaltetem biologischen Leben angefüllte Planet Erde ist in dem Gesamtsystem Galaxie beweisbar vorhanden, sonst gäbe es uns nicht. Es gibt Orte im Universum, die diese und ähnliche Bedingungen erfüllen können, wo und wie oft, steht in den Sternen. Ein direkter Beweis außerirdischen Lebens wird uns in Anbetracht unserer technischen Mittel und den unüberwindbaren Entfernungen niemals gelingen.

**Ein biologischer Lebensraum, wie auf unserem Planeten Erde, ist im Universum sehr selten, aber nicht unmöglich, da wir in diesem System möglich sind!**

Das Zentrum unserer Milchstraße ist sowieso wegen vorgelagerter Materie für uns nicht sichtbar. Das ist der Erde Glück, denn wenn der Materiestrahl aus dem Zentrum der Galaxie im Laufe der Jahrmillionen ab und zu mal in Richtung Erde zeigt, weil sich das Zentrum schneller dreht als die Schweife folgen können, wäre vorübergehend ein lebensbedrohlicher Partikel-Strom durch unser Sonnensystem hindurch zu erwarten (siehe auch Kapitel 5.1). Die vorgelagerten Staubwolken schirmen aber diese energiereichen Partikel-Ströme weitgehend ab. Deshalb sind biologisch belebbare Planetensysteme nur in den älteren Teilen der Spiralarme der Galaxien anzunehmen, wo auch alte ausgebrannte Sterne und Sonnen und somit Altmaterie aus Sonnenasche mit ihrer Elementen-Reihe vorhanden sind. Das Leben kann sich daher nur entwickeln, wenn Partikel-Strahlung aus Galaxienzentren oder einer Supernova durch interstellare Materiewolken abgeschirmt sind. Dazu trägt insbesondere auch das Erdmagnetfeld und die Erdatmosphäre bei, wodurch energiereiche Partikel-Strahlung abgeleitet und abgeschirmt wird. Die Licht- und Wärmestrahlung und sonstige energiereiche Strahlungen aus einem Zentralstern, für den Planeten Erde ist das die Sonne, muss so gering eingestellt sein, dass in genügender Verfügbarkeit Wasser in flüssiger Form vorhanden sein kann. Bei unserer Erde hat dazu auch der Mond mit beigetragen, ansonsten würde sich die Erde wesentlich schneller drehen, sodass ein Leben in der heutigen Form wohl in der Art nicht möglich wäre. Das Leben auf dem Planeten Erde hängt aber insbesondere von der Tatsache ab, dass die Elemente Wasser und sauerstoffhaltige Atmosphäre in lebensfreundlichen Temperaturbereichen vorhanden sind und durch die Gravitation auf der Erde gehalten werden können. Diese Lebensbedingungen sind weder auf dem Mars noch auf der Venus gegeben.

Wenn man das heutige Wissen aus der Kosmologie anerkennen will, ist das Schicksal des Planeten Erde aus den physikalischen Abläufen bereits vorbestimmt. Alles Leben auf Erden hat nachweislich ein begrenztes Existenzfenster. Die Vergangenheit über vier Milliarden Jahren ist erforscht, die Zukunft für die nächsten vier Milliarden von Jahren ist prognostizierbar.

# Kapitel 6:
# Folgerungen

Die Wissenschaft der Kosmologie sollte auch für weitere Lösungsansätze über die Entstehung des Universums und unserer Welt offen sein. Das verkrampfte Festhalten an dem bisherigen Urknall-Szenario und deren Begründung, dass alle Energie und Materie von Anfang an auf einen Schlag nach einigen wenigen Bruchteilen von Sekunden und innerhalb der ersten 300.000 Jahre in Bezug zu dem Alter von 13,5 Milliarden Jahren seit dem Urknall dagewesen sein sollte, muss auch aus anderen Perspektiven gesehen werden. In der neueren Literatur wird inzwischen auch über Multi-Universum-Systeme nachgedacht. An dem Systemdenken mit der Massenanziehungskraft der Materie untereinander wird aber bisher weit und breit nicht gerüttelt.

Nach den bisherigen Theorien sollen das Licht und andere Strahlung Photonen oder elektromagnetische Wellen sein, wobei auch die Übertragung über Milliarden von Lichtjahren nicht geklärt ist. Hilfskräfte wie Dunkle Materie und Dunkle Energie dienen als Lückenbüßer für mathematisch unerklärliche Verhältnisse, abgeleitet von der angeblichen Massenanziehungskraft der Materie. Die Unendlichkeit in den mathematischen Ableitungen setzt den Erkenntnissen unüberwindbare Grenzen.

Insbesondere wird es auch nicht möglich sein, alle Vorgänge in mathematische Ableitungen zu zwängen, um damit das Universum zu erklären und zu beweisen. Mathematische Ableitungen setzen immer eng definierte Rahmen-Bedingungen voraus und grenzen von daher vieles aus, was dann aber nicht die Wirklichkeit beschreiben kann. Mathematik beschreibt, nach vorangegangener Determination, eigentlich nur die Beziehungen von verschiedenen Größen zueinander in ihren Veränderungen und den daraus folgenden Rückwirkungen auf andere beteiligte Größen, gemäß den Beziehungsregeln, die mit den Formeln abgeleitet werden sollen. Aber die

Größen selber sind schon Kompromisse, Maßstäbe und Definitionen in Bezug auf die Realität und dürfen sich in der Zeit der Gültigkeit der mathematischen Ableitung selbst nicht verändern. Das ist aber praxisfremd.

In der hier vorgestellten Quastschen Energiefeld-Theorie sind diese Begriffe Dunkle Materie oder Dunkle Energie zur Korrektur der mathematischen Berechnungen nicht von Nöten. Die Newtonschen Regeln aus der Massenanziehungskraft lassen sich auf die Energiefeld-Theorie und deren Definition der Gravitation als Energiepotential übertragen. Die bisherigen mathematischen Newtonschen Gesetze gelten sowieso nur für den Fall der Beziehung zwischen zwei Massen. Es muss ein geografischer Bezug zum Raum-Mittelpunkt der größeren Masse bestehen. Die Massen müssen dabei auch noch von sehr unterschiedlicher Größe sein, damit die Rechenergebnisse der Praxis nahe kommen. Die Praxis sieht aber überwiegend anders aus, als es die Mathematik bisher zu erschließen vermag. In der bisherigen Kosmologie wird angenommen, alle Materie und damit alle Massen haben Bezug zueinander, egal wie weit sie auseinanderstehen. Bei Albert Einstein wird die Rückwirkung zumindest auf die Lichtgeschwindigkeit begrenzt und ist damit nicht mehr instantan wie in den Newtonschen Gesetzen.

Aber auch Albert Einstein hatte sich mit der Einführung seiner Kosmologischen Konstante darüber Gedanken gemacht, dass es eine abstoßende Gravitationskraft geben müsse, damit nicht alles in sich zusammenfällt und ein statisches Universum ermöglicht. Mit der von Edwin Hubble entdeckten Ausdehnung des Universums wurde diese Konstante von ihm wieder fallen gelassen. Aber immerhin ist die allgemeine Aussage seiner Relativitäts-Theorien, dass der Raum gekrümmt wird und zwar durch die Raum-Zeit und von Masse, dem Druck und der Energie, die den Raum verzerren. Leider gibt es aber bis heute keine verständliche Interpretation dieser Zusammenhänge, außer man arbeitet sich in die Formeln der Einsteinschen Relativitätstheorien ein.

Die von Albert Einstein hier genannten Begriffe sind auch in der Quastschen Energiefeld-Theorie Bestandteil des allgemeinen Verständnisses der Zusammenhänge. Nach der Energiefeld-Theorie haben die Massen einen Bezug zueinander, und zwar über ihr individuelles Energiepotential in Bezug zu ihrem Entstehungsort und ihrem Einfluss auf die Verzerrung des Potentialfeldes der Raum-Energie und nicht über eine Art Schwerkraft oder Massenanziehung untereinander oder der sogenannten „Dunklen Materie" oder „Dunklen Energie". Das Gesetz von der Erhaltung der Energie ist oberstes Gebot. Woher die Energie kommen könnte und wohin sie geht, wurde in Kapitel 4 beschrieben.

**Die gesuchte „Dunkle Energie" ist das Potentialfeld der Raum-Energie gemäß der hier aufgezeigten Quastschen Energiefeld-Theorie. Das Feld der Raum-Energie ist gekrümmt, entwickelt sich weiter über die Zeit und hat immensen inneren Druck. Die aus der Raum-Energie generierten Masseansammlungen verzerren das Feld der Raum-Energie in Form von Potential-Schichtungen. Materie mit ihrer Masseneigenschaft ist ein Aggregat-Zustand der Energie: $E = m c^2$.**

Die Energiefeld-Theorie ermöglicht es, die Entwicklung der Galaxien mit einem neun Rechenmodell ohne die Einbeziehung der „Dunklen Materie" darzustellen. Es ist die Entwicklung der Energiepotentiale der Materie, ausgehend vom Zentrum der Galaxie, bis in die äußeren Teile der Schweife aufzurechnen. Das Potentialfeld ist ein Energie-Feld und hat eine Feldstärke, ausgedrückt über den Beschleunigungsfaktor in [$m / s^2$]. Leider sind der Druck und die innere Geschwindigkeit und die damit zusammenhängenden Feldparameter von dem Energiefeld noch nicht bestimmt.

Wie aus der Struktur der Galaxien, der Struktur der sich über Akkretion verdichtenden Materieansammlungen zu Sternen, Sternhaufen, Sonnen und Planetensysteme, der Zusammensetzung der Atome, der Zusammensetzung der Elementarteilchen und der Zusammensetzung der Quarks festzustellen ist, sind alles Strudelsysteme. Insbesondere ist die Atomhülle mit seinen Elektronenbahnen ein vielseitig gestaltetes Strudel-System. Diese Strudelsysteme setzen sich fort in der Ausbildung der Moleküle, der Kristalle, der biologischen Struktur aus der DNA/DNS bis hin zum Aufbau der Zellen, Pflanzen, Früchte und Lebewesen, bestimmt über die Form der Strudelsysteme der Elektronen um die Atomkerne herum. Auch die Luftströmungen bis zur Ausbildung von Tornados und die laminaren Wasserströmungen bis hin zu den weltweiten Schleifen der Meeresströmungen sind für sich gesehen Wirbelsysteme. Alles sind zueinander in Beziehung stehende Strukturen, sogenannte Fraktale. Somit kann das für uns einsehbare Universum bis hin zu unserem Planeten Erde mit seiner Vielfalt an Leben als ein voneinander abhängiges System von strömender Energie in Form verschiedenartiger Strudelsysteme angesehen werden. Das ist vergleichbar zu den Mandelbrot-Mengen, in dem sich die Hauptstruktur immer wieder in den untergeordneten Mengen aufgrund der abhängigen Rückkoppelungen fortsetzt (siehe Wikipedia Mandelbrot-Menge).

## 6.1    Offene Fragen, die zu klären sind

Die bisherigen Theorien geben keine schlüssige Antwort auf die Frage, wie entsteht Materie in den Galaxien, deren Systeme im Universum mit erheblichen Abständen zueinander unregelmäßig verteilt sind und sich als aktive Materie-Produzenten in unterschiedlichsten Formen zur Zeit laufend weiterentwickeln.

Die bisherigen Theorien geben keine schlüssige Antwort auf die Frage, was ist Licht und wie wird Licht und sonstige energetische Strahlung generiert und empfangen.

Die bisherigen Theorien geben keine schlüssige Antwort auf die Frage, wie und warum wird Licht und sonstige Strahlung gleichzeitig in beliebige Richtungen übertragen, und das über die uns bekannten Milliarden von Lichtjahren hinweg.

Die bisherigen Theorien geben keine schlüssige Antwort auf die Frage, was ist der Grund für die sogenannte Massenanziehungskraft und warum hat Materie eine Masse und setzt jeder Bewegungsveränderung und somit Beschleunigung eine Kraft entgegen.

Die bisherigen Theorien geben keine schlüssige Antwort auf die Frage, woher kommt die Energie bei der Kernfusion und atomaren Kernspaltung und wie wird diese Energie übertragen.

**Mit der hier vorgestellten Energiefeld-Theorie wird zumindest auf die obigen Fragen eine mögliche Antwort gegeben.**

In der hier aufgestellten Energiefeld-Theorie ist der zentrale Punkt in der Frage zu finden, wo bleibt der direkte Beweis. Wenn das möglich wäre, wären die obigen Abhandlungen nicht erforderlich und aus der Theorie schon längst ein bewiesenes Wissen geworden und andere wären schon längst darauf gekommen. Von daher sind nur indirekte Hinweise möglich, denn eine Theorie ist noch lange kein Faktum. Aber logische Ableitungen sind auch Hinweise zum möglichen Faktum.

Die Energiefeld-Theorie leitet sich aus der logischen Folgerung ab, von nichts kommt nichts. Da die Raum-Energie mit keinen uns zur Verfügung stehenden Sinnen und physikalischen Reaktionen und Messgeräten aufgrund der Unschärferelation erfassbar ist, bleiben nur die indirekten Hinweise, denn wir selbst sind ein Teil davon und werden von ihr durchdrungen und sie hält die Atomkerne zusammen. Es besteht aber die Hoffnung mit der zukünftigen Wissenschaft auch zu praktischen Beweisen für diese Theorie zu gelangen. Selbst die Quanten-Theorie und die String-Theorien konnten noch nicht durch Messung bewiesen werden, weil die Messung selbst die Ursache, die gemessen werden soll, verbraucht. Das Verhalten der Teilchen ist dermaßen statistisch, dass alle klassischen Mess-Methoden versagen.

Wie kann etwas nachgewiesen werden, hier das Feld der Raum-Energie, was das für uns einsehbare Universum ausfüllen soll, aber selbst keine Masse besitzt und keine messbaren direkten Wechselwirkungen mit der vorhandenen Materie anzeigt. Von daher ist die Raum-Energie nicht direkt nachweisbar. Es bleiben nur Sekundär-Effekte übrig, um Hinweise auf die Existenz der Raum-Energie zu geben.

## 6.2  Meine Behauptungen zur Existenz der Raum-Energie

**1. Unser Universum ist von einem Energiefeld ausgefüllt**
Gemäß der Energiefeld-Theorie© ist die Raum-Energie ein Skalarfeld. Das Energiefeld ist ein Potentialfeld mit unterschiedlichen Druck- und Dichtebereichen und wird von der Raum-Energie ausgefüllt. Das Feld der Raum-Energie ist latente Energie, nach Albert Einstein ($E = + m^*c^2$), und aus Symmetriegründen als Gegengewicht dem gegenübergestellt, ein Antienergiefeld ($E = - m^*c^2$). Die beiden Energiefelder entstehen aus einer Potentialfluktuation der Nullpunktenergie. Beide Energiefelder zusammen bilden von dem „Außen" her gesehen auf Ewig das Nichts, weil sich ihre Potentiale und Gradienten aus der Unendlichkeit bis hin zur Unendlichkeit zu jedem Zeitpunkt aufheben. Der Aufbau ist durch Potentialtrennung gegeben und der Abbau durch Annihilisation. Energie ist an Zeit gebunden, ohne fortschreitende Zeit keine Energie. Die Potentialtrennung ist zurzeit aktiv und liefert Raum-Energie nach. Das Feld der Raum-Energie dehnt sich weiter aus und hat Strömungen und daraus resultierende innere Turbulenzen zur Folge.

**2. Das Energiefeld ist ein Potentialfeld mit Druck- und Dichte-Bereichen**
Das Energiefeld durchdringt „Alles" bis hin zum Wirkungsquerschnitt der rotierenden Atome. Die Atome verdrängen das Feld der Raum-Energie über ihr inneres Eigenfeld. Die Raum-Energie steht unter hohem Druck im Potentialfeld der Raum-Energie, so dass die Atomkerne nur den kleinstmöglichen Raum verdrängen. Dadurch werden im Atomkern die sich elek-

trostatisch abstoßenden Protonen zusammen mit den Neutronen auf dem möglichst kleinsten Raum, auch bei höchsten Temperaturen wie in den Sternen, der Sonne und dem Plasma, sehr stabil zusammenhalten. Der Feld-Druck resultiert aus dem Zusammenhang, dass erst Energie induziert oder entzogen werden muss, um ein vorhandenes Energiepotential zu verändern. Die Lage der Elementarteilchen in den Atomen und ihren Verbindungen, in Bezug zueinander und im Bezug zum Raum, ist somit ein individuelles Energiepotential innerhalb der Atome.

### 3. Das Feld der Raum-Energie überträgt die energetische Strahlung

Das Feld der Raum-Energie überträgt die Schwingungen der Atomkerne direkt in Form von Druckschwingungen und leitet die Strahlung aller Arten, von der Radiostrahlung bis zur Gammastrahlung, fast verlustfrei weiter. Das Feld der Raum-Energie überträgt die Strahlung mit Lichtgeschwindigkeit räumlich kugelförmig über Milliarden von Lichtjahren und speichert somit die Strahlungsenergie. Bei Auftreffen der Strahlung auf Materie werden wiederum deren Atomkerne in gleichfrequente oder resonante Schwingungen versetzt und die auftreffende Energie wieder in der Materie gespeichert. Die Atomkerne geben dann diese aufgenommene Energie an ihre Umgebung entsprechend ihrer Schwingungs-Eigenschaften in Form von Strahlung umgeformt weiter. Das ist die Grundlage für die Farbenvielfalt in unserer Welt.

### 4. Materie ist ein Aggregatzustand der Raum-Energie

Die Raum-Energie kann in sich selbst auch in die Form von Materie umgewandelt werden, und somit einen anderen Aggregatzustand annehmen. Materie wäre somit kondensierte Raum-Energie und nach dem Äquivalenz-Prinzip gespeicherte Energie in Form von ($E = m*c^2$). Dieser Aggregatzustand benötigt Raum-Volumen und verdrängt an der Stelle die Raum-Energie. Strömende Energie bildet im Feld der Raum-Energie einen Wirkungsquerschnitt aus und verdrängt somit das Feld der Raum-Energie. Die Feldrückwirkung bildet über diesen Effekt das energetische Masseäquivalent, also die Masseeigenschaft aus. Strömende Energie induziert

Feldrückwirkungen bis hin zur Ausbildung von Masseträgheit und Ladungen der Elementarteilchen. Strömende Ladungen, Elektronen oder Ionen bilden elektrodynamische Felder mit entsprechenden Feldrückwirkungen aus, das ist die Elektroenergie.

**5. Materie wird gemäß der Nukleonen-Theorie© in den Galaxien generiert**
Die Strömungen im Feld der Raum-Energie sind die Folge aus den Turbulenzen des Aufbaus oder Abbaus des Potentialfeldes der Raum-Energie. Die Umwandlung von Raum-Energie in Materie erfolgt in den Zentren der Galaxien, in den internen, wirbelartig rotierenden Weißen Löchern. Aus der umgebenden Raum-Energie, die durch das Zentrum der Galaxien strömt, wird neue Materie generieren. Der Entstehungsort der Materie ist somit nicht der zentrale Urknall, sondern ein laufend fortschreitender Prozess innerhalb Milliarden von Galaxien in dem für uns einsehbaren Universum.

**6. Materie entsteht durch Unterdruck-Kondensation der Raum-Energie**
Die Zentren der Galaxien sind Strudel im Feld der Raum-Energie zum Ausgleich von Druckunterschieden zwischen großräumigen Feld-Bereichen mit unterschiedlichem energetischen Druck infolge der Entwicklung des Universums. Die Strudel stellen Weiße Löcher dar, die im Inneren einen schlauchförmigen, elliptischen Strudel ausbilden. An den zwei gegenüberliegenden Umkehrpunkten der Strudelellipse, einer Kerr-Metrik, ergeben sich Strömungen mit Über-Lichtgeschwindigkeit. In diesen Bereichen werden die Up-Quarks durch Unterdruckkondensation im Feld der Raum-Energie generiert. Down-Quarks und Elektronen entstehen durch Potentialtrennung von zwei vereinigten und umgepolten Up-Quarks. Zur energetischen Ladungskompensation entsteht zusätzlich ein Neutrino. Das Neutrino ist der energetische Anti-Impuls aus dem Vorgang der Potentialtrennung zur Entstehung des Elektrons und ist somit massefrei.

Die Quarks sind energetische Strudel in Form von in sich geschlossenen Torkado-Strudeln aus strömender Energie. Die Quarks sind gegenüber dem Feld der Raum-Energie in ihrer Ausrichtung gepolt. Die Up- und Down-Quarks verschränken sich über ihre Energiefelder gegenpolig und fusionieren bei der Durchtunnelung des Ereignishorizontes des Weißen Loches zu Protonen und Neutronen. Diese Nukleonen haben wiederum in sich einen hohen Rotationsimpuls, ebenso die Elektronen und bilden damit ihre elektrostatische Ladung aus. Die Elementarteilchen bestehen aus strömender Energie und haben somit eine Feldrückwirkung gegenüber dem Feld der Raum-Energie. Die Elementarteilchen sind durch ihre Feldrückwirkung massebehaftet und je nach Zusammensetzung und Rotationsrichtung auch ladungsbehaftet.

## 7. In den Schweifen der Galaxien entstehen Sterne und Planetensysteme

Die Quarks und Elektronen durchtunneln den Ereignishorizont der Strudelellipse des Weißen Loches hin zum Feld der Raum-Energie. Es entstehen aus den Quarks infolge des hohen energetischen Druckes Protonen und Neutronen, die mit den Elektronen in die inneren Balkenstrahlen der Galaxie mit fast Lichtgeschwindigkeit ausgestoßen werden. Durch Rekombination entsteht das Element Wasserstoff und in weiterer Folge die Elemente Helium bis hin zum Lithium schon in den zwei gegenüber liegenden Balkenarmen der Galaxie. Das sich sehr langsam drehende Balkensystem sprüht die Schweife der Galaxie in den Raum. Somit bilden sich die Spiralarme der Galaxien aus, die gemäß der induzierten Energie ihre eigenen Bahnen in Spiralform ausbilden. Die Schweife folgen der Drehung des Zentrums der Galaxie. Durch weitere Kumulation der Materie in den Schweifen der Galaxie entstehen immer größer werdende Sterne. In den Sternen werden die Elemente durch Fusion von Wasserstoff über Helium bis zum Element Eisen fusioniert. Unter dem hohen Druck von Sternenkollision und Supernova-Explosionen entsteht auch das Element Uran, das dann mit der Zeit wieder zerfällt und die Zwischenelemente bis hin zum Blei generiert. Das ganze System ist ein Kreiselsystem und pflanzt sich fort bis zur Ausbildung von Sternsystemen und Planetensystemen.

## 8. Die Konzentration von Materie setzt Raum-Energie frei

Wenn aus dem Energiefeld der Raum-Energie Elementarteilchen über die Quarks in den Zentren der Galaxien generieret werden, dann steckt die Energie gemäß Albert Einstein in der Ruheenergie ($E = m * c^2$). Die Materie ist somit ein Aggregatzustand des Energiefeldes. Diese Elementarteilchen beanspruchen einen Raum. Wenn diese Elementarteilchen zu höherwertigen Atomen als Wasserstoff fusionieren, geben sie den beanspruchten Raum wieder frei und geben die freigewordene Raum-Energie in Form von Gammastrahlung und Röntgenstrahlung in den Raum ab. Aus vier Wasserstoffatomen entsteht das Helium-Atom und dieses nimmt fast den gleichen Raum ein, wie ein Wasserstoffatom. Das Helium-Atom ist geringfügig leichter als die vier Wasserstoffatome in Summe. Dieser Massedefekt und Volumendefekt wird in Form von Gammastrahlung energetisch freigesetzt. Wenn sich die fusionierte Materie aus einer fein verteilten Materiewolke in den Spiralarmen der Galaxie zu größeren Masseeinheiten über die Akkretion und Adhäsion zusammenfindet, wird ebenfalls Raum-Energie in Form von Wärmestrahlung freigesetzt. Das ist die Gravitations-Energie. Die Zusammenballung nimmt weniger Raum ein, als die vorher weit verteilten Materieeinheiten und erhält durch den Pirouetten-Effekt die inneren Drehimpulse. Somit haben alle Sterne, Planeten und Sonnensysteme ihre eigenen Rotationsimpulse und bilden ihr eigenes Massepotential aus. Alles drängt hin zum geringsten Raumvolumen, das ist die Enthalpie.

## 9. Die Gravitation der Materie zueinander ist ein Energiepotential

Der potentielle Bezug der Materie im Weltraum zueinander besteht nicht durch Massenanziehungskraft, sondern durch den Bezug aus ihrem jeweiligen Energiepotential untereinander. Das Energiepotential, ausgehend vom Entstehungsort der Materie, ist eine genealogische Weiterentwicklung von Energieeintrag und Energieentzug. Große Masseeinheiten verzerren durch ihre räumliche Verdrängung das Potentialfeld der Raum-Energie und bilden in dem Feld kugelförmige Senken aus. Im Schnitt gesehen bildet die Verzerrung des Potentialfeldes durch Massekonzentrationen einen parabolischen Trichter, der je nach Abstand Äquipotential-Bereiche im Feld der Raum-Energie darstellt. Die Massen beeinflussen sich über diese Äquipotential-Bereiche gemäß ihren induzierten Energieniveaus. Somit kreisen Planeten um die Sonne und Monde um die Planeten, insbesondere auf stabilen elliptischen Bahnen.

### 10. Materie verdrängt das Feld der Raum-Energie

Die Gravitation soll für sich das Bestreben der Materie sein, im Feld der Raum-Energie den kleinstmöglichen Raum einzunehmen oder zu verdrängen. Im Umkehrschluss, die Raum-Energie übt über ihr Potentialfeld auf die Atome und kumulierte Materie einen ungeheuren Feld-Druck aus, das möglichst kleinste Volumen anzunehmen. Das ist im energetisch ausgeglichenen Zustand die Kugelform. Die Gravitation der Materie zueinander bildet eine Raumsenke im Feld der Raum-Energie aus und ist eine Feldrückwirkung. Das Feld der Raum-Energie bildet Dichtegrenzen aus. An diesen Dichtegrenzen wird auch Strahlung aller Arten gespiegelt. Es gibt somit keine Massenanziehungskraft auf Lichtstrahlung. Die Gravitation ist keine Fernkraft, sondern eine Bedingung aus dem Zustand im örtlichen Skalarfeld der Raum-Energie mit Bereichen verschiedener Energiedichte.

### 11. Strömende Energie hat Feldrückwirkungen zur Folge

Materie besteht aus Energie, gemäß der Energiefeld-Theorie und Nukleonen-Theorie aus kondensierter Raum-Energie. Wird Materie im Feld der Raum-Energie durch Energieeintrag beschleunigt oder im Potential angehoben, führt das zu Feldrückwirkungen im Skalarfeld der Raum-Energie. Dieses ist somit auch eine Erklärung für die Trägheit der Masse und der Gravitation, allgemein Massenanziehungskraft genannt. Das erklärt auch die Speicherung von Energie, wenn die Energie als Bewegungsenergie (Geschwindigkeit) oder als Potential (angehobene Masse) in die Masseeinheit induziert wurde.

## 12. Die Fusion oder Spaltung von Atomen setzt Raum-Energie wieder frei

Bei der Kernfusion und Kernspaltung wird ein Teil, dieser in den Atomen gespeicherten Raum-Energie, wieder freigesetzt und wird zurück zur Raum-Energie in Form von Gammastrahlung und Neutrinos abgestrahlt. Das Verdrängungs-Volumen nach der Kernfusion und ein kleiner Teil der internen Masse, bei Atomfusion oder Atomspaltung der atomar veränderten Materie, ist nach den atomaren Vorgängen geringer als vorher. Das freigesetzte Volumen gibt von daher Raum-Energie frei und setzt sich bis zur Fusion des Eisenatoms fort.

Die Anzahl und der Spin der Elementarteilchen bleiben aber bei den atomaren Fusions- oder Spaltvorgängen bestehen und werden nicht gemäß $E = m^{*}c^{2}$ in freie Energie umgeformt. Es ist somit die Freisetzung von Energie aus der Änderung im Raum-Volumen innerhalb des Feldes der Raum-Energie der fusionierten oder gespaltenen Atome. Die freigesetzte Raum-Energie wird als Gammastrahlung abgegeben und in Rückwirkungen mit umgebender Materie in den Sternen und der Sonne in verschiedene Frequenzen transformiert und mit Lichtgeschwindigkeit in den Weltraum abgestrahlt. Somit wird die in den Galaxien und Sternen zu Materie umgewandelte Raum-Energie zum Teil gemäß dem veränderten Raum-Volumen wieder an das Feld der Raum-Energie zurückgegeben. Energie geht dabei nicht verloren. Bei atomaren Vorgängen wird somit die einmal in die Materie eingespeicherte Raum-Energie in andere Energieformen transformiert. Das Gleiche gilt auch für den Zerfall von höherwertigen Atomen, der Spaltung des Urans und dem Zerfall bis hin zum Blei und Kupfer. Die Spaltprodukte nehmen weniger Raum ein, als das Ausgangselement, die Bindungsenergie wird höher, und es wird bei diesen atomaren Spaltvorgängen Energie in Form von Strahlung freigesetzt.

## 13. Druck und Dichte im Energie-Feld bestimmen die Lichtgeschwindigkeit

Das Energiefeld kann hochfrequente Druck- und Dichteschwingungen als Mischung aus longitudinaler und transversaler Schwingung kugelförmig mit

Lichtgeschwindigkeit weiterleiten. Die Lichtgeschwindigkeit ergibt sich aus dem hohen energetischen Innendruck im Feld der Raum-Energie und ist somit kein Vorgang in einem Medium, sondern eine Feldverzerrung. Das ist der Grundstein für die Klärung der Frage, wie wird Licht und sonstige Strahlung über Milliarden von Lichtjahren fast verlustfrei übertragen. Es ist das Energiefeld der Raum-Energie in unserem Universum, was das ermöglicht. Die Teilchenstrahlung ist ein eigener Bereich der Energieübertragung und besteht aus hochenergetisch beschleunigten, atomaren Partikeln und Ionen. Die Partikel-Strahlung kommt von der Sonne und die hochenergetische aus dem Zentrum der Milchstraße.

### 14. Strahlung ist an Atome und deren Eigenschaften gebunden
Strahlung hat ihre Ursachen in dem Schwingungsverhalten der Atome, die über ihrem Wirkungsquerschnitt in unmittelbarem Kontakt mit dem Feld der Raum-Energie stehen. Damit werden diese Kugel-Schwingungen der Atome an das Feld der Raum-Energie abgegeben oder vom Energiefeld in die Atome induziert. Alle Schwingungen, die durch Druckwellen aus dem Feld der Raum-Energie in die Atomkerne induziert werden, übertragen sich auch auf die Elektronenhülle und verursachen Schwingungs-Veränderungen und Potentialsprünge oder Änderungen im Spin-Verhalten der Elektronen in ihren Schwingungs-Schalen. Umgekehrt überträgt sich das Schwingungsverhalten der Elektronen auf die Schwingungen der Atomkerne. Das ermöglicht die Aussendung und den Empfang von Licht und ähnlichen Strahlungsarten.

### 15. Radiostrahlung ist keine elektromagnetische Strahlung
Antennen mit ihrem Schwingkreis sind Sender und Empfänger für Druckwellen im Feld der Raum-Energie. Das gilt auch für die leitungsgebundene Signalübertragung in Lichtleitern. Bei der Aussendung von Radiostrahlung werden in den Antennen die Atome im elektrisch leitenden Material über die Antennenströme in Schwingungen gebracht. Diese Schwingungen der Atome werden an das Feld der Raum-Energie mit transversalen und longitudinalen Feldverzerrungen übertragen und mit Lichtgeschwindigkeit

rundum oder gerichtet ausgebreitet. Bei Empfang der Radiostrahlung werden die Atome in der abgestimmten Empfangsantenne durch die Energiedruckwellen aus dem Feld der Raum-Energie in Schwingungen versetzt und über den Schwingkreis in elektrische Ströme umgewandelt. Die in Schwingung versetzten Atome in der Antenne ändern nur die Parameter des abgestimmten Schwingkreises. Elektromagnetische Felder bestehen nur im näheren Umkreis des Schwingkreises der Antennen und sind nicht die Ursache für die Fernübertragung.

**16. Kreisel haben ein eigenes Inertialsystem und sind Energiespeicher**
Kreisel sind strömende Energie und somit Energiespeicher. Atome sind Kreiselsysteme, speichern Energie und geben sie auch wieder ab. Das Gleiche gilt für den Verbund von Atomen, den Massen. Rotierende und beschleunigte Massen sind die größten Energiespeicher für Bewegungs-Energie im Universum. Die Kreisel bilden ein eigenes Inertialsystem gegenüber dem Feld der Raum-Energie aus. Schnell rotierende Massen verdrängen das Feld der Raum-Energie über die gespeicherte Rotations-Energie mehr als die Masse im Ruhezustand. Das bestimmt die Kreiselgesetze, ihre stabile Lage in Bezug zur Gravitation und Gegenkräfte bei Lageveränderungen.

Die Kreiselgesetze reichen bis in den Aufbau der Elementarteilchen und bestimmen das Rotations-Verhalten der Atome. Strahlung induziert Energie in die Atome, festzustellen am Temperaturverhalten. Die Kreiselgesetze begründen auch die elektrodynamischen Eigenschaften, die Ladung der Elementarteilchen gemäß ihren hohen inneren Rotationen, den Spins. Die Richtung des Spins in Bezug zum Feld der Raum-Energie und ihrem Entstehungsort und in Bezug zueinander bestimmen die Polaritäten. Bewegte Ladungsträger, also Elektronen und Ionen, bilden ein eigenes Inertialsystem aus. Bewegte Ladungsträger sind strömende Energie und induzieren somit elektrodynamische Feldrückwirkungen.

**17. Atome bestehen aus bewegten Ladungsträgern mit Feldrückwirkung**
Atome bestehen aus sich bewegenden Ladungsträgern und bestehen so-

mit aus gespeicherter Energie. Atome haben eine Feldrückwirkung, sowohl gegenüber dem Feld der Raum-Energie mit der Masseeigenschaft, als auch über die elektrodynamischen, also den statischen oder magnetischen Rückwirkungen ihrer Ladungsträger gegenüber benachbarten elektrischen Feldern. Das bestimmt auch die Gesetze der Elektroenergie und der chemischen Bindungsenergie der Atome zueinander. Alles sind Kreiselsysteme und Kreisel sind bewegte Energie. Strömende Energie hat Feldrückwirkungen zur Folge und dazu muss es ein Feld geben, eben das hier postulierte Feld der Raum-Energie im Universum.

### 18. Elektroenergie ist an bewegte Ladungsträger gebunden
Die elektrische Ladung der Ladungsträger ist ein eigenständiges Potentialfeld aus dem Spin der Ladungsträger mit eigenem Inertialsystem aus den Kreiselgesetzen. Bewegte Ladungsträger, Elektronen oder Ionen, ermöglichen den Transport von Energie und bilden dabei elektrische Felder aus, die elektrodynamische Feldrückwirkung bewirken. Die dynamischen elektrischen Felder sind Blindwiderstände gegenüber sich bewegenden oder getrennten Ladungen und somit eine Feldrückwirkung im Bereich der Elektroenergie. Die elektrischen Felder können Energie innerhalb von Generatoren und Motoren in andere Energieformen übertragen. Ohmsche Widerstände sind Energiewandler über Schwingungseigenschaften der Atome und können somit Elektroenergie in Strahlungs-Energie wie Wärme- und Lichtstrahlung übertragen.

### 19. Felder füllen einen Raum aus ohne Raumvolumen zu verdrängen
Energie ist an Zeit gebunden. Ohne die fortlaufende Zeit keine Energie, denn Energie ist Leistung mal Zeiteinheit. Leistung ist ein Potential. Wird die Leistung mit der Zeiteinheit verbunden, ergibt sich Energie. Zeit benötigt für sich keinen Raum und die Zeit kommt aus dem Unendlichen und geht hin ins Unendliche. Aber das Potential ist an Positionen und Wege in einem Raum gebunden. Damit das Potential die Position relativ zu einem vorherigen Zustand erreicht, ist Zeit erforderlich. Daraus ergibt sich die Energie. Energie ist Kraft mal Weg mal Zeiteinheit, und somit gibt es einen

Raum. Die energetischen Beziehungen sind an ein Energie-Feld gebunden. Das Energiefeld beansprucht für sich kein Raumvolumen, füllt aber einen Raum aus. Das Selbe gilt auch für das elektrische und das magnetische Feld.

## 20. Die Summe der Energie-Felder ist Null bis hin zur Unendlichkeit

Der Zündfunke zum Aufbau der Energie-Felder, Antienergiefeld ($E = - m*c^2$) und Energiefeld ($E = + m*c^2$), ist ein Vorgang aus der Potentialfluktuation der Nullpunktenergie und steht gemäß dem Gesetz der Super-Symmetrie im Gleichgewicht. Die Ursache geht der Wirkung voraus, und somit gibt es immer einen Regelungsverzug, der alles in Bewegung hält. Die Energiefelder können sich aufbauen und auch wieder abbauen und wieder aufbauen. Die Energiefelder, Anti-Energiefeld und Energiefeld, stehen über dem Weg der Potentialtrennung und der aktiven Expansion zueinander unter einem abstoßenden Charakter, wie gleichnamig geladene Elementarteilchen. Die Materie in diesen Feldern, Energie-Feld und Antienergie-Feld, ist gegenpolig orientiert und würde sich beim Zusammenkommen zu dem Nichts annihilieren. Die Zeit bleibt nicht stehen und somit bestehen diese Vorgänge aus der Unendlichkeit hin zur Gegenwart und weiter in die Zukunft bis hin zur Unendlichkeit. Die energetische Summe der Energiefelder ist zu jedem Zeitpunkt Null und bildet auf Ewig das Nichts aus, nur die Raum-Zeit schreitet voran. Das ist unser Universum von dem Planeten Erde aus gesehen.

# Schlusswort

Die genannten Beispiele und Abhandlungen sind nur eine Anzahl von Fällen, in denen die Aktionen und Reaktionen auf das Vorhandensein des Potentialfeldes der Raum-Energie als logische Ableitungen aufgezeichnet werden. Die Quastsche Energiefeld-Theorie und Nukleonen-Theorie kann zum Hinweis auf deren Existenz noch auf andere Effekte wesentlich erweitert werden und müsste noch in verschiedenen Punkten umfangreich mathematisch untermauert werden. Zum Beispiel ist die Frage zu klären, wie hoch muss der Potential-Druck der Raum-Energie sein, damit Atomkerne zusammengehalten werden und die sich gleichnamig geladenen Protonen nicht infolge ihrer Ladung abstoßen und auseinanderfliegen. Nach der Energiefeld-Theorie verdrängen die Atomkerne die Raum-Energie und stehen somit unter einem erheblichen Gegendruck. Das Atommodell selbst ist aber auch nur eine Theorie, die noch nicht in allen Einzelheiten geklärt ist. Somit bezieht sich die Energiefeld-Theorie und Nukleonen-Theorie, wie hier dargestellt, auf das bisher allgemein anerkannte Bohrsche Atommodell.

Die bisherigen mathematischen Modelle sind auf die neue Theorie anpassbar. Es gibt noch viel zu tun, denn ein Zündfunke mit dem heutigen Stand der Energiefeld-Theorie ab dem Jahr 2011 und der Nukleonen-Theorie ab dem Jahr 2013 kann noch nicht das Endergebnis sein. Erst wenn die Modelle zur Energiefeld-Theorie anerkannt werden, wird sich eine neue Forschungs- und Wissenswelt eröffnen können.

Das alles ist nach wie vor Neuland. Die Energiefeld-Theorie und die Nukleonen-Theorie weichen auch erheblich von den bisherigen Erklärungsmodellen vom Urknall ab und ermöglichen meiner Meinung nach erstmals ein logisch zusammenhängendes Erklärungsmodell vom Universum und so manchen physikalischen Vorgängen. Es kann in diesem Fall auch nicht auf Literaturhinweise direkt Bezug genommen werden, da ich diese, meine Energiefeld-Theorie und die Nukleonen-Theorie, nicht irgendwo vorher gelesen habe. Auch die Äther-Theorie um 1670 bis 1900 oder die String-Theorien um 1970 herum bis hin zur M-Theorie, die fünf verschiedene String-Theorien zusammenfasst, können diese hier aufgezeichneten Ableitungen und Folgerungen aus der Quastschen Energiefeld-Theorie und Nukleonen-Theorie nicht hervorbringen.

Dazu ist anzumerken, dass ich im August 2010 über Suche Artikel „Äther" in Wikipedia und Google Books Einsicht in die Werke des Christian Huyghens (1629 bis 1695) und des Eduard von Hartmann aus dem Jahr 1902 nehmen konnte. Der Titel des Werkes des Christian Huyghens, übertragen im Jahr 1890 von W. Engelmann lautet: „Abhandlung über das Licht" und der Titel des Werkes des Eduard von Hartmann lautet: „ Die Weltanschauung der Modernen Physik" unter books.google.de nachzulesen.

Die darin aufgestellten Äther-Theorien sind erstaunlich weit ausgebaut und mit dem damaligen Wissen über die physikalischen Zusammenhänge von Energie in Wechselwirkung mit der Materie logisch abgeleitet und sehr verständlich dargestellt. Das wurde nun schon vor über 300 und im zweiten Fall 100 Jahren aufgezeigt und was ist daraus geworden? Würde der von den Wissenschaftlern gewählte Begriff „Äther" durch meine Definition der Quastschen Energiefeld-Theorie mit dem Potentialfeld der „Raum-Energie" ersetzt werden, würden sich die Werke ganz anders lesen. Damals suchten die Wissenschaftler noch nach teilchenbehafteten Übertragungs-Medien für das Licht, die den Molekülen in den Medien Luft oder Wasser vergleichbar wären. Da diese Teilchen nicht gefunden wurden, wurde die Äther-Theorie ausgegrenzt. Insbesondere hat Albert Einstein diese Theorien in den Jahren nach 1900 mit seiner Behauptung von der Absolutheit der Geschwindigkeit von Licht und Gravitationswellen und den damit fehlenden Dopplereffekten ausgeschlossen (siehe auch Wikipedia: Lorentzsche Äthertheorie). Trotzdem hatte Albert Einstein auch weiterhin nach einer beweisbaren Äther-Theorie gesucht. Das geht aus seinem Vortrag vom 5. Mai 1920 hervor. Es gelang ihm nicht, die grundsätzlichen Begründungen und Beweismittel für den Äther zu finden und er gab im Jahr 1940 die Arbeiten an diesem Thema auf. Die Theorie des Henri Poincaré ist in Teilen mit der hier aufgezeigten Energiefeld-Theorie vergleichbar, insbesondere mit der Vermutung, es müsse einen Druck geben, der alles zusammenhält. Gemäß der Energiefeld-Theorie ergibt sich der Druck aus der Tatsache, dass erst Energie induziert oder entzogen werden muss, um ein vorhandenes Energiepotential zu verändern. Druck erfordert Gegendruck, um ein Gleichgewicht zu erhalten.

Leider sind diese Arbeiten nicht so anerkannt und auch, soweit mir bekannt, nicht weiterentwickelt worden. Der Grund dafür liegt in dem Konkurrenzdenken der Wissenschaftler untereinander, die Fortschritte in unkonventionelle Richtungen außerhalb ihrer Kreise ignorieren, unterdrücken und im Hinblick auf ihre Auffassung ausgrenzen. Das meinte sogar schon damals Eduard von Hartmann in seinem Vorwort zu seinem Buch. Normal auf Logik aufgebaute Ableitungen gelten als unwissenschaftlich und wenn dazu noch mathematische Ableitungen und durch Messungen belegbare Beweise fehlen, ist die Anerkennung selten gegeben. Aber auf diesem Sektor der Raum-Energie gibt es bisher keine messbaren Beweise und Experimente, sonst wäre das alles schon längst Stand des Welt-Bildes und der Kosmologie. Energie oder ein Energiepotential sind aber für sich nicht messbar, sie können nur indirekt errechnet werden!

Diese indirekten Berechnungen beschäftigen inzwischen auch die Forscher am US-Teilchenbeschleuniger „Tevatron" am Fermilab bei Chicago und am Large Hadron Collider (LHC) in Genf. Es treten bei den neuen Kollisionsversuchen mit Materie und quasi-Antimaterie völlig unerwartete hohe energetische Effekte auf, sodass man von einer noch unbekannten Grundkraft der Natur spricht, die man als die fünfte Grundkraft bezeichnen möchte (Hinweis Quelle 14). Es ist auch bekannt, dass sich die Sprengkraft durch freigesetzte Energie bei den Atombombenversuchen nicht allein aus den materiellen Zerfalls- und Fusionsprozessen vorhersagen ließen. Die Freisetzung an Energie war bei der Wasserstoffbombe Bravo dreimal höher, als vorausberechnet, und diese Tatsache ist bis heute ohne Erklärung.

Die noch unbekannte fünfte Grundkraft der Natur könnte, nach der hier aufgezeichneten Energiefeld-Theorie und Nukleonen-Theorie, die Raum-Energie sein. Wenn Atomteilchen umgeformt, zerstört oder aufgelöst werden, wird Raum-Volumen freigegeben und damit Raum-Energie freigesetzt. Das könnte eine nutzbare Energiequelle für die Menschheit werden.

Vorgänge aus dem Universum lassen sich nicht einfach auf die Erde holen, es bleibt uns als Informant nur die Strahlung, die ja irgendwie induziert und übertragen wird. Aber wie wird die Strahlung hervorgebracht und übertragen? Die Lösung ist mit dieser, meiner Ableitung der Quastschen Energiefeld-Theorie gegeben und aus der Nukleonen-Theorie begründet.

Die Bezüge zu dem vorhandenen Wissensstand sind der allgemein zugänglichen Literatur entnommen, siehe Quellenhinweise. In den mir bekannten wissenschaftlichen Abhandlungen ist die hier aufgestellte Theorie vom Energiefeld der Raum-Energie in dieser Form, Behauptungen und logischen Abhandlung noch nicht aufgetreten. In seinem Buch Quelle 1: „Expedition an die Grenzen der Raumzeit" und Quelle 2: „Der große Entwurf, eine neue Erklärung des Universums" des Stephen W. Hawking gibt er selbst zu, dass der ihm bekannte Stand der bisherigen Wissenschaft noch nicht das Ende der Erkenntnis sein kann, denn zu viele Fragen sind noch offen. Er hofft aber, die Lösung der offenen Fragen zu einer einheitlichen Theorie für das Universum noch zu seinen Lebzeiten zu erfahren und hat das im Jahr 2010 mit der M-Theorie versucht. Leider aber ist die erwähnte M-Theorie des Brian Greene Quelle 3: „Der Stoff, aus dem der Kosmos ist" und des Stephan W. Hawking, wie er selbst zugibt, nur eine Zusammenfassung der bisherigen fünf String-Theorien zur Kosmologie. Die Erklärungs-Modelle vom Urknall und von der Massenanziehungskraft und von den elektromagnetischen Wellen und der Photonen-Theorie als Teilchen sind immer noch die gleichen aus den letzten einhundert Jahren. Ein verständliches Bild zur Kosmologie lässt sich aus den bisherigen Theorien nicht ableiten, denn hinter den Theorien stehen mathematische Ableitungen, die nur wenige, in diese Mathematik eingeweihte Wissenschaftler, verstehen. Aber auch sie können aus ihren Formeln nicht verständlich erklären, was ist Masse, was ist Licht und woher kommt die Energie.

Ich bin davon überzeugt, dass mit dem neuen Ansatz zur Kosmologie über die Energiefeld-Theorie viele offene Fragen zu dem Woher und Wohin zum Universum geklärt worden sind und auch noch geklärt werden. Es lassen sich daraus auch Erklärungen und Beweise ableiten, die bisher offene Fragen zur Schwachen Wechselwirkung und Starken Wechselwirkung der Materie sowie der Schwachen und Starken Kernkraft und auch zu den Feldtheorien der elektromagnetischen Kraft und der Schwerkraft noch nicht in einen Zusammenhang bringen konnten. Damit wäre die Wissenschaft dem Ziel der Großen Vereinheitlichung wesentlich näher, als mit den bisherigen Theorien vom Universum. Weiterhin ist hiermit die offene Frage der einheitlichen mathematischen Zusammenführung von der Einsteinschen allgemeinen und besonderen Relativitäts-Theorie und der Quanten-Theorie und den Feld-Theorien möglich geworden.

**Es muss der Bezug zur Energie-Bilanz hergestellt werden, Materie ist Energie und umgekehrt!**

Es ist somit an der Zeit, die Anregungen zu nutzen, die bisherigen Theorien und mathematischen Ableitungen zur Kosmologie und zur Atomwissenschaft mit der Energiefeld-Theorie und der Nukleonen-Theorie in Einklang zu bringen. Hiermit ist der Ansatz zu einer einheitlichen Theorie zum Universum in seinem Ursprung und Werdegang gegeben. Die physikalischen Grundlagen zur Energiefeld-Theorie und Nukleonen-Theorie können an vielen Beispielen im TECHNORAMA / Oberwinterthur / Schweiz praktisch nachgespürt werden (siehe Quelle 21).

Stephan W. Hawking schrieb: „Wenn mich meine Zuversicht nicht täuscht, werden wir eines Tages ein in sich schlüssiges Modell finden, das alles im Universum beschreibt. Gelingt uns das, wird es ein wirklicher Triumph für die Menschheit sein". Hinweis Quelle 1, Seit 62. Das wäre eine Erfüllung zu den geäußerten Wünschen von Albert Einstein und Stephan W. Hawking, die mit ihren eigenen Erkenntnissen nicht zufrieden waren und auf eine Lösung der offenen Fragen hoffen.

# Wunsch

Für sachlich begründete, schriftliche Beiträge zur Erhärtung oder auch zur Ablehnung der Energiefeld-Theorie und der Nukleonen-Theorie wäre ich dem Leser dankbar. Fachbeiträge könnten gesammelt und bekanntgegeben werden.

Die hier aufgezeigten Begründungen zur Existenz der Raum-Energie sind erst ein Anfang zu den Themen und können nur einige wenige Beispiele zur Bestätigung der Energiefeld-Theorie und der Nukleonen-Theorie aufzeigen. Die Weiterentwicklung ist gegeben. Bei literarischem Bezug auf die hier aufgestellte Energiefeld-Theorie© und Nukleonen-Theorie© soll der Begriff „Quastsche Energiefeld-Theorie und /oder Nukleonen-Theorie" als mit Urheberrecht versehen und unter Gebrauchsmusterschutz Copyright mit erwähnt werden. Copyright ist angemeldet bei Copyright.com.de und notatus.

Dipl. Ing. Günter von Quast
Im Jahr 2013

# Literatur- und Bild-Hinweise

Quelle 1:
Expedition an die Grenzen der Raumzeit,
Stephen W. Hawking, Rowohlt Verlag, ISBN 3-499-60132-X
Quelle 2:
Der große Entwurf, Eine neue Erklärung des Universums
Stephen W. Hawking u.a., Rowohlt Verlag, ISBN 978-498-02991-3
Quelle 3:
Der Stoff, aus dem der Kosmos ist,
Brian Greene, Goldmann Verlag, ISBN 987-3-442-15487-6
Quelle 4:
QED, die seltsame Theorie des Lichtes und der Materie
Richard P. Feynman, Piper Verlag, ISBN 978-3-492-21562-6
Quelle 5:
Auf der Suche nach Schrödingers Katze
John Gribbin, Piper Verlag, ISBN 978-3-492-24030-7
Quelle 6:
Sterne und Weltraum, Spezial 6,
Verlag Spektrum der Wissenschaft, ISBN 1434-2057, D44972
Quelle 7:
Sterne und Weltraum, Dossier 1/2006
Verlag Spektrum der Wissenschaft, ISBN 1612-4618
Quelle 8:
Auf der Suche nach der Gegenwelt, S. 71
Dieter B. Herrmann, Verlag C. Beck, ISBN 978 3 406 44504 0
Quelle 9:
Mystery-Themen bei MSN Wissen: wissen.de.msn.com/bilder.
Vom 12.01.2011
Quelle 10:
Einsteinring und Einsteinkreuz, de.wikipedia.org/wiki/
Quelle 11:
Atlas der Sterne und Planeten

Helmut Lingen Verlag GmbH & Co KG
Quelle 12:
Sendung Arte vom 26.02.10 zum Thema Schwerkraft:
Gibt es eine Weltformel?
Quelle 13:
Gyrotwister siehe www.gyrotwister.com
Quelle 14:
Forscher rätseln über Naturkraft
Spiegel Online von Markus Becker
Quelle 15:
Das Schicksal des Universums, Günther Hasinger,
Goldmann Verlag, ISBN 978-3-442-15551-4
Quelle 16:
Vom Universum zu den Elementarteilchen, Ulrich Ellwanger,
Springer Verlag, ISBN 978-3-642-15798-1
Quelle 17:
Auf dem Holzweg durchs Universum, Alexander Unzicker,
Hansa Verlag, ISBN 978-3-446-43214-7
Quelle 18:
Der Stehaufkreisel, Universität Augsburg, 1. Staatsexamen
Christian Friedl, 26. November 1997
Quelle 19:
Spiegel Online vom 14.02.2006: Wie der Mann im Mond sein Gesicht bekam,
Axel Bojanowski
Quelle 20:
Torkado 1a bis 1c siehe www.torkado.de
Patentschrift DE 4233678 A1, Klemens Huber
Quelle 21:
TECHNORAMA swiss science center, Oberwinterthur / Schweiz
www.technorama.ch